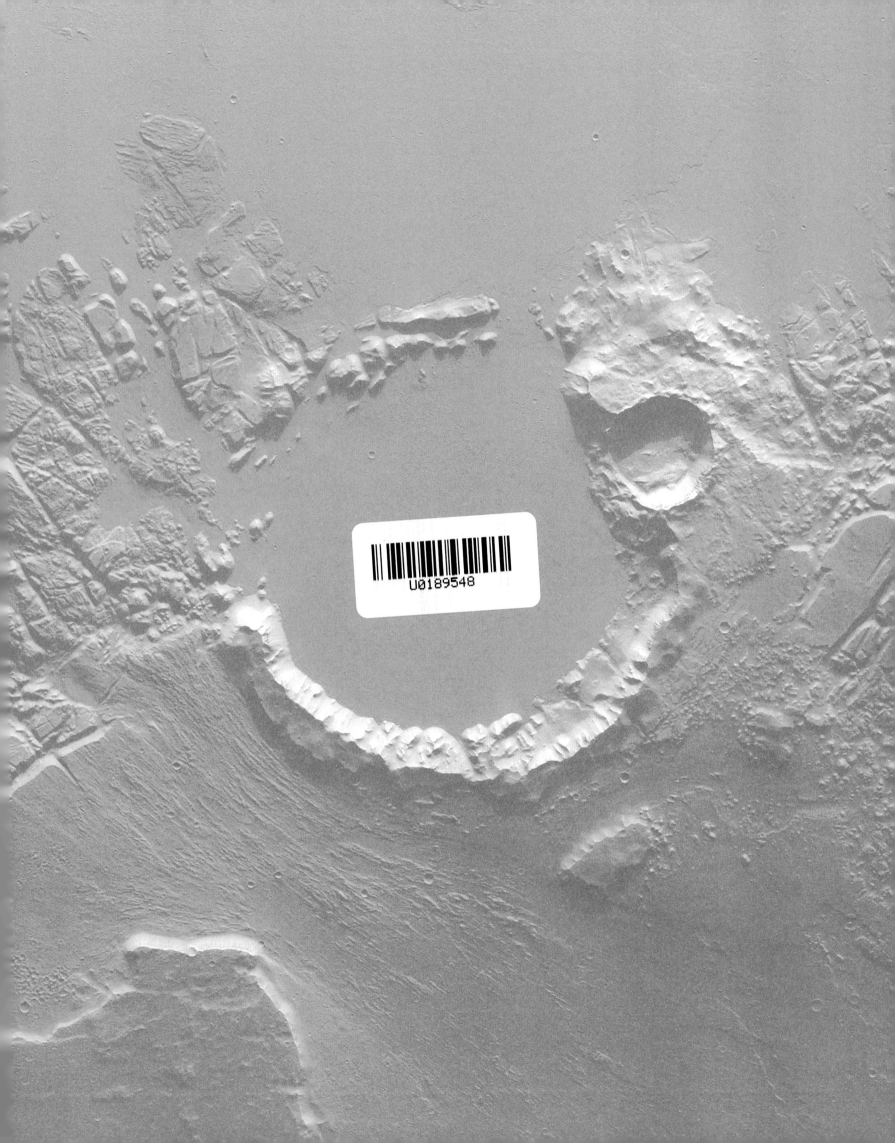

行　星

一本太阳系旅行指南

［英］玛吉·艾德琳-波科克 / 科学顾问

（Maggie Aderin-Pocock）

［英］希瑟·库珀 / 等编

（Heather Couper）

鲁旸筱懿 / 译

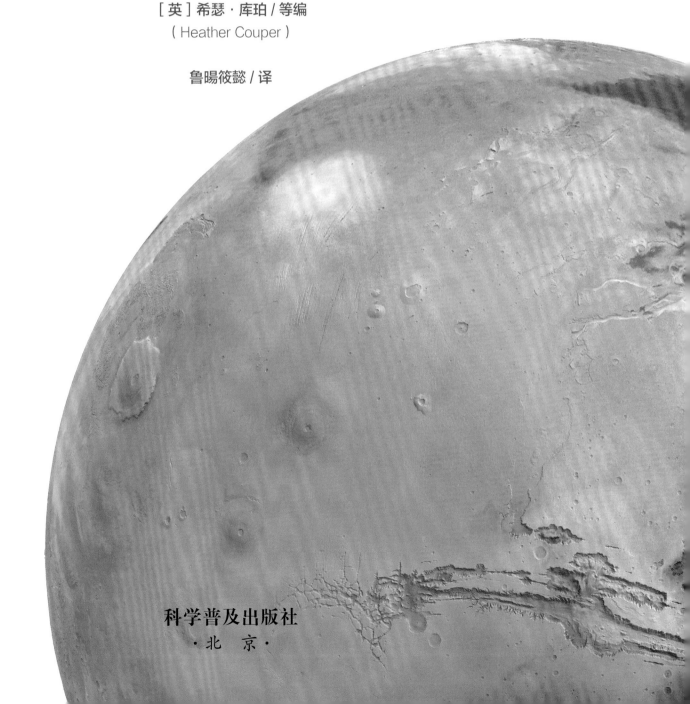

科学普及出版社

·北　京·

行　星

一本太阳系旅行指南

目　录

Original title: The Planets: The Definitive Visual Guide to Our Solar System

Copyright © 2014 Dorling Kindersley Limited

Foreword copyright©2014 Maggie Aderin-Pocock

A Penguin Random House Company

本书中文版由Dorling Kindersley Limited

授权科学普及出版社出版，未经出版社允许

不得以任何方式抄袭、复制或节录任何部分。

版权所有　侵权必究

著作权合同登记号　01-2015-3196

图书在版编目（CIP）数据

行星：一本太阳系旅行指南 /（英）希瑟·库珀等编；鲁暘筶懿译

北京：科学普及出版社，2017.1（2023.8重印）

书名原文: The Planets: The Definitive Visual Guide to Our Solar System

ISBN 978-7-110-09508-9

Ⅰ.①行… Ⅱ.①希… ②鲁… Ⅲ.①行星–普及读物

Ⅳ.①P185-49

中国版本图书馆CIP数据核字(2016)第312336号

策划编辑　吕建华　赵　晖
责任编辑　夏凤金
责任校对　刘洪岩
责任印制　李晓霖

科学普及出版社出版

http://www.cspbooks.com.cn

北京市海淀区中关村南大街16号

邮政编码：100081

电话：010-63582180　传真：010-62179148

中国科学技术出版社有限公司发行部发行

北京华联印刷有限公司印刷

开本：635mm*965mm　1/8

印张：32　字数：610千字

2017年9月第1版　2023年8月第10次印刷

定价：188.00元

ISBN 978-7-110-09508-9/P·189

凡购买本社图书，如有缺页、倒页、脱页者，

本社发行部负责调换。

www.dk.com

混合产品
纸张 |
支持负责任林业
FSC® C018179

6　前言

8　太阳之家

10　我们在太空中的位置

12　太阳周围

14　太阳系的诞生

16　行星的形成

18　大小和比例

20　我们的太阳系

22　我们的恒星

24　太阳

26　太阳的结构

28　太阳风暴

30　太阳光谱

32　太阳活动周期

34　日食

36　太阳的故事

38　太阳探测任务

40　岩质行星

42　邻近的世界

44　水星

46　水星的结构

48　近观水星

50　水星地图

52　目的地——卡耐基号峭壁

54　飞翔的信使

56　水星探测任务

58　金星

60　金星的结构

62　近观金星

64　金星地图

66　目的地——麦克斯韦山脉

68　爱的星球

70　任务：飞向金星

72　地球

74　地球的结构

76　地球的构造

78　不断变化的地表

80　水与冰

82　地球上的生命

84　俯瞰地球

86　我们的地球

88　月球

90　月球的结构

92　地球的伙伴

94　月球地图

96　目的地——哈德利沟纹

98　地出

100　月球上的撞击坑

102　高地与月海

104　月球的故事

106　探月任务

108　阿波罗计划

110　火星

112　火星的结构

114　火星地图

116　火星上的水

118　目的地——水手谷

120　火星上的火山

122　目的地——奥林匹斯火山

124　火星上的沙丘

126　火星极冠

128　火星的卫星

130　红色星球

132　火星探测任务

134　火星漫游

136　探测火星

138　小行星

140　小行星带

142　近地小行星

144　前往小行星的任务

146　气态巨行星

148　巨行星王国

150　木星

152　木星的结构

154　近观木星

156　木星系统

158　木卫一

159　木卫二

160　伽利略卫星

162　木卫三

163　木卫四

164　目的地——恩基坑链

166　行星之王

168　前往木星的任务

170　土星

172　土星的结构

174　土星环

176　目的地——土星环

178　近观土星

180　聚光灯下的土星

182　土星系统

184　土星的主要卫星

186　目的地——丽姬娅海

188　卡西尼号传回的图像

190　目的地——土卫二

192　指环王

194　土星任务

196　天王星

198　天王星的结构

200　天王星系统

202　目的地——维罗纳悬崖

204　海王星

206　海王星的结构

208　海王星系统

210　目的地——海卫一

212　蓝色星球

214　旅行者号的光荣之旅

216　外太阳系

218　柯伊伯带

220　矮行星

222　彗星

224　彗星的轨道

226　飞向彗星的任务

228　宇宙中的雪球

230　扫帚星

232　世界之外

234　参考资料

236　太阳系及其行星

244　术语表

248　索引

科学顾问

玛吉·艾德琳-波科克

　　太空科学家，伦敦大学学院荣誉研究员，BBC电视系列片"夜空（The Sky at Night）"主持人之一。

本·伯西

　　行星科学家，物理学家，遥感技术专家。供职于约翰·霍普金斯大学，曾参加NEAR-舒梅克项目，是《克莱芒蒂娜任务月球地图集（The Clementine Atlas of the Moon）》作者之一。

安德鲁·约翰斯顿

　　地理学家。供职于美国国家航空航天博物馆地球与行星科学研究中心。著有《从太空看地球（Earth from Space）》，参与编著《史密森尼博物馆太空探索图集（Smithsonian Atlas of Space Exploration）》。

作者

希瑟·库珀

　　伦敦格林尼治天文馆原馆长，英国天文协会原主席。在天文科普方面，曾推出三部电视系列片，撰写图书35部。3922号小行星"Heather"就是以她命名的。

罗伯特·丁威迪

　　善于创作科学教育图文书，尤其擅长地球与海洋科学、天文学、宇宙学以及科学史方面的写作。

约翰·法恩登

　　创作了多部科学、自然等方面的图书。四次获得儿童科学图书奖提名。

奈杰尔·亨伯斯特

　　天文学家，原英国天文学会会刊编辑。在太空、天文方面创作了38部图书，撰写了千余篇相关文章。他还是Virgin Galactic的"未来宇航员"。

大卫·休斯

　　谢菲尔德大学天文系名誉退休教授。曾发表了200余篇小行星、彗星、流星方面的论文，并曾在欧盟、英国、瑞典等地的太空研究机构任职。

贾尔斯·斯帕罗

　　天文及太空科学作家、编辑。英国皇家天文学会会士。

卡萝尔·斯考特

　　天文学家，作家。撰写了30部天文及太空科学图书。曾任格林尼治天文台天文方面负责人。

科林·斯图尔特

　　物理学、太空科学作家。英国皇家天文学会会士。

译者

鲁暘筱懿

　　莫斯科大学行星物理学博士，中国天文学会会员，研究方向为行星物理学和月球科学。

火星上的撞击坑
借助宇宙飞船（比如：美国航空航天局的
火星勘测轨道飞行器），我们可以近距
离观察梦想着能实地游览一番的世界。
这张火星阿拉伯高地的撞击坑照片展示
了让人难以置信的细节，其中包括灰尘
碎石随斜坡向中心滑落时形成的沟纹，像
是画的一样。

前言

不论何时，只要一有机会，我便会仰望星空。作为一名太空科学家，我很清楚，太空中存在着很多奇妙的事物。就目前而言，我最喜欢的就是我们太阳系的行星。其中很多通过肉眼就可以看到，这让人非常兴奋，有一种可以直接触碰的感觉。

跟很多人一样，我梦想着进一步体验这种感觉，并到我们的太阳系中真正地邀游一番。对于我可能会去的地方，这本书可以说是一本完美指南。

近几年来，我对考古天文学产生了兴趣，也就是研究我们的祖先如何了解其头顶的星空。几乎每一种文化都有一些对太阳系的认识，人们通过观察来编织神话，并以其神灵的名字来为行星命名。在过去的几个世纪里，天文仪器发展得越来越好，人们对行星的了解越来越多，并开始推测：如果冒险离开地球，可能会发现什么。这样的想象也为科幻小说和电影注入了灵感。

航天时代的来临为我们展示了真实的太空世界。1960年，先驱者5号（Pioneer 5）发射，这是第一艘为探索我们地月系以外世界而设计的宇宙飞船，自此，我们就发现了超乎想象的荒凉和贫瘠世界。但是，这既没有浇灭我们的热情，也没有挫伤我们发射宇宙飞船详细探索行星并搜寻可能的生命迹象的勇气。根据近飞探测和登陆考察，我们已收集到海量的数据资源，在本书中，其中的很多数据都在重建行星的仿真3D模型时得以运用。

编写这本书着实让我感到开心。如果我要去太阳系的其他星球上旅行，我会带上它，并把它作为一本必备的旅行指南。

Maggie Aderin-Pocock

注：玛吉·艾德琳-波科克，大英帝国勋章获得者，太空科学家

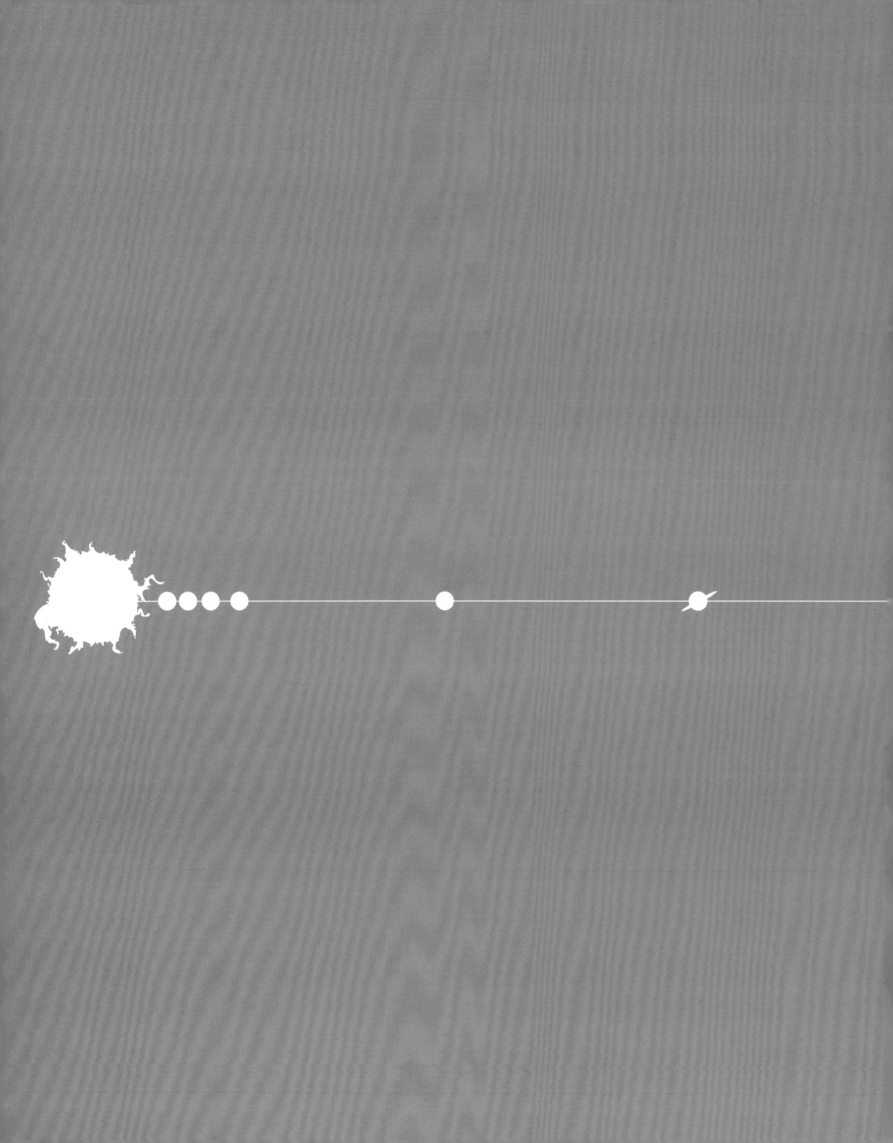

太阳之家

银河系是我们的家园，也是一个广袤的旋涡星系，由大约2000亿颗恒星组成，我们的太阳仅仅是其中的一颗。太阳位于银河系半径约中点位置的一个小旋臂中，以约每秒200千米的速度绕银河系中心高速运转，大概每2亿年绕一圈。与成千上万的其他恒星一样，太阳周围环绕着一系列被其引力

我们在**太空**中的位置

困在附近的较小天体（就像太阳被银河系的引力捕获一样），这些天体中最大的就是行星，我们的祖先根据它们在夜空中的运动变化为其命名。在其他恒星附近探测到的大多数行星都是空旷、炽热的世界，它们均沿着不规则的轨道运行，不可能存在生命迹象。我们的太阳系则不然。太阳系中的八大行星均围绕太阳以近圆的轨道稳定运转。其中，水星、金星、地球和火星这些离太阳较近的行星均是遍布岩石和铁的小型固体星球。与之相对，木星、土星、天王星和海王星这些外围星球则是由气体和液体构成的巨型星球，而且都拥有大量的卫星，如同缩小版的太阳系一样。在太阳系黑暗的边缘，较小的天体很难被观察到，但是它们的数量却更多，有冥王星等矮行星，也有彗星和小行星，它们都是行星形成时残留的原始星云碎片。

◁ 银河系

银河系是旋涡状的，但是，由于我们是从其内部观测，我们看到的只是它的侧向图。最好在较黑暗、晴朗的夜晚（远离城市和其他形式的光污染），我们可以更清楚地看到，银河看起来像一条横跨天际的乳白色亮带。其中的亮斑都是巨大的发光星云，由气体和尘埃组成，在其内部，新的恒星和行星正不断成形。看起来将银河分成两部分的裂缝其实是较暗的星云，距离地球约有300光年，这些星云遮挡了在其后面更远处的恒星发出的光。

太阳周围

太阳的引力束缚着不同类型的天体。太阳系大家庭除了八大行星，还有行星的光环和它们的卫星，以及数以十亿计的岩石和冰质天体。

所有的太阳系行星几乎都在一个平面上，沿同样的方向围绕太阳做公转运动。相对靠近太阳的是4颗较小的岩质行星：水星、金星、地球和火星。在更寒冷和遥远的太阳系深处还有4颗巨行星：木星、土星、天王星和海王星。它们大多是由比岩石更易挥发的物质组成的，诸如：氢、氦、甲烷和水。

▽ 轨道

行星的公转轨道并非完美的圆形，更多的是椭圆形。较小天体的运动通常遵循椭圆轨道，并因途经的行星天体而使自身轨道发生变化。最极端的是彗星的椭圆形轨道，它们的周长很长，可达外太阳系的边缘，偏心率很大，有些彗星的运动方向甚至出现近乎直角的变化。还有些彗星，包括哈雷彗星，它们的运行方向与行星的公转方向相反。

土星

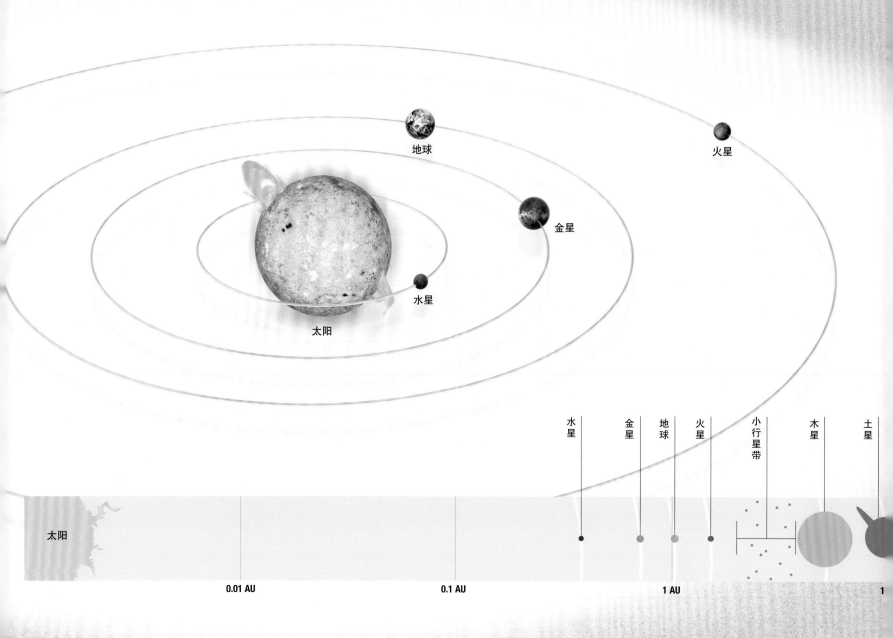

地球

火星

金星

水星

太阳

水星　金星　地球　火星　小行星带　木星　土星

太阳

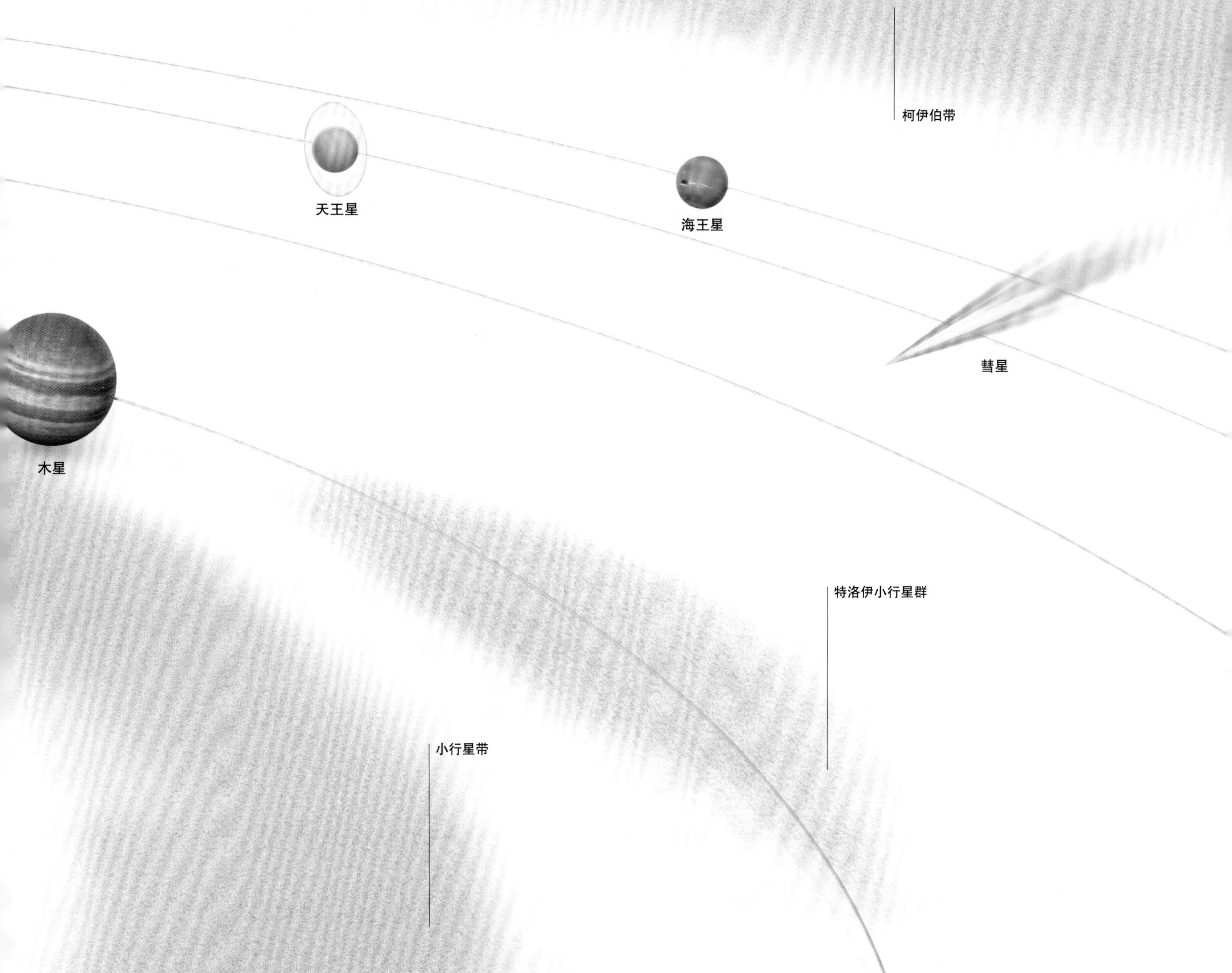

柯伊伯带

天王星

海王星

彗星

木星

特洛伊小行星群

小行星带

海王星

柯伊伯带

奥尔特云

▽ 到太阳的距离

如果把太阳缩到和篮球一样大，那么海王星距离太阳约有2.5千米远。太阳的外围区域太过广阔，很难直观地表达清楚，所以下面的距离坐标采用指数增大形式表示而非传统的线性增大形式表示。采用天文单位（AU），1AU表示从地球到太阳的距离（约1.5亿千米）。奥尔特云位于太阳系外围区域，它的边界距离太阳大约50,000AU。

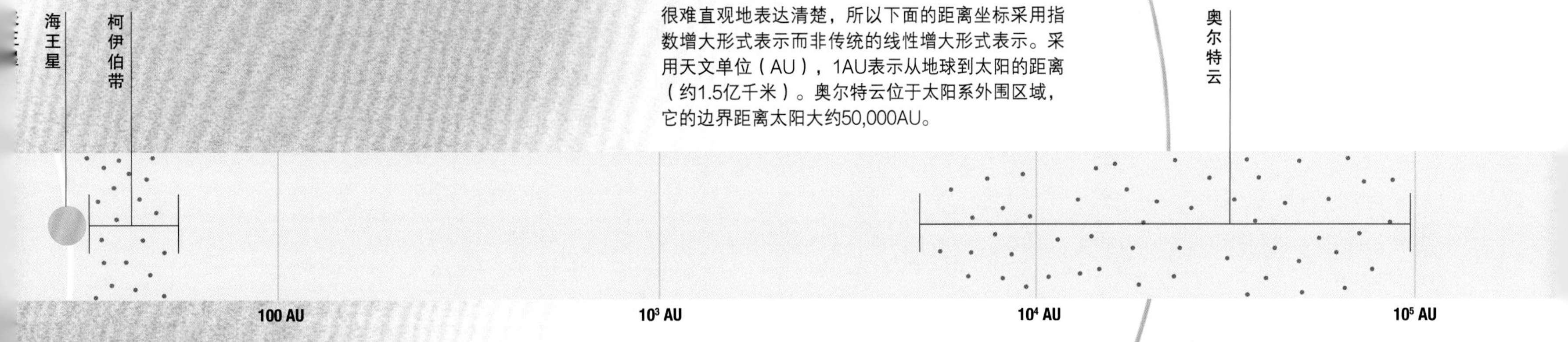

100 AU　　　　　　　　　　10³ AU　　　　　　　　　　10⁴ AU　　　　　　　　　　10⁵ AU

太阳系的诞生

太阳形成于气体和尘埃。起初，太阳在一圈碎片（即形成太阳的残留物）中闪烁光芒。慢慢地，这些物质从很小的微粒聚集变大，逐渐形成行星、卫星和小行星。

50亿年前，太阳系尚未形成。而那时，我们的银河系已存在80亿年了，其间，一代又一代的恒星诞生和消亡，只把气体和尘埃留在了巨大的暗淡星云之中。接着，在银河系的外围，某种物质开始搅动。一颗恒星（即超新星）爆炸，挤压附近的暗云，然后暗云在其自身引力的作用下开始塌陷。在暗云深处，较密集的气团开始聚集，并形成千千万万颗原恒星。随着一颗颗原恒星逐渐收缩升温，其核心开始发生核反应，恒星就这样诞生了。

很多新诞生的恒星周围均围绕着由气体和冰冻尘埃构成的旋转盘。在某种特定的情况下（太阳初成），数百万年后，这些物质形成了太阳系中的行星。

太阳系的温床

星云将危险的太空辐射隔开，初成的太阳系就在这巨大的烟云深处不断发展。这些尘埃云主要由大爆炸后残留的氢气和氦气组成，其中夹杂着少量濒死恒星喷射出的烟尘和宇宙尘埃。由于温度非常低，甲烷、氨和水蒸气等气体冻结成非常微小的尘埃颗粒。这些极其微小的冰雹围绕年轻的太阳旋转，它们也成了日后慢慢长成行星的"种子"。

▷ **神秘山**

如今，在巨大的星云中，恒星和行星系统仍在不断形成。比如：船底星云中的神秘山。虽然原恒星尚隐藏在黑暗之中，但是，从年轻的行星系统外射的喷流形如一对"喇叭"（图最右侧），足有2万亿千米长。

在太阳系中，太阳的质量占99.8%。

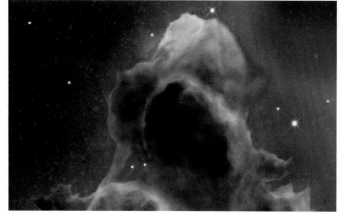

△ **太阳的神秘诞生**

初期的太阳不过是一团塌陷的气团，隐藏在一团分子云中（也就是富含化学成分的星云）。气团不断收缩升温，形成一颗原恒星。

△ **偶极外向流**

原恒星开始旋转，同时产生强大的磁场，迫使气流向相反的方向分离。接着，在原恒星周围塌陷的气体转得越来越快，并逐渐变得扁平。

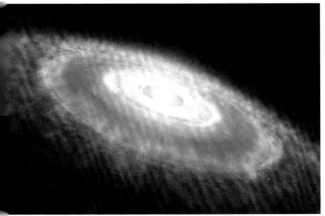

△ 发光时期
　　原恒星变得越来越热，直至触发核反应，太阳开始发光闪耀。其热量驱散了附近的冰状物，仅在内盘上留下了岩质尘埃。但是，冰状颗粒仍然在外部边缘存留下来。

▷ 太空碎石
　　现在，在太阳系构建过程中残留的碎石有的仍然会落到地球上，也就是陨石。其中碳粒陨星是比较罕见的石陨星，自行星诞生以来就从未改变过。通过分析其内部的放射性原子，科学家们就可以确定太阳系的准确年龄：45.682亿年。最古老的陨石中含有粒状物质，这是一种玻璃状物质，它们形成于太阳系形成时被加热熔化的岩石中。

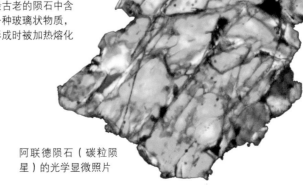

阿联德陨石（碳粒陨星）的光学显微照片

行星的形成

太阳形成时残余的碎片相互碰撞，在它们形成的大旋涡中诞生了如今平稳运行的太阳系八大行星。

孕育太阳的星云在我们的太阳形成后消耗殆尽，在太阳周围的轨道上留有一个残余碎片盘，如同土星周围的光环一样，形成一个"太阳星云"。这些物质最终会形成行星。

在太阳星云的外部寒冷区域，碎片主要由冻结的水、甲烷和氨氢化合物微小颗粒组成；在太阳系内部，这些物质容易挥发，很难凝结成冰。靠近太阳，太阳的热量使挥发性化合物蒸发，只留下了岩石和金属微粒。因此，在太阳星云中的不同部位形成的行星由完全不同的物质发展而来。冻线是挥发性化合物在太阳热量中能继续存在的临界点，在冻线以内，岩石碎片产生了四颗含金属内核的小型类地行星。越过冻线后，冰冻碎片合并形成旋转液体热球，并因混入太阳星云中的氢气和氦气膨胀成巨大的体型。

在行星形成时就产生的碎片仍然以小行星、彗星和柯伊伯带天体（海王星以外的冰体）的形式散布在太阳系中。受木星和土星的影响，其中一些冰质天体甚至可能为一度干旱的地球输送过水分，从而推动了生命产生的化学进程。

这些巨型气态行星的质量约占绕太阳运转的天体质量的99%。

星球碰撞

在太阳形成后的1亿年间，众多原行星在围绕太阳旋转时不断碰撞。水星可能因灾难性碰撞剥离了其初期形成的岩石表面，因而具有巨大的内核。与大多数行星相反，金星反常地以顺时针自转，这也可能源于某次碰撞。地球似乎也曾遭到一颗原行星的撞击，这次撞击差点就将我们的世界四分五裂，由此产生的炽热喷出物形成了月球。

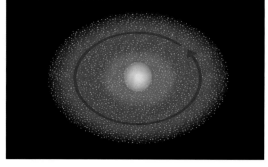

△ **太阳星云**

起初，太阳星云就像一个均匀的气体尘埃盘。尘埃颗粒在太空中相互推撞而成为带电颗粒，并开始粘在一起。在离太阳较近的地方，它们中的岩石和金属微粒组成类似于小行星的巨砾。在冻线以外，它们逐渐扩大成大块大块的冰。

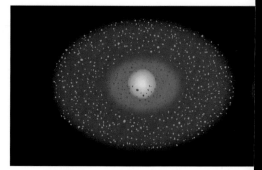

△ **星子的形成**

当两个围绕太阳运转的固体团块快速碰撞时，它们彼此就会撞得粉碎。但是，如果团块之间缓慢相遇，引力就会将其拉到一起。总的来说，组建过程比破坏过程更加频繁，因此，这些团块慢慢以每年几厘米的速度成长。最后，它们发展成直径数千米的天体——星子。

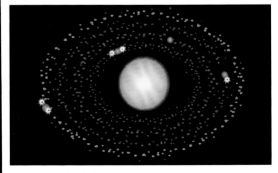

△ 岩质行星的演变

在太阳系诞生100万年后，靠近太阳的区域挤满了50~100个大小类似于月球的岩质天体。当这些原行星在太阳周围穿梭时，它们像超速赛车一样彼此相互碰撞，撞击变得越来越激烈。较大的原行星总占上风，吸住了它们较小的竞争对手。最终只有四颗行星存留下来，形成了如今的岩质行星。

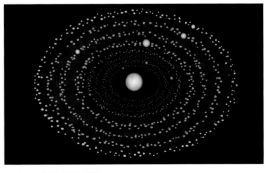

△ 气态巨行星的扩张

在冻线以外，大量的冰质物质产生了较大的天体。快速成长的木星产生了足以拉拢太阳星云中的气体的引力，并组建成一个巨大的氢氦世界。土星紧随其后。但是，在太阳系的更外层，由于物质稀少，天王星和海王星成长较慢。气态巨行星周围的残余碎片凝聚成为卫星。

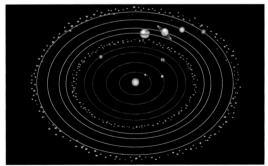

△ 行星迁移到如今的位置

起初，天王星可能是最外层的行星，但是，木星和土星的轨道逐渐改变，当土星的"一年"正好是木星的两倍时，产生的引力共振将海王星推向了天王星之外更远的地方。反过来，这些外围行星又将冰质星子抛向太阳系各处，轰击内部行星，并形成了如今的柯伊伯带。

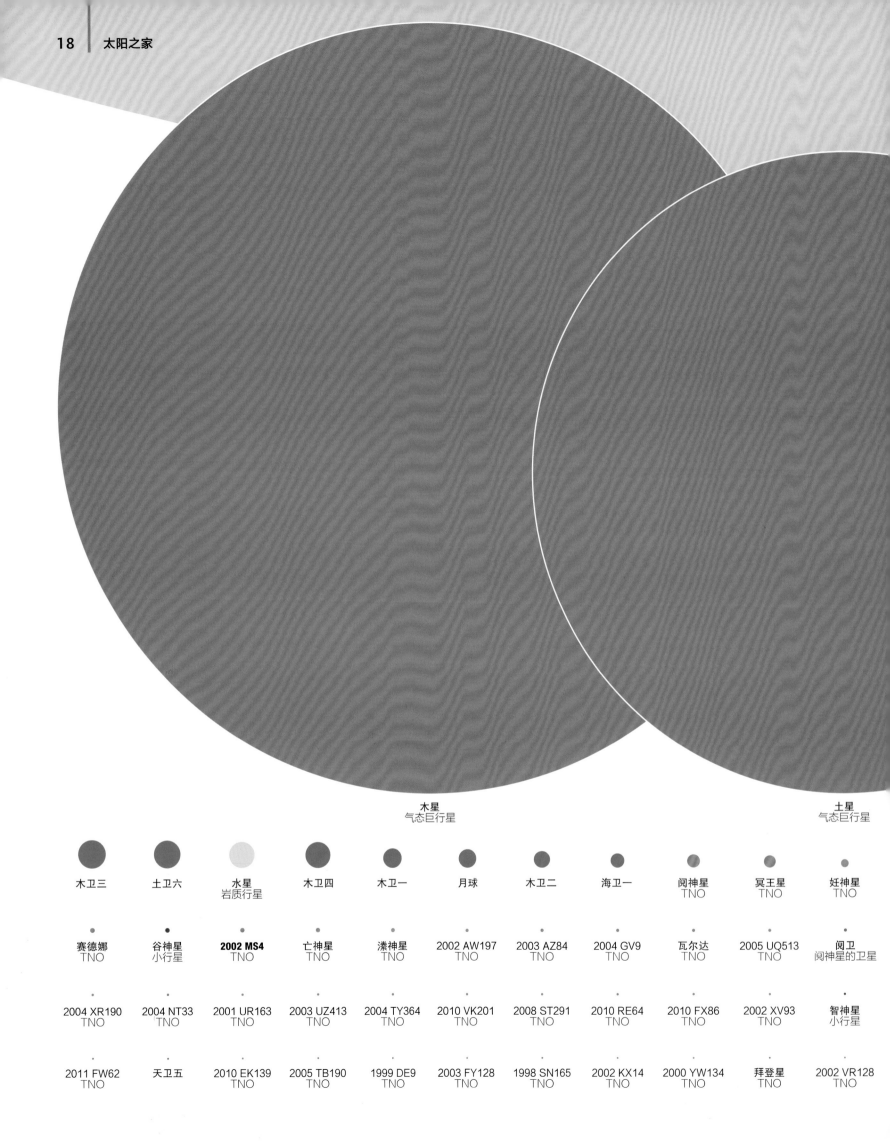

木星
气态巨行星

土星
气态巨行星

木卫三

土卫六

水星
岩质行星

木卫四

木卫一

月球

木卫二

海卫一

阅神星
TNO

冥王星
TNO

妊神星
TNO

赛德娜
TNO

谷神星
小行星

2002 MS4
TNO

亡神星
TNO

潊神星
TNO

2002 AW197
TNO

2003 AZ84
TNO

2004 GV9
TNO

瓦尔达
TNO

2005 UQ513
TNO

阅卫
阅神星的卫星

2004 XR190
TNO

2004 NT33
TNO

2001 UR163
TNO

2003 UZ413
TNO

2004 TY364
TNO

2010 VK201
TNO

2008 ST291
TNO

2010 RE64
TNO

2010 FX86
TNO

2002 XV93
TNO

智神星
小行星

2011 FW62
TNO

天卫五
TNO

2010 EK139
TNO

2005 TB190
TNO

1999 DE9
TNO

2003 FY128
TNO

1998 SN165
TNO

2002 KX14
TNO

2000 YW134
TNO

拜登星
TNO

2002 VR128
TNO

大小对比

太阳
恒星

图形示意的是太阳系中包括太阳和行星在内，100个较大天体的相对大小情况。

在宇宙尺度上，太阳系中只有太阳算得上"大天体"，我们的地球也仅如一个"蓝点"般忽略不计。太阳系中最大的行星是气态巨行星——木星，它的体积是地球的1300倍。内行星、月球、小行星这样的岩质天体，以及海王星之外的冰质天体，它们的尺寸要小得多。比如，比冥王星大的卫星就有7颗；水星比最大的两颗卫星都小。一些较大的小行星和海外天体有足够大的质量能形成球体，因此也将它们归为矮行星一类。

图例
- 恒星
- 气态巨行星
- 岩质行星
- 卫星
- 小行星
- 海外天体（TNO）

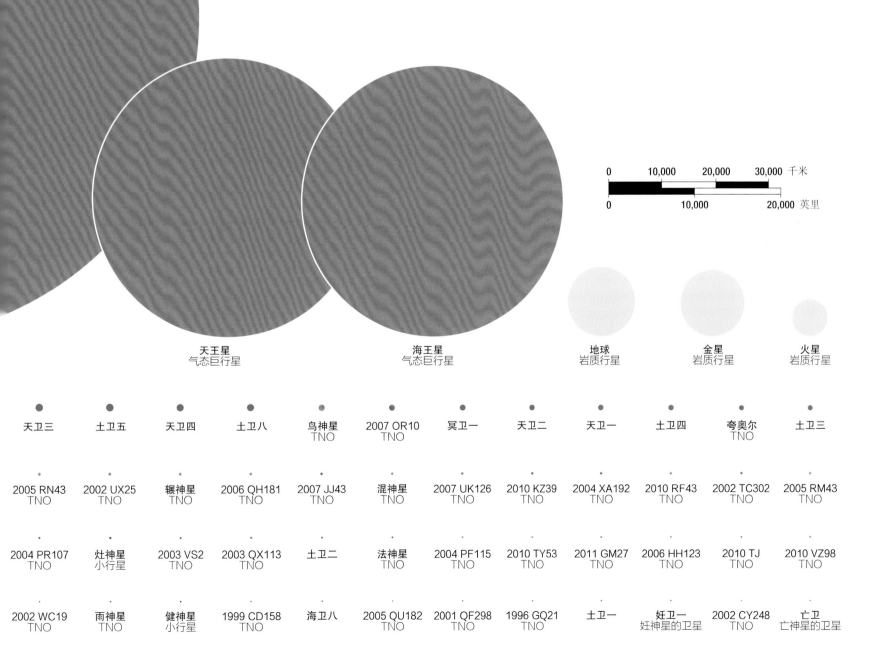

0   10,000   20,000   30,000 千米

0   10,000   20,000 英里

天王星
气态巨行星

海王星
气态巨行星

地球
岩质行星

金星
岩质行星

火星
岩质行星

天卫三	土卫五	天卫四	土卫八	鸟神星	2007 OR10 TNO	冥卫一	天卫二	天卫一	土卫四	夸奥尔 TNO	土卫三
2005 RN43 TNO	2002 UX25 TNO	辗神星 TNO	2006 QH181 TNO	2007 JJ43 TNO	混神星 TNO	2007 UK126 TNO	2010 KZ39 TNO	2004 XA192 TNO	2010 RF43 TNO	2002 TC302 TNO	2005 RM43 TNO
2004 PR107 TNO	灶神星 小行星	2003 VS2 TNO	2003 QX113 TNO	土卫二	法神星 TNO	2004 PF115 TNO	2010 TY53 TNO	2011 GM27 TNO	2006 HH123 TNO	2010 TJ TNO	2010 VZ98 TNO
2002 WC19 TNO	雨神星 TNO	健神星 小行星	1999 CD158 TNO	海卫八	2005 QU182 TNO	2001 QF298 TNO	1996 GQ21 TNO	土卫一	妊卫一 妊神星的卫星	2002 CY248 TNO	亡卫 亡神星的卫星

我们的太阳系

曾经有几百年，人们认为地球是宇宙的中心，天体在其轨道上围绕我们运转。当这一模型最终被推翻时，引发了一场科学革命。

在我们对太阳系的认识中，最伟大的观念性突破就是地球围绕太阳转，而非太阳围绕地球转。以前，日心说（太阳为中心）因很多原因而难以被人认同：从常识来看，太阳穿过天空；如果太阳是静止的，那意味着看起来固定不动的固体地球必须运动和旋转。此外，古希腊以地球为中心的太阳系模型对行星运动的推测似乎合情合理，为这种错误理论提供了支持。当日心模型经证明更加准确时，它还面临着当时盛行的"地球是造物的中心"这一宗教观念的对抗。

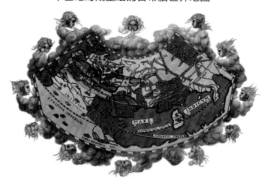

中世纪时期重绘的古希腊世界地图

公元前3000年—前500年
地平说
在埃及和美索不达米亚，早期的哲学家认为地球是平的，四周被大海包围，后来，这种观念被希腊人采纳。希腊哲学家泰利斯认为：土地漂浮在海洋上，地震是巨浪所致。

公元前500年
地圆说
毕达哥拉斯是第一个认为地球是球体的古希腊哲学家。大约在公元前330年，亚里士多德提供了进一步证明：在月食期间，地球的影子是圆的，而且，当一个人在地球的弯曲表面上行进时，就会看到新的星星。

谷神星，第一颗被人们发现的小行星

牛顿的《原理》一书

斯普特尼克1号

1957年
第一颗人造卫星
当苏联把第一颗人造卫星斯普特尼克1号送入地球轨道时，太空时代就开始了。两年后，苏联的宇宙飞船月球3号将第一张月球背面图像发送回了地球。

1801年
发现小行星
在进行日常观测时，意大利天文学家朱赛普·皮亚齐发现：在火星和木星之间有一个岩质天体在运转。这颗名为谷神星的小行星是第一颗被发现的小行星，而且也是最大的一颗。2006年，谷神星被归为矮行星。

1781年
土星以外的发现
出生于德国的英国天文学家威廉·赫谢尔在土星以外发现了一颗行星——天王星，从而将已知的太阳系个头扩大了一倍。天王星实际运行轨道与理论计算的偏差，导致天文学家于1846年发现了海王星。

阿波罗11号登陆月球

海盗1号拍摄的火星图像

1962年
金星之旅
美国航空航天局的水手2号飞掠金星，成为第一艘飞掠行星（地球除外）的航天器。它记录了金星的炽热高温，在这么高的温度下生命无法存活。1964年，水手4号飞掠火星，向我们展示了一个寒冷、贫瘠、坑坑洼洼的世界。

1969年
首次登月
美国宇航员尼尔·阿姆斯特朗成为第一个踏上另一个星球的人。对阿波罗宇航员带回地球的岩石分析表明，月球的形成实为地球与另一颗行星之间的巨大撞击所致。

1976年
登陆火星
海盗1号和海盗2号是第一批成功登陆火星的宇宙飞船，它们发回了激动人心的图像。它们对火星进行了长达两个火星年的天气监测，分析大气成分，检测土壤，但尚未发现生命迹象。

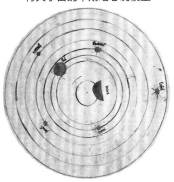

有关宇宙的早期地心说模型

哥白尼的太阳系模型

公元前400年

中心之火

希腊哲学家菲洛劳斯提出：地球和太阳围绕一个隐藏的"中心之火"运转。之后，阿里斯塔克斯认为：太阳是中心，而星星由于相隔太远了，因而并不相对于彼此运动。但是后来，他的想法完全被人忽略了。

公元前150年

托勒密体系

希腊天文学家和地理学家克罗蒂斯·托勒密提出了他的地心说理论，也就是将地球置于宇宙的中心。在接下来的1400年中，托勒密体系在天文学中占据了主导地位。

1543年

哥白尼革命

波兰天文学家和数学家尼古拉·哥白尼在其去世之前，公布了他革命性的太阳系日心说模型，也就是将相对静止的太阳置于中心位置。

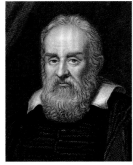

伽利略

围绕太阳的椭圆形轨道

1687年

行星轨道解说

英国科学家艾萨克·牛顿发表了他最重要的著作《原理》，为现代物理学奠定了基础。他展示了引力如何让行星以椭圆形轨道围绕太阳运转，并导出了三大运动定律，解释了力如何起作用。

1633年

受审的天文学家

意大利天文学家伽利略因教授哥白尼的理论而被天主教会逮捕审问。他首次采用望远镜进行观测，并支持日心说模型。但是，最终被迫放弃其理论，并惨遭软禁。

1609年

开普勒定律

德国数学家约翰尼斯·开普勒计算出：行星按照非圆形的椭圆形轨道运转，并会随着距太阳的远近改变速度。开普勒定律解决了哥白尼模型中的缺陷，并为后来艾萨克·牛顿的发现提供了灵感。

旅行者1号拍摄的木星图像

哈雷彗星的核

卡西尼号观测到的土星

1979年

飞掠木星

在一次开创性的任务中，旅行者1号飞掠了木星及其卫星。这艘美国飞船向我们展示了木卫一上的火山喷发以及木卫二上的冰封表面。它的姊妹飞船旅行者2号在1986年飞过天王星、1989年飞过海王星。

1986年

与彗星狭路相逢

在24万千米/小时的速度下与哈雷彗星狭路相逢，欧洲的乔托行星际探测器拍下了第一组彗星内核的特写照片。这些照片展现了一块宽15千米的黑色冰块。接着，乔托号又探访了另一颗彗星——格里格-斯基勒鲁普。

2004年

土星轨道

1997年，美国航空航天局发射的卡西尼·惠更斯号宇宙飞船进入土星轨道，之后，在土星的卫星土卫六上着陆。卡西尼号见证了土星云中的巨大风暴，并发现了土卫二冰封间歇泉的喷发。

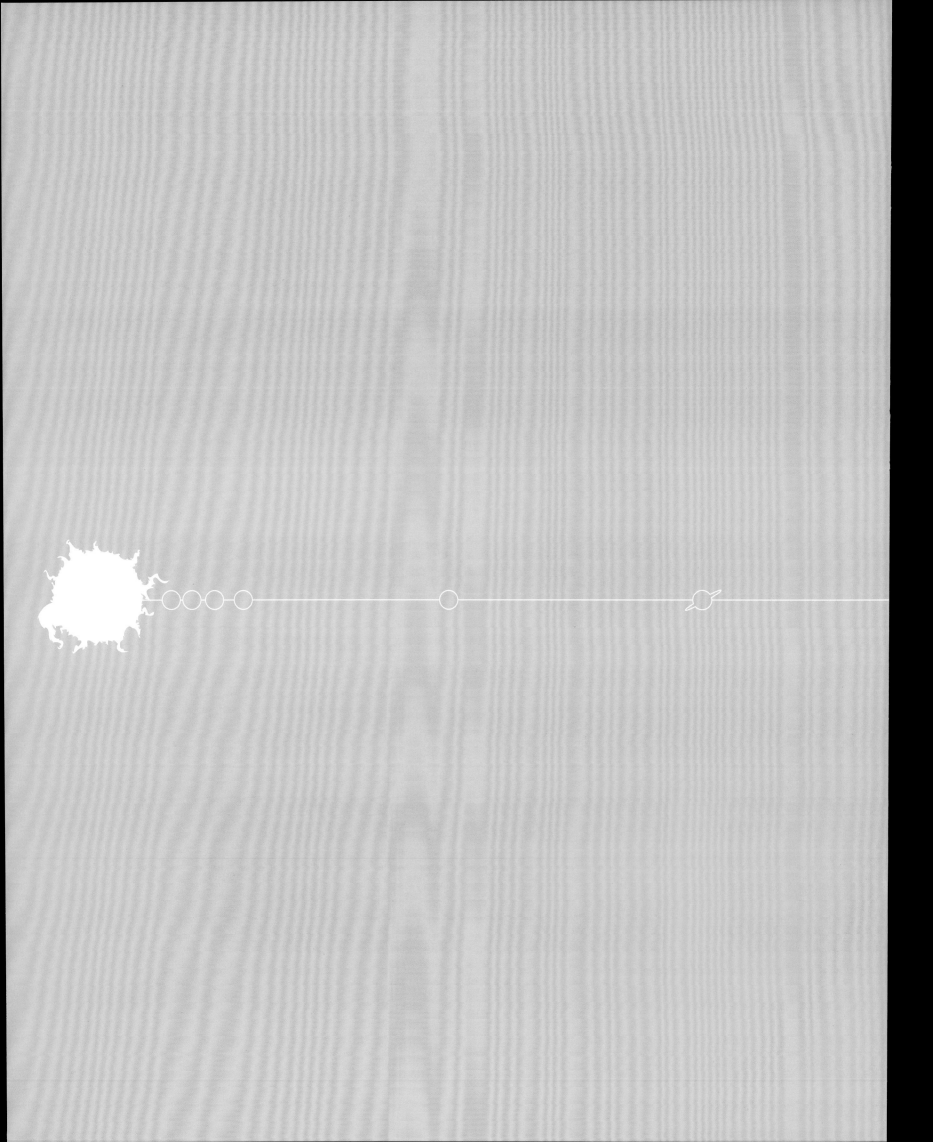

我们的恒星

太阳

来自太阳表面（或光球层）的能量以可见光的形式逸散。

太阳是太阳系中最热、最大、最重的天体。其炽热的表面让其行星成员沐浴在光芒之中，巨大的引力为其家庭成员编排了各自的轨道。

太阳是一颗典型的恒星，与银河系中亿万颗其他恒星相比差别不大。它支配着其周围的一切，并占据了太阳系质量的99.8%。对太阳系的任何一颗行星来说，太阳可以说是硕大无朋。地球体积不到它的百万分之一；即便是太阳系中最大的行星——木星的体积也只有其体积的千分之一；不过，太阳可算不上最大的恒星。大犬座的VY星，这颗特超巨星差不多有30亿颗太阳那么大。

我们的太阳不会永远存在，目前正值其中年，大约50亿年后，它将变成一颗红巨星，向着行星方向逐渐膨胀。届时，水星和金星将被蒸发。我们的地球可能也会遭受同样的命运，就算没有被吞噬，在强烈阳光的照耀下，地球也将变成酷热的熔炉。最终，太阳会将其自身震裂，并将其外层吹到太空之中，留下一片幽灵般的"行星状星云"。

太阳内核的能量需历经10万年才能到达其表面，并以光的形式呈现。

▷ 光球层

从太阳这张可见光波照片来看，太阳似乎拥有平滑的球面，表面上点缀着温度稍低的太阳黑子。然而，根据外观称它为光球实为一种错觉。因为这里太阳大气层中的热气变得透明，光线只是从这里射出而已。

▷ 色球层

光球层逐渐向外扩展，成为更热的色球层。这张由美国航空航天局太阳动力学天文台拍摄的紫外图像向我们展示了这两层结构。图片上的颗粒图案是由对流元，也就是太阳里的热气浮浮沉沉所致。

▷ 日冕

在色球层外遥远的地方就是太阳稀薄的外层大气——日冕。右侧是一张紫外成像照片。除日食期间外，不可能通过裸眼看到日冕。日冕甚至比色球层还要炽热，并因等离子体爆等活动而沸腾。

数说太阳

直径	1,393,684千米
质量（地球=1）	333,000
输出能量	3.85×10^{17}吉瓦
表面温度	5500摄氏度
内核温度	1.5×10^{7}摄氏度
到地球的距离	1.5亿千米
极旋转周期	34个地球日
年龄	约46亿年
预期寿命	约100亿年

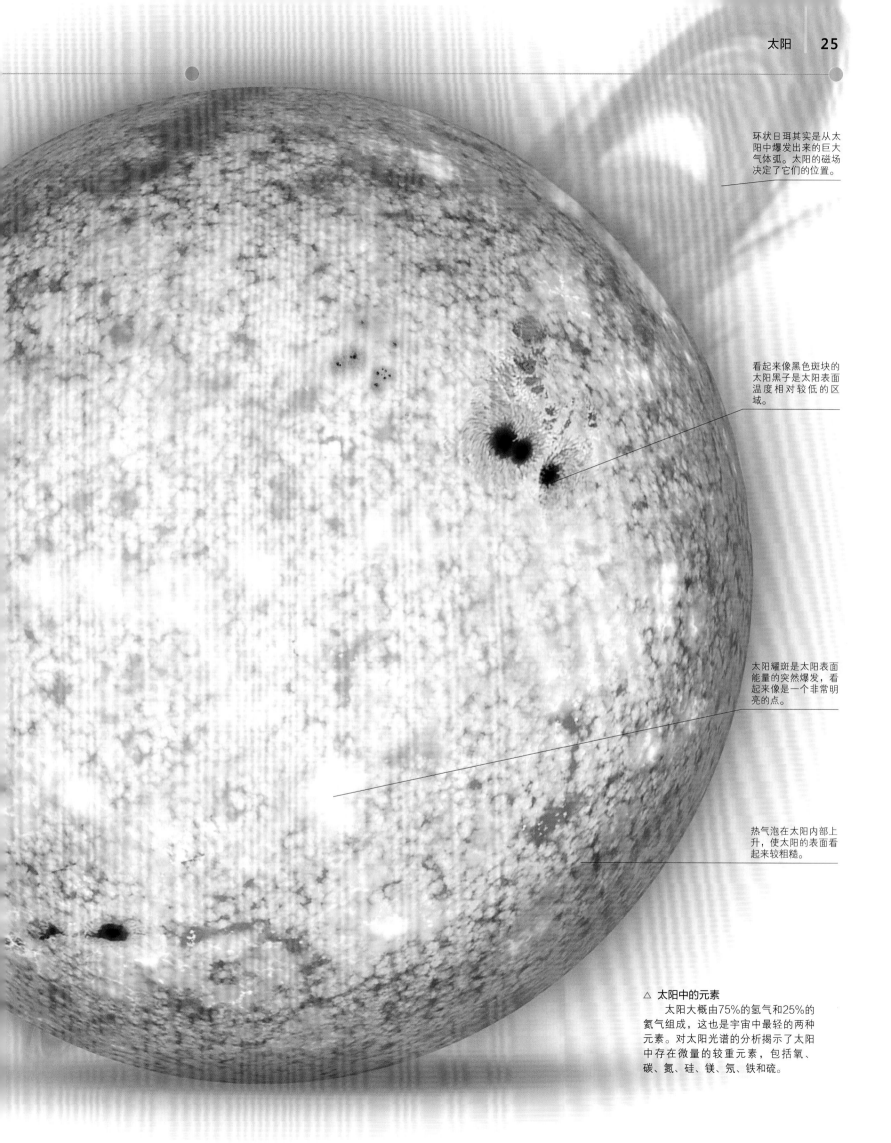

环状日珥其实是从太阳中爆发出来的巨大气体弧。太阳的磁场决定了它们的位置。

看起来像黑色斑块的太阳黑子是太阳表面温度相对较低的区域。

太阳耀斑是太阳表面能量的突然爆发，看起来像是一个非常明亮的点。

热气泡在太阳内部上升，使太阳的表面看起来较粗糙。

△ **太阳中的元素**

太阳大概由75%的氢气和25%的氦气组成，这也是宇宙中最轻的两种元素。对太阳光谱的分析揭示了太阳中存在微量的较重元素，包括氧、碳、氮、硅、镁、氖、铁和硫。

太阳的结构

可能看起来太阳只是天空中一粒一成不变的黄球，但实际上，它的变化令人难以置信。这个巨大的核聚变反应堆，让太阳系中的一切均沐浴在其光辉之中。

实际上，太阳由气体组成，没有固体表面，其中大部分气体为氢气。高温和巨大的压力使气体中的原子分裂成带电粒子，形成一种带电的物质状态，我们称其为等离子。在太阳内部，越靠近内核，密度和温度越高，其内核的压力超过地球表面大气压力的1000亿倍，在太阳系里这种罕见极端环境下，核聚变产生了。氢原子核融合在一起，形成氦核，其中一部分质量以能量形式流失，这些能量慢慢地浸透到太阳的外层，然后涌入太空的黑暗之中，最终以光和热的形式到达地球。

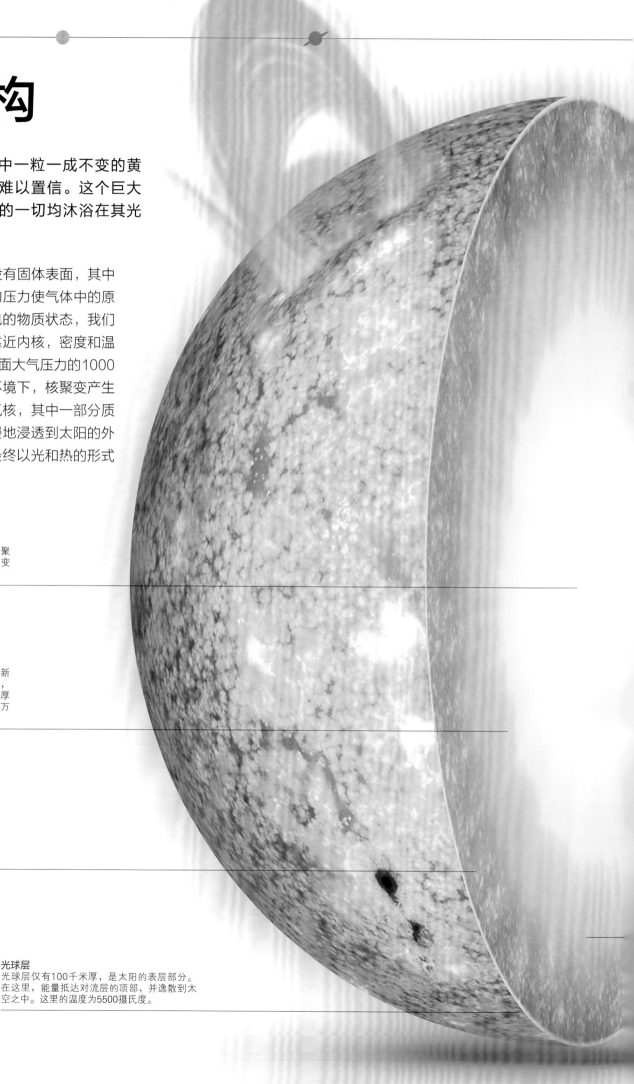

太阳内核
太阳内核是指1/5太阳半径以内的部分，其中的核聚变产生了99%的太阳能量。在内核的中心，氢聚变成氦。内核的温度为0.15亿摄氏度。

辐射层
光能在缓慢穿过辐射层时与原子核碰撞，并被重新辐射数十亿次。辐射层里的物质非常致密，因此，能量需要10万年之久才能到达太阳表面。辐射层厚度占太阳半径的70%，温度分布在150万至1500万摄氏度之间。

对流层
在对流层内，热气气阱向太阳表面扩展上升。通过这种被称为对流的过程，能量向太阳表面扩散，速度比在辐射层更快。这一层的温度分布在5500至150万摄氏度之间。

光球层
光球层仅有100千米厚，是太阳的表层部分。在这里，能量抵达对流层的顶部，并逸散到太空之中。这里的温度为5500摄氏度。

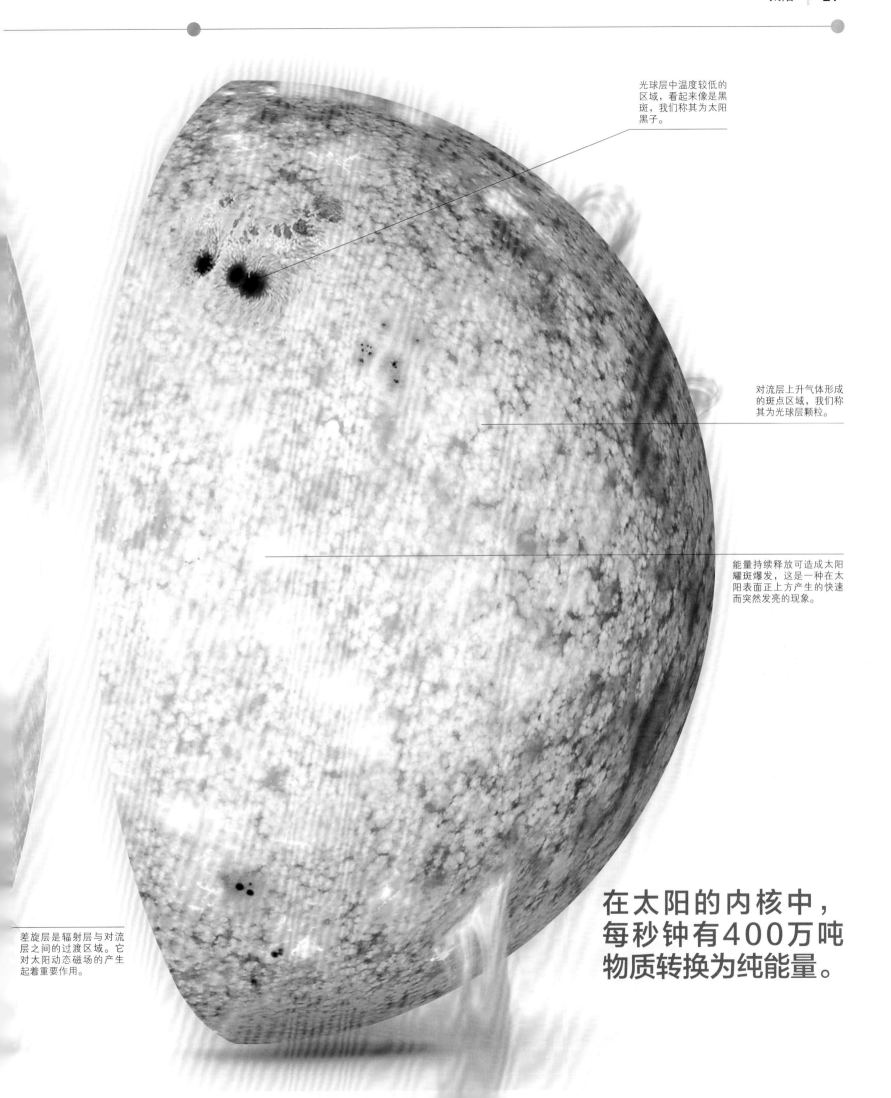

光球层中温度较低的区域，看起来像是黑斑，我们称其为太阳黑子。

对流层上升气体形成的斑点区域，我们称其为光球层颗粒。

能量持续释放可造成太阳耀斑爆发，这是一种在太阳表面正上方产生的快速而突然发亮的现象。

差旋层是辐射层与对流层之间的过渡区域。它对太阳动态磁场的产生起着重要作用。

在太阳的内核中，每秒钟有400万吨物质转换为纯能量。

太阳风暴

太阳这颗沸腾的等离子球是无时无刻不在变化的。其表面一直处于磁动荡之中，并产生太阳系中最剧烈的爆炸事件。

热和光并非太阳为其轨道成员供给的全部。它经常以猛烈的太阳风暴的形式，将大量的带电粒子抛入太阳系。150年来，天文学家只能在地球上观察这些现象；直到最近20年，才利用发射到太空的望远镜，在较近的区域密切观察太阳。由于地球的自转，地面上的观测仪器有时候会背对太阳，而这时空间望远镜仍能对日观测。如果强烈的太阳活动直接对准地球爆发，就可使电力网络陷入瘫痪、摧毁卫星链路，因此，随着我们对高科技越来越依赖，深入了解这种太空天气至关重要。

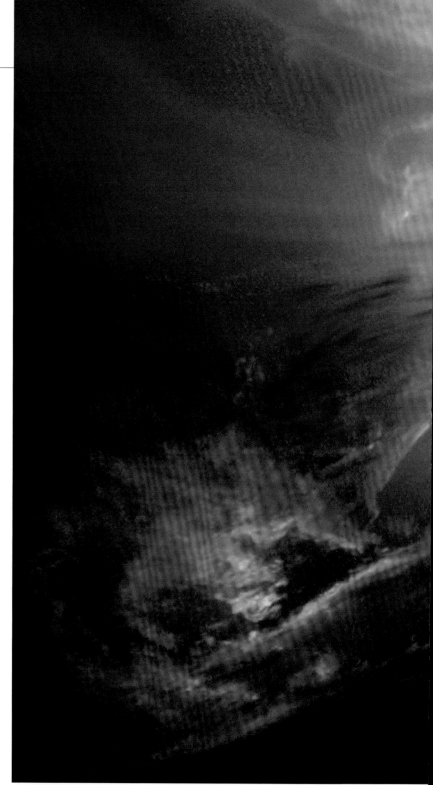

◁ **太阳耀斑**
　　太阳的某些区域会时不时地突然而迅速地增亮，就像光从一个发光表面迸出一样，这种现象叫做太阳耀斑，通常也是日冕物质抛射冲击的信号。左图显示的是美国航空航天局的太阳动力天文台拍摄的紫外图像，照片捕捉到了太阳耀斑从太阳左侧边缘喷发的景象。

▷ **日珥**
　　有时候，太阳的磁场线非常混乱，以至于它们"突然崩断"，同时释放自己被压抑的能量。当这种情况发生时，庞大的热等离子圈（日珥）就会沿着磁场线从太阳表面喷发，形成巨大而美丽的环线。这些像火焰一样的热柱可向太空延伸50万千米，并持续数天甚至数月之久。日珥通常呈现明显的弧形，但也可以以其他形式出现，比如柱形和金字塔形。如果日珥向着地球喷发，那么，我们看到的日珥的背景是太阳，而不是黑暗的太空，这时它们也被称作暗条（这是日珥在太阳表面的投影，译者注）。右侧这五张连续照片展示了太阳日珥从逐渐突出太阳表面到充分燃烧绽放光彩的喷发景象。

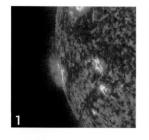

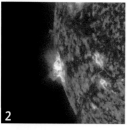

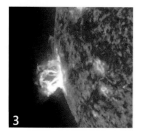

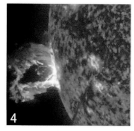

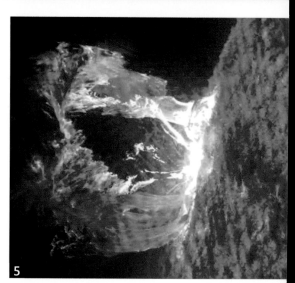

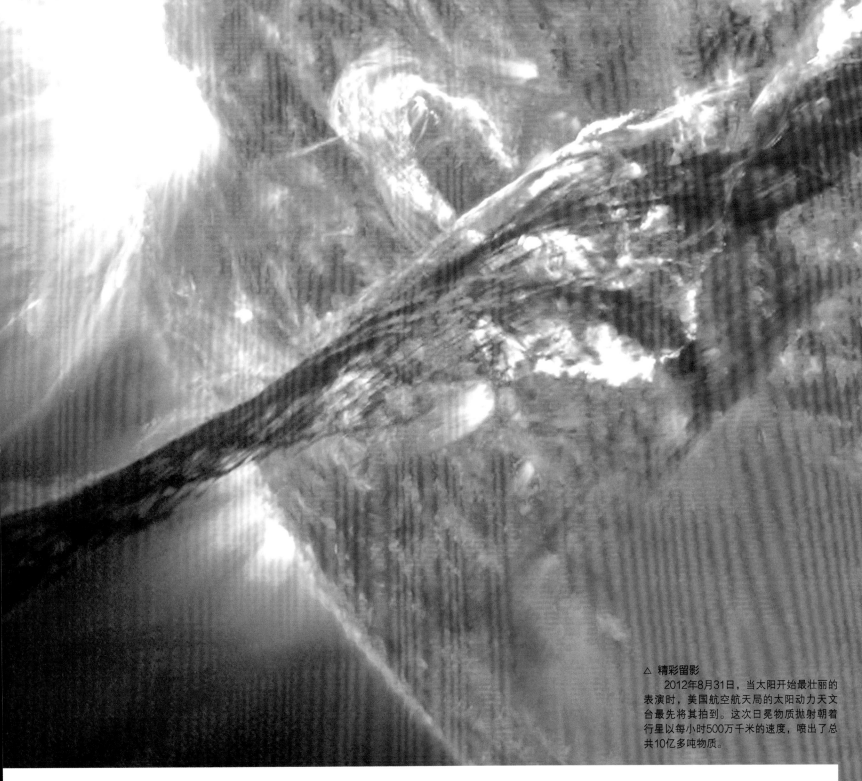

△ 精彩留影

2012年8月31日，当太阳开始最壮丽的表演时，美国航空航天局的太阳动力天文台最先将其拍到。这次日冕物质抛射朝着行星以每小时500万千米的速度，喷出了总共10亿多吨物质。

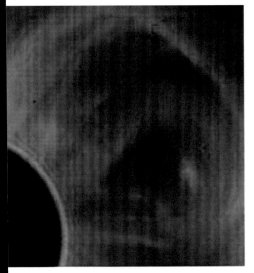

◁ 日冕物质抛射

太阳系中规模最大、最壮观的事件就是太阳上的等离子大爆发，即所谓的日冕物质抛射（CME）。正如其名所示，等离子从太阳的大气（日冕）中吐出。爆炸的威力可使太阳粒子加速，并使其接近光速。到达地球的CME物质可触发地磁风暴。在左侧的紫外照片中，我们可以看到CME如同一个巨大的泡泡，正从日冕层膨胀出来。

△ 极光

由CME引起的地磁风暴会力压地球磁场，将能量引向两极，产生如上图所示的壮丽极光，这张照片是在冰岛的辛格维利尔国家公园上空拍到的。这种闪烁的光幕是因注入到大气中的能量使氧原子发光而产生。极光通常在极地纬度上才可见到，在较大的CME后，它可一直延伸到热带地区。

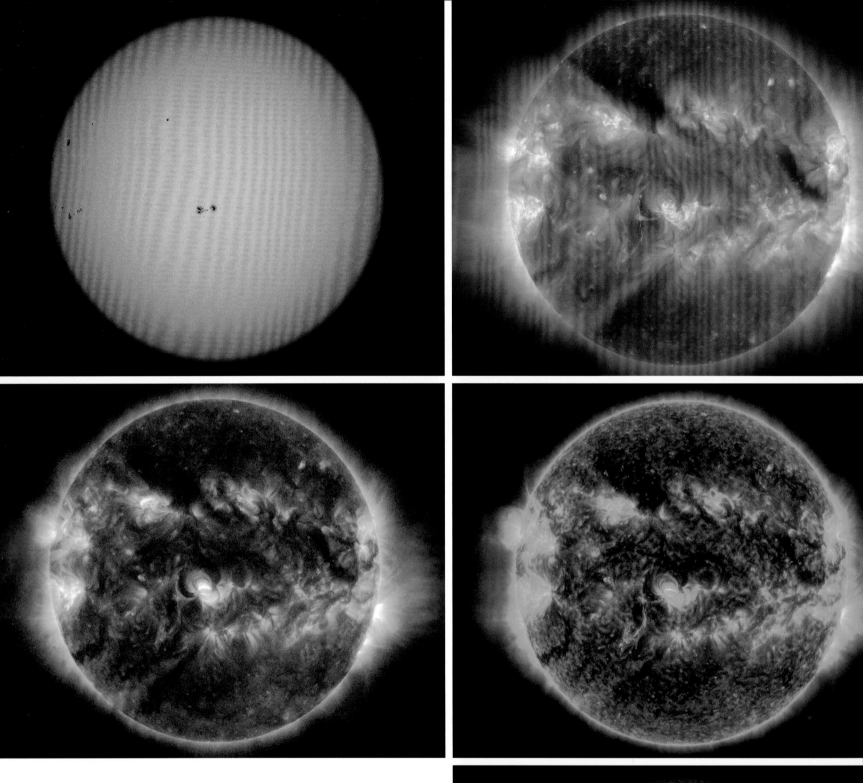

太阳光谱

　　太阳光谱中除了有可见光外，还有我们肉眼看不到的无线电波、红外线、紫外线等。通过研究这些射线，太阳观测者将太阳中看不见的那部分描画出来。美国航空航天局太阳动力学观测台可以每秒钟都为太阳成像，这些图像选自2014年4月某一小时中所摄取的太阳图像。第一幅图像显示的是肉眼可见的太阳光球层，以及温度低于周围区域的太阳黑子。剩余的大部分图像都是通过选取不同波长的紫外线后成的像。通过它们，我们可以看到太阳外层大气之内的情况。最后两幅图由不同波段图像合成得到。

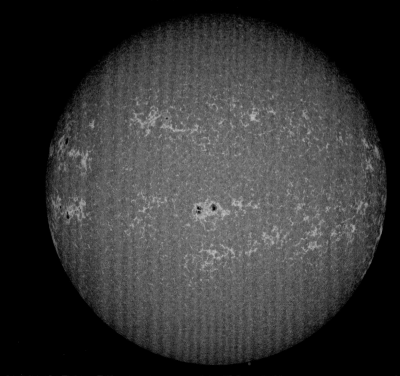

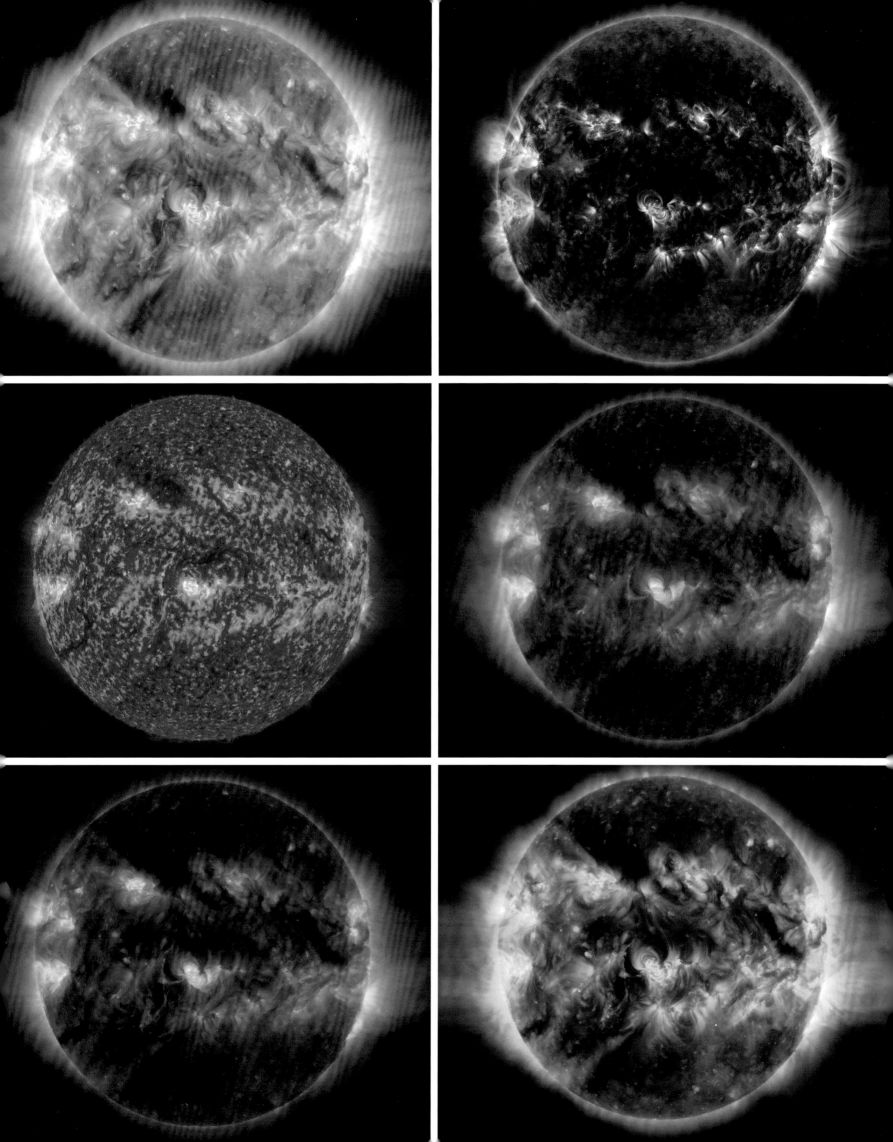

太阳活动周期

太阳是一颗变化无常的恒星，时而平静安宁，时而狂暴不羁。这些变化有明确的规律可循：太阳活动的起伏以约11年为一个周期。

400多年来，科学家们一直在记录太阳的活动。在19世纪早期，药剂师出身的德国天文学家塞缪尔·海因里希·施瓦布花了17年时间，试图寻找比水星离太阳更近的行星。虽然没有在太阳附近发现新的行星，但是他保留了太阳黑子的精确记录。回顾自己的观察结果，他发现太阳黑子的数量有规律地变化，由此产生了太阳活动周期的观点。如今，通过轨道和地基太阳望远镜的持续、仔细观测，我们获得了这一周期的更多详细资料。

太阳黑子

人们一度认为太阳黑子是太阳大气层中的风暴，现在我们了解到，它们仅仅是太阳表面温度较低的区域。太阳黑子由强烈的局部磁场活动所致，通常会持续几周的时间，而且往往成对出现。有关太阳黑子的观测记录出现在17世纪初，不过在此之前人们可能已经观察到这种现象。通过研究树的年轮，科学家就可将太阳黑子活动追溯到更久远的年代，因为在太阳黑子大量活跃期间，树轮中的碳−14水平较低；反之则较高。

▷ **太阳黑子的结构**
　　太阳黑子通常分为两部分：内部本影和外部半影。深色的本影为温度较低的部分，温度约为2500摄氏度。相比而言，半影的温度可达3500摄氏度，通常呈现纤维状纹理。成对的太阳黑子往往具有相反的磁极，类似于一块磁铁的两极。

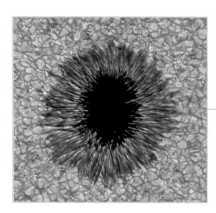

1947年的大黑子在日落时分凭肉眼即可轻松看到。

地球的大小 ●

我们看到的太阳黑子常常是成对的，有时还会形成较大的集群。

太阳活动周期

太阳活动周期为11年，也就是从太阳活动极小期（太阳黑子最少）发展到太阳活动极大期（太阳黑子最多），接着再回到太阳活动极小期。太阳活动周期与太阳的磁场变化有关，在此期间，太阳的磁场线扭曲—崩断—重连；每隔22年，太阳的磁极就会反转一次。太阳活动极大期时，不仅有较大的太阳黑子活动，而且还常伴有太阳耀斑、日冕物质抛射等现象，在地球上还能观察到比寻常更为绚丽的极光。

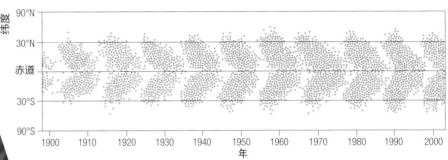

△ 蝶形图

当将太阳纬度上出现的太阳黑子绘制成图时，就会形成一种明显的图案，我们称其为蝶形图。当太阳活动周期开始时，太阳黑子会出现在中纬度区域，随着黑子的数量越来越多，它们会向着太阳的赤道迁移。这种迁移会按照太阳表面以下流动的等离子喷射流的路径进行。

▽ 差速自转

与固体的地球不同，在太阳上，并非所有区域都以相同的速度旋转。事实上，太阳赤道的速度比其两极快20%。这种差速自转使太阳的磁场线随着时间的推移缠绕和扭曲。这种扭曲与扭曲的橡皮筋类似，可将能量存储起来，最终"突然拉断"，造成磁活动的爆发。

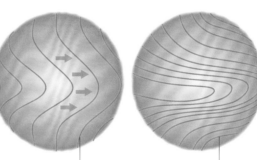

两极地区的旋转速度比赤道地区慢。

旋转速度的差异使太阳的磁场扭曲。

扭曲的磁场线以环线形式在表面产生，同时，在每个环形线的两端出现太阳黑子。

▷ 对气候的影响

人们认为，太阳活动周期会影响地球的气候，但是，其关系的本质却没有得到充分了解。在1645年至1715年期间，太阳黑子相当少见。这一时期恰逢小冰河期，那时，欧洲经历了一个较长的寒冷时期，平时不会结冰的河流在此期间均出现封冻。

小冰河期期间，泰晤士河上的冰上集市

日食

当像太阳光这样恒定可靠的某种事物在白天突然被中断时，我们很容易就会注意到。在几分钟的时间里，世界似乎静止了。

历史上曾有许多关于太阳消失的传说，如今，我们称这些现象为日食。在月球稳定地绕着地球运转期间，每隔一段时间，月球在白天会占据太阳在天空的位置。随着离这个位置越来越近，月球会挡住我们看太阳的视线，形成日食。

日全食

在日全食期间，太阳会完全被月球遮住几分钟。日全食或许是自然界的终极奇观：天空变暗、气温下降、鸟儿停止鸣唱。如果月球的运转轨道正好位于太阳与地球之间的一条线上，那么，我们每月都会看到一次日食。但是，由于月球的轨道倾斜了5°，所以，约每隔18个月才会看到一次日食。每次日食出现时，在地球表面，仅在月球影子投下的一小部分区域可以看到。

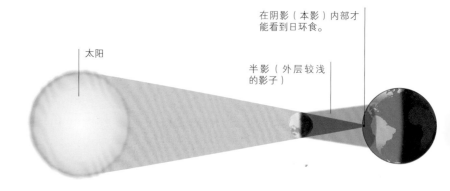

太阳

在阴影（本影）内部才能看到日环食。

半影（外层较浅的影子）

全食

△ **日全食的形成**

尽管月球的直径只是太阳的约1/400，但是月球离地球比太阳近400倍，因此，它能够完全遮挡太阳光线。当月球影子的较黑部分——本影投到地球上时，我们就可以看到日全食；在半影投下的区域，我们就可以看到日偏食。本影通常有1.6万千米长，但仅有160千米宽。

▽ **全食**

2012年11月，日食观察者们在澳大利亚埃利斯海滩上观看太阳和月亮。太阳被完全遮挡的日全食现象转瞬即逝，最多持续7.5分钟。2012年的日食仅持续了2分钟。

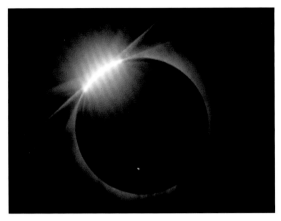

△ 钻石环

月球的表面并非绝对光滑平整，其上的峡谷可透过阳光，产生所谓的贝利珠效应。一颗独立的贝利珠看起来就像壮丽的"钻石环"，它标志着全食的开始或结束。

2014~2040年的日全食路径图

△ 日冕

日冕是太阳巨大而稀薄的外层大气，通常，由于闪耀的光球层更明亮，我们看不到日冕。但是，当月球遮住太阳时，日冕的光华尽显无遗。为了利用太阳望远镜研究日冕，天文学家采用了一种可以遮挡太阳的不透明圆盘——日冕仪。

日环食

有时月亮不能遮挡整个太阳圆面，因此，我们可以看到太阳的边缘，就像是月球轮廓周围有一个环，这就是所谓的日环食，其英文名称源自拉丁语，意思是"小环"。混合型日食就是在地球上的部分地方看到的是日全食，而在其他地方看到的是日环食，这种现象非常少见。

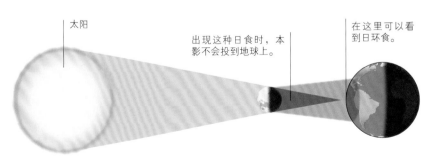

太阳

出现这种日食时，本影不会投到地球上。

在这里可以看到日环食。

△ 日环食的形成

月球的轨道是椭圆形而非圆形，因此，它与地球的距离会发生变化。如果在月球距离地球最远时出现日食，那么，我们看到的月球就较小，因而不能完全遮挡太阳，这时就会产生日环食。

▷ 火环

当伪本影，也就是本影的延伸部分掠过地球表面时，我们就可以看到日环食。在日环食发生期间，月球周围形成一个壮丽的"火环"。由于这个环非常明亮，因此看不到日冕。

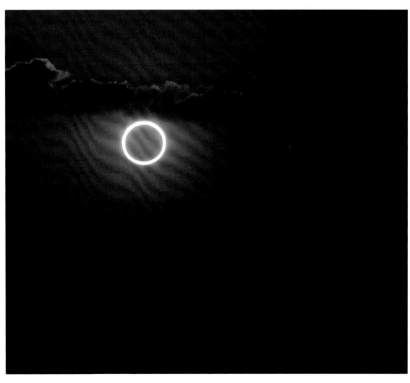

太阳的故事

数百万年来，太阳对人类文明的影响是巨大的——通过科学和实验，人类对太阳的认识有了从"全能的神"到"炙热的气体恒星"的转变。

人类对太阳的运动已追踪了数千年，很多古代文明均根据太阳的踪迹来制作历法。然而，这些人都认为太阳是围绕地球转动的；直至1543年，哥白尼才提出太阳是太阳系的中心这一观点。之后，人们根据牛顿提出的万有引力理论可以计算出太阳巨大的质量；在20世纪早期，爱因斯坦的研究表明太阳可以持续燃烧数十亿年。现代的宇宙探测器让我们可以更详细深入地研究太阳，并对太阳狂暴的表面活动进行预测。

巨石阵

古埃及祭拜太阳神仪式

公元前3000—前2000年
天文历法

巨石阵修建在英格兰的西南方。尽管人们至今都不知道它的作用，但是，在夏至和冬至时，巨石和日出、日落位置的特殊关系似乎表明它曾被用作一种天文历法。

公元前1350年
太阳神阿波罗

古代埃及人、希腊人以及之后的罗马人均将太阳敬奉为神灵。罗马人会在冬至时庆祝太阳神阿波罗的幻灭和重生。

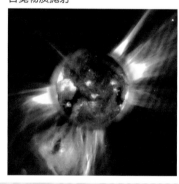

日冕物质抛射

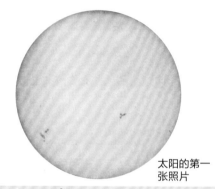

太阳的第一张照片

约瑟夫·诺尔曼·洛克耶

1868年
氦的发现

英国天文学家约瑟夫·诺尔曼·洛克耶在太阳光谱中发现了一种未知元素，并以希腊太阳神赫利俄斯将其命名为氦。直至1895年，人们才在地球上发现这种元素。现在我们知道太阳的元素组分中有28%为氦。

1859年
太阳风暴记录

英国天文学家理查德·卡琳顿首次观测到了太阳耀斑。紧接着爆发了地球上有记录以来最大的一次日冕物质抛射。这次太阳风暴在几天之后袭击了地球，形成的极光一直蔓延至夏威夷和加勒比海。

1845年
太阳的第一张照片

法国天文学家路易斯·斐索和里昂·弗科利用新摄影技术拍下了太阳的第一张照片。他们利用达盖尔银版摄影技术拍下了这张照片，其中包括清晰可见的太阳黑子。

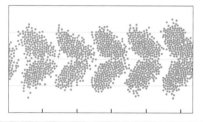

蝴蝶图

爱因斯坦和艾丁顿

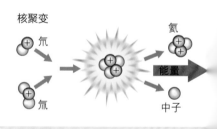

核聚变

1904年
太阳黑子变化图

英国天文学家爱德华·蒙德绘制出了太阳周期期间的太阳黑子的位置，并创造性地绘出著名的"蝴蝶图"。该图表明：随着太阳周期逐渐接近顶峰，太阳黑子的数量增加，并向着太阳的赤道移动。

1919年
相对论

英国物理学家亚瑟·艾丁顿在西非的普林西比对一次日食进行了拍摄。他的照片确定了太阳附近的恒星的位置，验证了艾尔伯特·爱因斯坦的广义相对论，证明太阳使光线发生了弯曲。

1920年
太阳核心的核聚变

亚瑟·艾丁顿在英国科学促进会的会长演讲中正确地提出了太阳能是由太阳核心的核过程产生的。1926年，他进一步发表了相关观点的详细论述。

日食

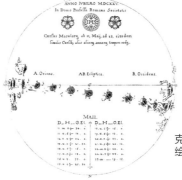

哥白尼绘制的太阳系图

公元前364年

最早的太阳黑子记录

中国战国时期的天文学家石申是最早对太阳黑子的观测做记录的人。他认为这是一种日食现象。现在我们知道，太阳黑子只不过是太阳光球层温度较低的区域。

968年

太阳的日冕

拜占庭历史学家里奥·提阿克努斯根据在君士坦丁堡（今伊斯坦布尔）看到的一次日食，首次对太阳的冠冕进行了可靠的描述。他将其描述为"昏暗微弱的辉光，就像围绕在圆盘边缘的一个狭窄的环形发光带"。

1543年

太阳系的中心

哥白尼的《天体运行论》在德国的纽伦堡出版。而在此之前，托勒密认为地球是太阳系中心的这种观点被人们广泛接受。而哥白尼的作品是将太阳置于太阳系的中心。

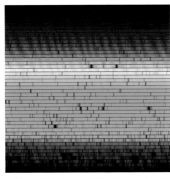

吸收线

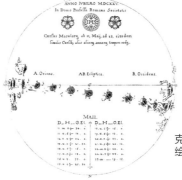

克里斯托夫·沙奈乐
绘制的太阳黑子图

1843年

太阳活动周期

德国天文学家海因里希·施瓦布在做了17年的太阳黑子研究并试图找出假想星球火神星之后，出版了有关太阳黑子的作品。他指出太阳黑子数量在大约10年内增加又减少。现在我们将其称为太阳活动周期。

1802年

吸收线的发现

英国化学家威廉·沃拉斯顿在太阳光的光谱中发现了吸收线。后来，人们发现这些吸收线是由太阳中的化学元素引起的，可以利用这些吸收线确定太阳的成分。

1609年

太阳黑子的第一张天文望远镜视图

望远镜的发明使意大利科学家伽利略、德国物理学家克里斯托弗·沙奈乐等天文学家清晰地观测到了太阳黑子。伽利略对木星和金星的观测更进一步证明了哥白尼有关太阳系的观点。

海尔-波普彗星

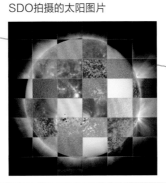

SDO拍摄的太阳图片

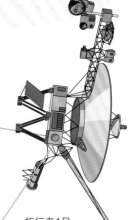

旅行者1号

1951年

太阳风的发现

德国天文学家路德维希·F·比尔曼通过观测彗星发现了太阳风。他提出：不管彗星朝向哪个方向飞行，其尾部总是指向远离太阳的一端，并推断一定有某种东西将其往该方向吹。

1995年

太阳和日球层探测器

美国航空航天局和欧洲空间局的太阳和日球层探测器（SOHO，也称索贺号）开始运行。这个观测站提供了太阳的壮观图像以及前所未有的科学分析。截至2012年，它发现了2000余颗掠日彗星。

2010年

太阳动力学观测站

美国航空航天局的太阳动力学观测站（SDO）开始运行，它利用高清技术观测太阳，每10秒拍摄一张多种波长的图像，每天发回相当于50万支乐曲的数据。

2012年

旅行者1号飞出日球层

旅行者1号成为了首个飞出日球层的探测器——日球层是太阳外围受太阳风影响的广袤空间。

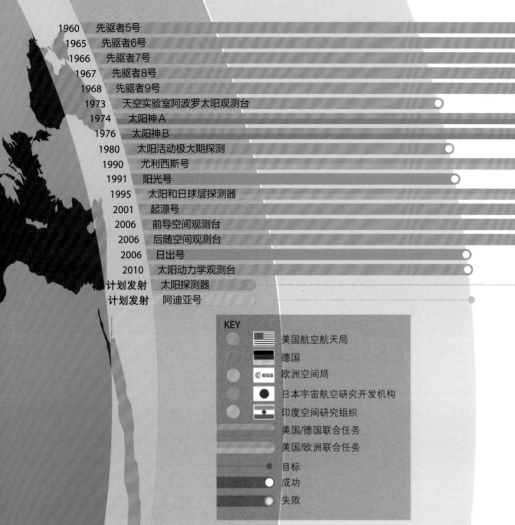

	地球轨道	拉格朗日点轨道
1960	先驱者5号	
1965	先驱者6号	
1966	先驱者7号	
1967	先驱者8号	
1968	先驱者9号	
1973	天空实验室阿波罗太阳观测台	
1974	太阳神A	
1976	太阳神B	
1980	太阳活动极大期探测	
1990	尤利西斯号	
1991	阳光号	
1995	太阳和日球层探测器	
2001	起源号	
2006	前导空间观测台	
2006	后随空间观测台	
2006	日出号	
2010	太阳动力学观测台	
计划发射	太阳探测器	
计划发射	阿迪亚号	

KEY

- 美国航空航天局
- 德国
- 欧洲空间局 (esa)
- 日本宇宙航空研究开发机构
- 印度空间研究组织
- 美国/德国联合任务
- 美国/欧洲联合任务
- 目标
- 成功
- 失败

△ 探测任务

除个别例外情况，对日观测的探测器的设计初衷并非通过靠近太阳的方式来对它实施观测。大部分太阳探测器绕地球飞行，从而避开地球大气干扰。探测器有时会比地球更靠近太阳，有时更远，甚至有时在探测其他目标的路上顺便对日观测。太阳和日球层探测器以及起源号探测器的轨道均经过拉格朗日点（太阳与地球引力平衡点），距离地球约150万千米远，以使飞行器与地球同步绕太阳做圆周运动。

▷ 先驱者5号

早期探测任务因未携带相机而无法传回图像。尽管如此，先驱者5号仍是第一个真正意义上的行星际探测器。探测器首次探测到地球和金星之间存在行星际磁场，并对太阳耀斑如何影响磁场展开研究。

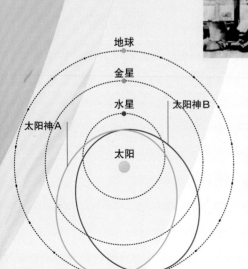

◁ 太阳神A/B

发射两架太阳神探测器旨在对太阳风和太阳磁场展开研究。探测器至今仍然保持着最接近太阳的纪录（比水星更靠近太阳），是历史上飞行速度最快的人造飞船：最快飞行速度达到70千米/秒；结束探测任务后，两架探测器仍然沿椭圆轨道以最快速度俯冲飞近太阳，然后飞回到地球轨道。

（轨道图：地球、金星、水星、太阳神B、太阳神A、太阳）

▷ 尤利西斯号

主要任务是用来观测太阳高纬度地区活动情况。探测器利用木星引力进入可以观测太阳极区的轨道平面。在整个旅程中，探测器发现进入太阳系的宇宙尘埃比预想的多30倍。尤利西斯探测器项目一直持续到2009年结束。

▽ 太阳和日球层探测器

探测器于1995年发射，是第一架现代化的太阳观测卫星。工作至今，太阳和日球层探测器从绕日轨道发回许多反映太阳恶劣天气、色球层、日冕层的壮观影像。在研究太阳的同时，探测器还发现了2000颗掠日彗星。

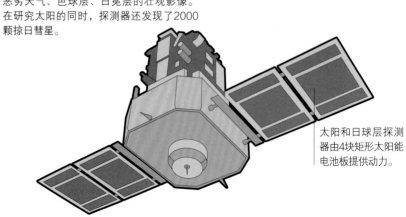

太阳和日球层探测器由4块矩形太阳能电池板提供动力。

太阳同步轨道

太阳探测任务

要了解更多关于太阳的信息，需要飞出地球的大气层对它进行观测。多年来，一些国家或地区组织通过发射探测器观测这颗离我们最近的恒星。

事实上，一系列的探测任务的成功已经改变了我们对太阳的认知，包括太阳的动态磁场，太阳风对行星的影响等。如今人类已经做到对太阳进行24小时不间断观测。这种密切关注的重要性在于：如果我们对太阳有更多的了解，就能对飞向地球的有潜在威胁的太阳风暴做出更好的预测。

▽ **起源号探测器**

该探测器的主要任务是采集太阳风物质，它于2005年实现目标，成为继1972年带回月岩标本的阿波罗号之后，第一个带回太空样品的探测器。任务过程有惊无险，虽然返回地球时着陆失败，但返回样品被成功打捞。

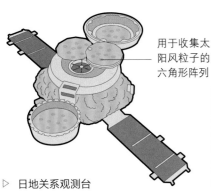

用于收集太阳风粒子的六角形阵列

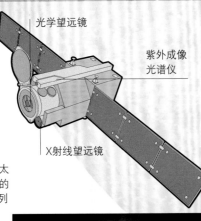

光学望远镜

紫外成像光谱仪

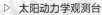

X射线望远镜

▷ **日地关系观测台**

日地关系观测台利用两个相同探测器在不同的角度对太阳进行立体观测。拍摄的太阳三维图像用于研究诸如日冕物质抛射等现象。2007年日地关系观测台拍摄到一次地球上无法见到的日食现象。

◁ **日出号**

探测器的载荷能够在可见光、紫外及X射线波段工作。它的任务是监测太阳磁场活动，并为研究太阳黑子和耀斑提供有价值的研究资料。探测器同时研究磁场能量从太阳光球层到日冕层的移动过程。

▷ **太阳动力学观测台**

太阳动力学观测台每10秒钟将所拍摄到的图像传回地球。主要用来研究空间天气。右侧这张由太阳动力学观测台拍摄的图片，展示了因太阳扭绞磁场形成的热气圈。

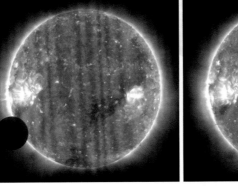

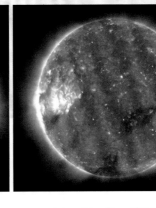

岩质行星

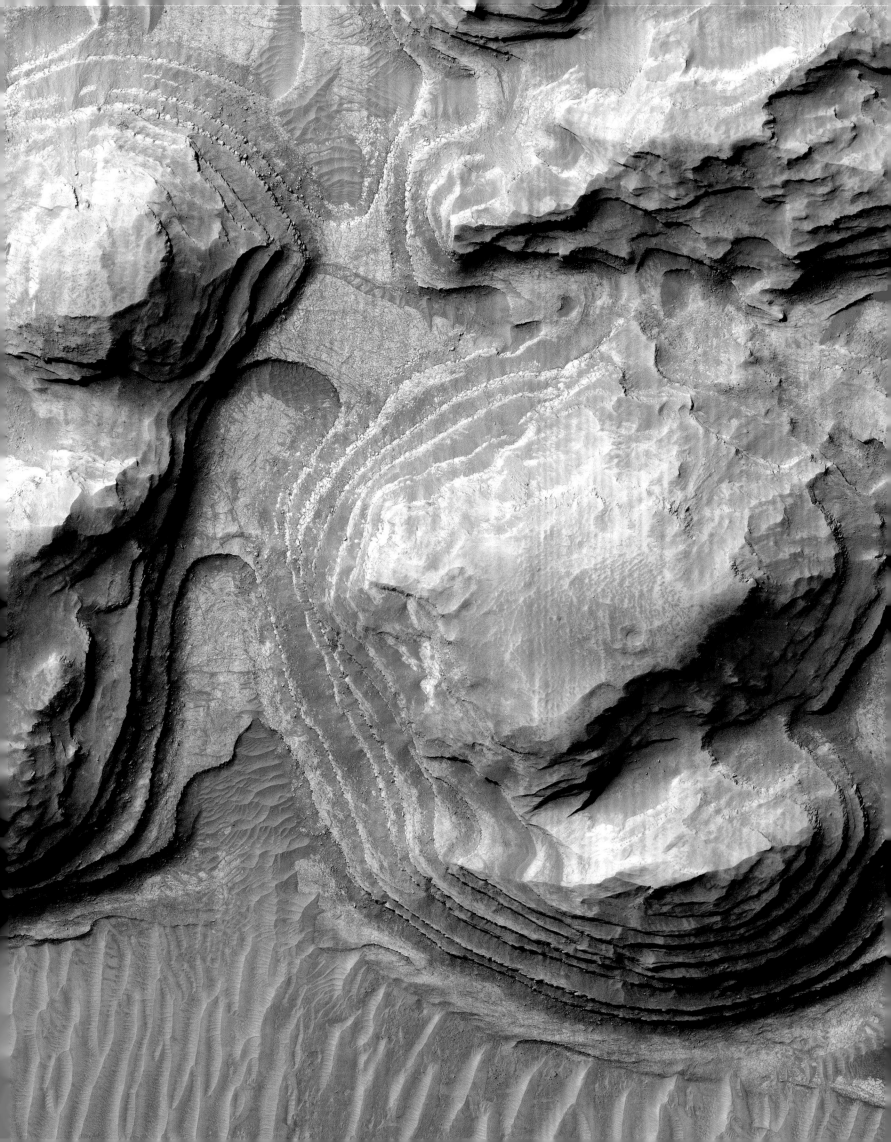

水星、金星、地球和火星，这四颗距离太阳最近的行星是一个多样性的群组。我们的地球是这四颗行星中最大的一颗，金星比它稍小一些。它们均是在太阳尘埃和气体星云中形成的，历经碰撞磨损，受高温和引力的影响坍缩成岩质星球，以相同的方式开始其生命旅程。但是，随着时间的推移，它们之间的差异越来越大。水星是太阳系内层行星

邻近的**世界**

中最小的一颗，距离太阳最近，拥有的大气层微乎其微，因而不能免受太阳的炙烤。水星炽热的黑色表面有很多受宇宙物质长期撞击形成的伤疤——陨石坑，与月球上的陨石坑很像。众所周知，所有内层行星都具有铁内核，但是，水星的内核却是大得出奇，占其直径的近2/3。在黄昏时分，虽然金星看起来非常美丽，但是它却是笼罩在令人窒息的硫酸云中的，而且可能处处都活跃着正在喷发的火山。作为失控的温室效应的受害者，金星是太阳系中最热的星球。火星是最寒冷的岩质星球。在火星上，气候可能曾经比较温暖，河流在地表潺潺流淌，但是现在，这里却是一片干旱的不毛之地，残存的水分均被冰封起来。地球是一个介于两种极端条件之间的世界。由于与太阳的距离恰到好处，水可以以液态形式在地表存在，因此，我们的地球拥有广袤的海洋、富氧的大气层以及极具多样性的生命形式。

◁ 历史的踪迹
与邻近的其他星球相比，我们对火星的了解更多。当美国航空航天局的火星勘测轨道飞行器抓拍到这一图像时，就为我们了解这颗红色星球的过去打开了一扇窗。在阿拉伯高地区域的陨石坑内，因沉积泥沙量的波动而形成的岩石层表明：火星气候在几百万年间来回变化。

水星

水星是距离太阳最近的行星，在地球上，我们每年仅有一小段时间可以清楚地看到它。通常，在春季和秋季的黎明和日暮时分，水星出现在地平线上，看起来就是一点闪烁的星光。

水星是一颗体型小、密度高、坑坑洼洼的星球，由于离太阳非常近，它一直受到太阳辐射的炙烤和轰击。在其漫长的白天，温度可高达430摄氏度，热得可以熔化铅。然而，由于水星上仅有一层薄薄的大气，因此，热散得很快，夜间温度可骤降至零下180摄氏度。在太阳系中，其他星球均不会遭受这些极端条件。

水星绕其轴的旋转非常缓慢，自转一圈几乎需要59个地球日。然而，它却是所有行星中公转速度最快的，仅需88个地球日就可以绕太阳公转一圈。当面朝太阳的一侧开始转离时，整个星球已从相反一侧面朝太阳。因此，从太阳升起到再次落下需要很长的时间——从一次日出到下次日出需要176天，在此期间，这颗星球已绕太阳公转了两周。尽管水星的白天很长，但是，由于水星的大气层非常稀薄，以至于不足以反射太阳光，因此，它看起来总是黑色的。

八大行星中水星的公转速度最大，可达50千米/秒。

数说水星

平均直径	4879千米
质量（地球=1）	0.055
赤道处重力（地球=1）	0.38
与太阳的平均距离（地球=1）	0.38
轴倾斜度	0.01°
自转周期（天）	58.6个地球日
公转周期（年）	87.97个地球日
最低温度	零下180摄氏度
最高温度	430摄氏度
卫星数量	0

▷ **北半球**
北极是广阔平坦的平原，面积约有400万平方千米，这相当于美国国土面积的一半。这是一种名为歌德盆地的地貌特征，其内有已被熔岩流覆盖的环形山。

▷ **西半球**
2008年，美国航空航天局的信使号首次飞掠水星的西半球，在此之前，人们对其一无所知。此次飞掠发现，40%的水星表面由平整的火山平原覆盖。地表看起来和月球相似，但地壳更像火星一些。

▷ **南半球**
在水星的两极附近，存在永远不会受到太阳炙烤的阴暗地区（比如赵孟頫坑），美国航空航天局的信使号探测器发现了雷达反射斑块，这表明该地区可能存在冰和有机物质的混合物。

勃拉姆斯坑是一个巨大的古老复杂陨石坑，其突出的中央峰高达3000米。

蒂亚格拉贾坑

巴托克坑以一位匈牙利作曲家的名字命名，长约73千米，其中有一座中央峰。

米开朗琪罗坑

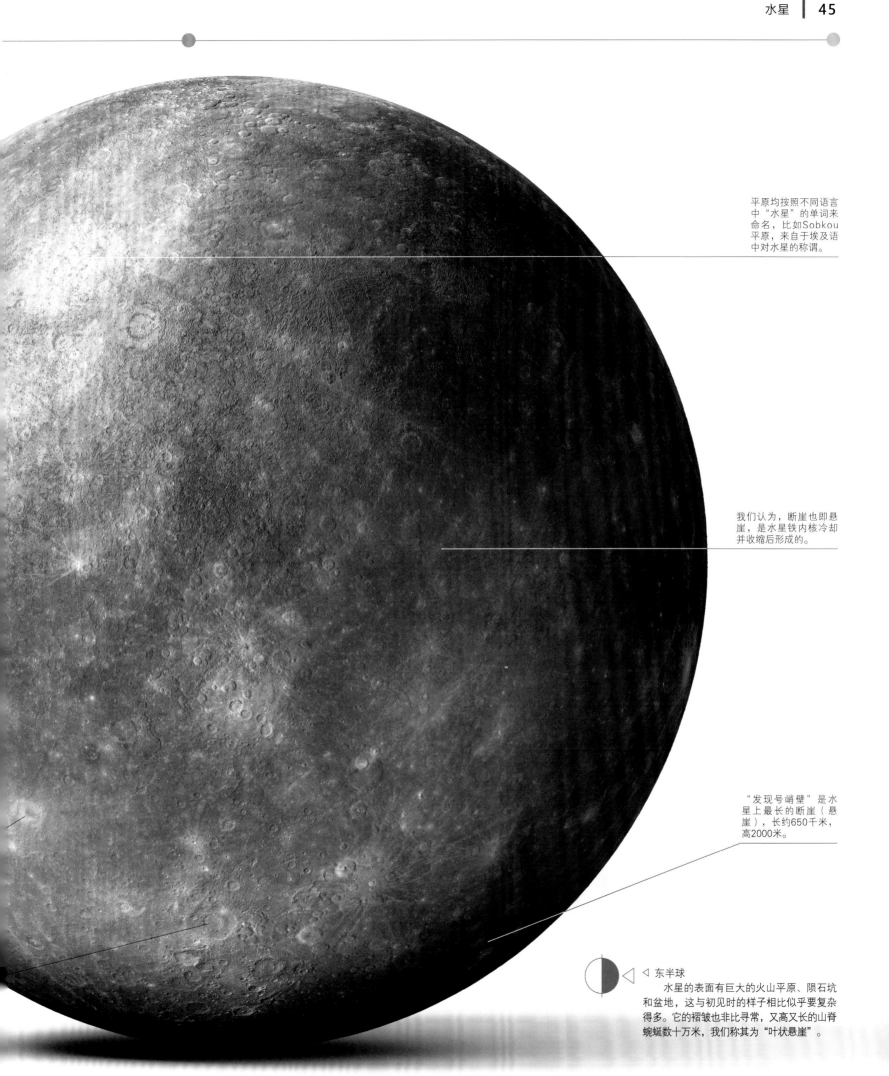

平原均按照不同语言中"水星"的单词来命名，比如Sobkou平原，来自于埃及语中对水星的称谓。

我们认为，断崖也即悬崖，是水星铁内核冷却并收缩后形成的。

"发现号峭壁"是水星上最长的断崖（悬崖），长约650千米，高2000米。

◁ 东半球
水星的表面有巨大的火山平原、陨石坑和盆地，这与初见时的样子相比似乎要复杂得多。它的褶皱也非比寻常，又高又长的山脊蜿蜒数十万米，我们称其为"叶状悬崖"。

水星的结构

太阳系中有四颗类地行星，水星是其中之一，它由岩石和金属组成。水星的体积还没有某些卫星的体积大，但是却比除地球外的其他行星更致密。

体积这么小，密度又那么大，这说明水星一定拥有一个非常大的铁内核。这就意味着，水星的外层岩石早已消失。如果是这样，可能的解释就是：在水星形成的早期，很多原行星如水星形成时一样，在太阳系中旋转穿梭，其中一颗击中了水星。这颗原行星的大小或许约有水星的1/6，但是，它却轰掉了水星大量的岩石表面，从而对水星造成了毁灭性的影响。

液态内核
铁内核厚3600千米。研究人员通过检测水星反射的无线电波来测量其旋转时的晃动情况，发现了内核呈现液体状态。如果是固体内核，水星就应具有刚性旋转，但是水星不稳定的旋转表明其内部有液体在晃动。

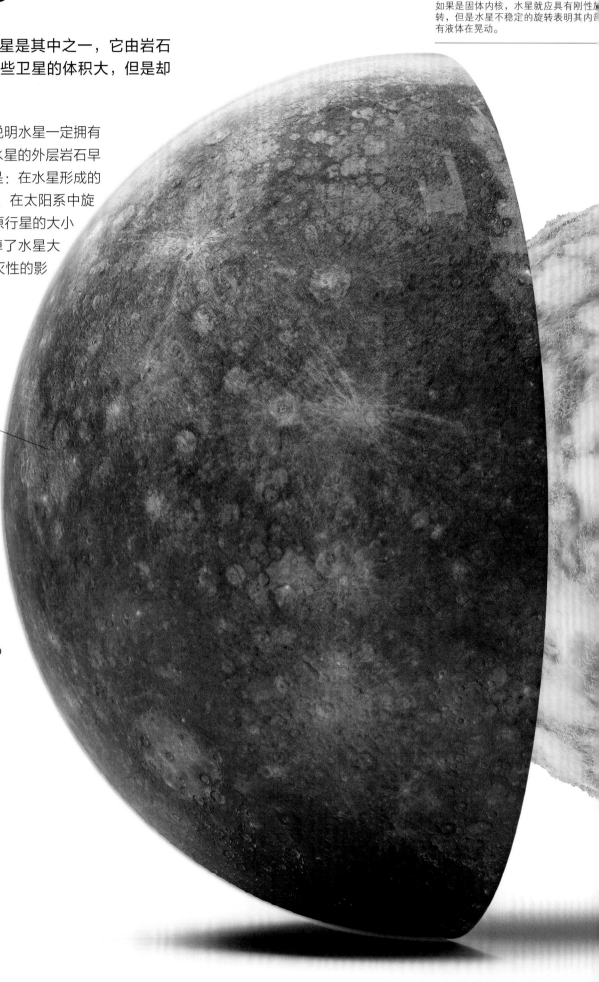

在某些地方，水星的表面因富含硫黄而呈现淡黄色。这种元素在水星上的含量比任何其他行星都要多。

水星的铁内核占其体积的61%，而地球的仅占17%。

▷ 分层结构

从信使号获得的数据来看，水星拥有巨大的内核和较薄的外层，这种不寻常的结构是因原行星撞击时岩石剥离所致，即将启动的贝比科隆博（BepiColombo）水星探测计划也可能会找到支持这种理论的证据。对水星的这种结构的另一种解释就是：在太阳稳定之前，岩石在早期太阳系的高温条件下蒸发了。第三种观点认为：岩石被早期太阳星云的拉力剥除了。

水星幔

水星幔层半熔状态的岩石约厚600千米。如地球的地幔一样，水星幔由硅酸盐岩石组成，其密度远没有内核的密度大。这是相对较薄的一层，厚度仅占水星半径的20%。

水星壳

水星壳很可能由富镁玄武岩及其他硅酸盐岩石组成，厚100~300千米。表面较稳定，没有板块运动，也就是说，水星上的陨石坑等特征几十亿年来未曾改变。

▽ **大气层**

水星拥有大气层，但是非常稀薄，所以这层大气也被称为外逸层。一些天文学家认为水星曾像地球一样，拥有厚厚的大气层，但是，由于水星较小，其引力不能阻止大气层被太阳风吹散。大气层中保留下来的气体包括氢气、氧气、氦气、水蒸气、钠和钾。

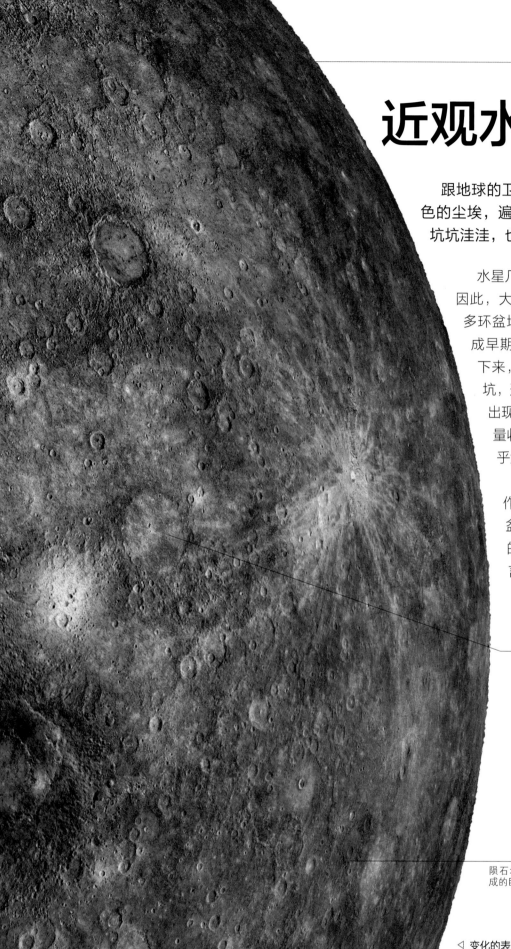

近观水星

跟地球的卫星月亮一样，水星既昏暗又荒芜，表面覆着灰褐色的尘埃，遍布着无数次陨石撞击后留下的"疤痕"，有小的坑坑洼洼，也有广阔的多环盆地。

水星几乎没有大气层的保护，很小的陨石都能撞击它的表面。因此，大大小小的陨石坑遍布水星的表面。大的陨石撞击形成多环盆地，比如：卡路里盆地。大多数大陨石坑出现在水星形成早期，由较重的陨石撞击形成，直至38亿年前才逐渐平息下来，之后不久，熔岩漫流，遍布其表面，并覆盖了一些陨石坑，形成了平坦的平原。接着，水星的内部冷却收缩，其外壳出现裂缝和山脊。最终，大约在7.5亿年前，水星的地幔已大量收缩，使得熔岩自此停止外流。从那以后，水星的表面几乎没有改变，只是因不断受到微小撞击留下"疤痕"。

水星的表面特征按以下原则命名：陨石坑以艺术家、作曲家和作家的名字命名，例如：托尔斯泰盆地和贝多芬盆地；山谷以天文台的名字命名；悬崖（峭壁）以科考船的名字命名；山脊以科学家命名；平原则以水星在不同语言中的名称来命名。

科普兰坑

斑穴

陨石坑之间是熔岩冲积成的巨大平原。

◁ 变化的表面

自2011年信使号探测器围绕水星运转以来我们就了解到：即便是现在，水星表面以下的活动可能仍然一直在改变着这个星球。这个根据信使号数据制作的3D模型展示了新形成的陨石坑周围的浅色物质放出的光线。

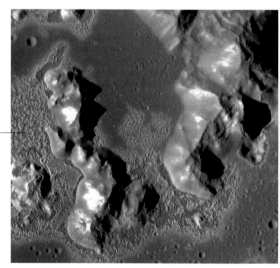

△ 斑穴

信使号在水星上的陨石坑地面上发现了成千个奇怪的侵蚀洼地。没有任何喷射物迹象可证明这些洼地是由撞击所致，起初，人们认为它们是因岩石塌陷入地表以下的岩浆房所致。现在，天文学家认为：这些斑穴是太阳风烧灼地表，使金属物质蒸发后形成的。

▷ **拉赫曼尼诺夫坑**

　　拉赫曼尼诺夫坑以俄罗斯作曲家谢尔盖·拉赫曼尼诺夫（1873—1943）的名字命名。2009年，信使号第三次飞掠水星时才将其拍到。这个陨石坑具有独特的双环结构；撞击致使一些物质抬升，形成了中心环。这一假彩色图像突出显示了水星表面不同物质的界线。

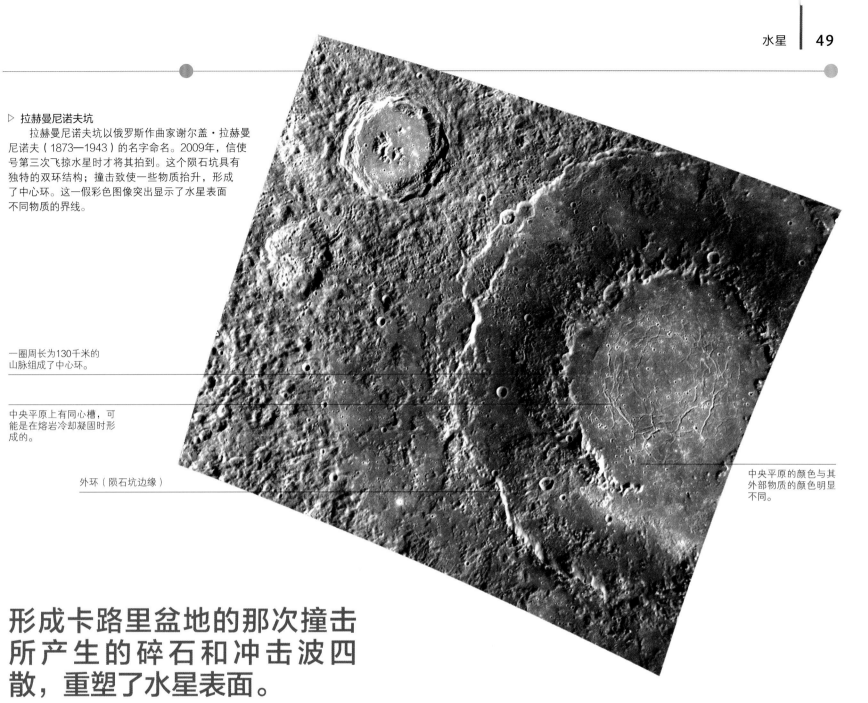

一圈周长为130千米的山脉组成了中心环。

中央平原上有同心槽，可能是在熔岩冷却凝固时形成的。

外环（陨石坑边缘）

中央平原的颜色与其外部物质的颜色明显不同。

形成卡路里盆地的那次撞击所产生的碎石和冲击波四散，重塑了水星表面。

△ **平原**

　　水星表面的很多部分是宽广空旷的平原。大多数平原都很古老，密集分布着大量陨石坑；还有一些轻微起伏的坑际平原，仅散布着小的陨石坑，这些平原很可能是熔岩冲积较早的地表形成的。水星上也有较年轻的熔岩冲积平原，由于形成不久，因此陨石坑不多，比如卡路里盆地周围的平原就是这样。

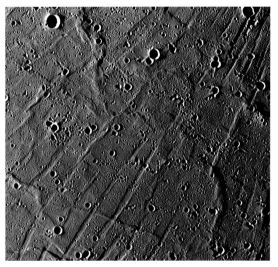

△ **蜘蛛槽**

　　2008年，信使号首次飞掠水星时的最大发现之一就是这一系列非比寻常的槽或沟。它们像蜘蛛网一样分布在卡路里盆地周围，这也是最初称该地形为"蜘蛛"的原因。由于它与罗马万神殿穹顶周围发散的凹版相似，因此，现在它被正式命名为万神殿堑沟。

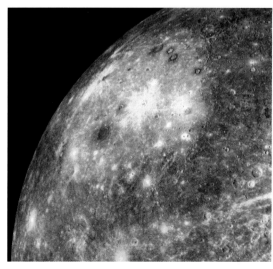

△ **盆地**

　　这张假彩色图像中的黄色大斑块就是卡路里盆地，也是太阳系中最大的陨石坑之一，横跨约1300千米，现在部分已被熔岩流填满。它很可能是在水星形成早期，因一次巨大小行星撞击而成，这次撞击除了造就了一个巨大的盆地，还将陨石坑边缘的物质溅到了1000千米以外，并将其周围的岩石压裂，形成沟槽。

水星地图

自2011年环水星运行以来，美国航空航天局的信使号探测器已绘制完成了全水星的地图。它的成像系统继续对火星极夜区进行考察，期待发现更多细节。检索访问国际天文学联合会行星系命名工作组（IAU Working Group for Planetary System Nomenclature）网站，可获取更多水星地理信息。

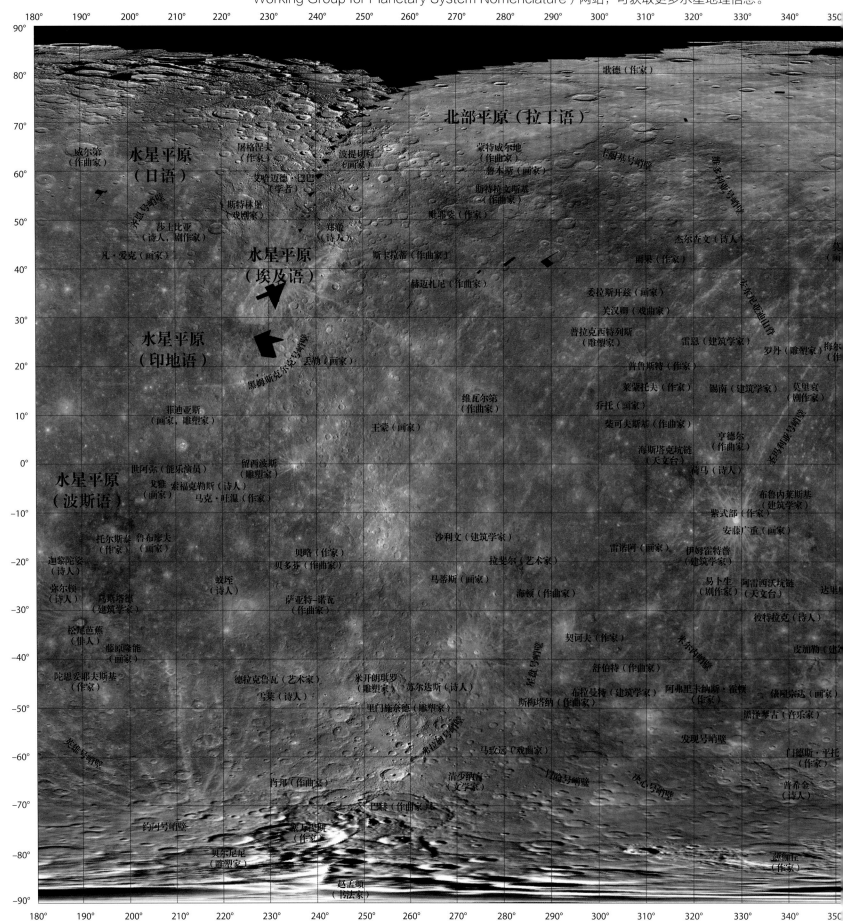

比例尺 1:33,026,462

0 250 500 750 1,000 千米

0 250 500 750 1,000 英里

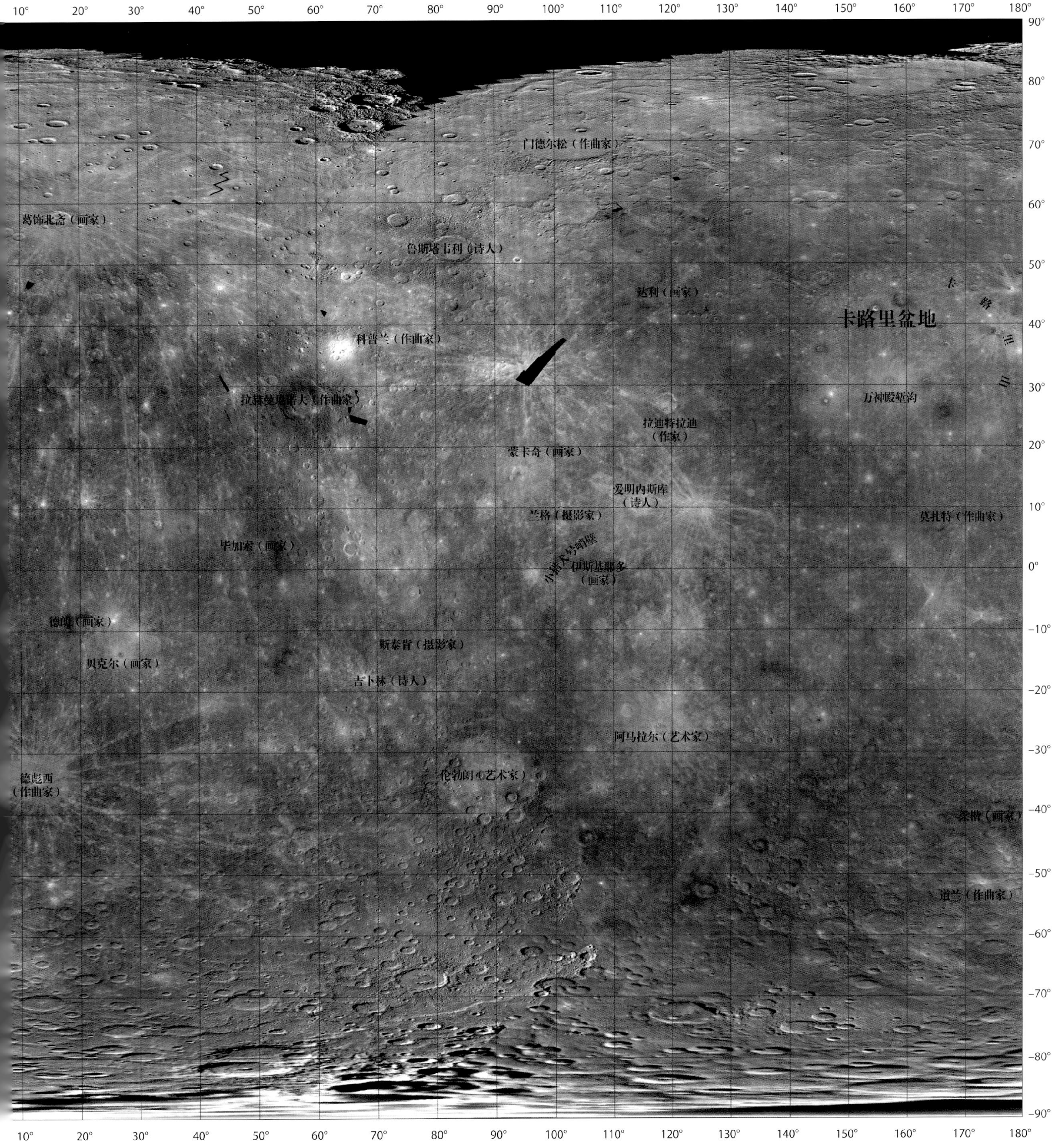

10° 20° 30° 40° 50° 60° 70° 80° 90° 100° 110° 120° 130° 140° 150° 160° 170° 180°
90° 80° 70° 60° 50° 40° 30° 20° 10° 0° −10° −20° −30° −40° −50° −60° −70° −80° −90°
门德尔松（作曲家）
葛饰北斋（画家）
鲁斯塔韦利（诗人）
达利（画家）
卡路里盆地
卡路里山
科普兰（作曲家）
拉赫曼尼诺夫（作曲家）
万神殿堑沟
拉迪特拉迪
（作家）
蒙卡奇（画家）
爱明内斯库
（诗人）
兰格（摄影家）
莫扎特（作曲家）
毕加索（画家）
小猎犬号峭壁
伊斯基耶多
（画家）
德加（画家）
斯泰肯（摄影家）
贝克尔（画家）
吉卜林（诗人）
阿马拉尔（艺术家）
伦勃朗（艺术家）
德彪西
（作曲家）
梁楷（画家）
道兰（作曲家）

目的地——卡耐基号峭壁

水星最明显的特点是有一些奇怪的悬崖，也称峭壁，它们截断古老的陨石坑，蜿蜒数英里。年轻行星的地壳收缩，导致地壳上大的岩块抬升，形成了这些峭壁。

卡耐基号峭壁位于水星的北半球。与所有行星的峭壁一样，它是一处长山脊的陡峭面，另一侧坡度较缓。地理学家根据这种悬崖的曲线形状，将其称为叶状悬崖。科学家们认为，至少在30亿年前，水星收缩导致表面出现裂纹，虽然收缩程度较小，但是却足以使地壳块沿裂缝凸起，或出现断层，这就形成了峭壁。一些科学家认为，水星的收缩是冷却引起的。而另一些人则认为，太阳引力的拖拽作用使水星自转减慢，这种现象也就是所谓的潮汐消旋，会减小赤道隆起。根据规则，峭壁以科考船的名字命名，比如：卡耐基号就是一艘在20世纪初绘制出地球磁场的科考船的名字。

艺术家根据信使号探测器采集的图像绘制。

位置

北纬59°；东经53°

地貌

从这张由信使号探测器拍摄的图像中我们可以看到卡耐基号峭壁的西北部，这处峭壁跨越一个直径约100千米的尚未命名的陨石坑。不同颜色代表不同的海拔，蓝色标示的是较低区域，红色标示的是较高区域。悬崖的线条表明海拔出现陡变——某些地方的落差超过2000米。

未名陨石坑

陨石坑

卡耐基号峭壁

飞翔的信使

在日出和日暮时分，人们凭肉眼就可看到水星，因此，早在古代，人类就认识它。在所有行星中，水星的公转速度最快，在西方以罗马神话中飞翔的信使为其命名。

水星的体积非常小，距离地球又非常远（距离太阳非常近），所以在地球上很难看到它。因此，直到近代，人类对于这颗行星的了解还很少。尽管在17世纪早期，意大利科学家伽利略就首次利用望远镜观测了水星，但是，直到20世纪晚期，能观察到水星表面细节的望远镜才出现。

水星探测器把近距离拍摄的水星图像传回地球后，人们对这个离太阳最近的邻居的了解有了重大突破。首个飞掠水星的探测器水手10号于1974年和1975年，两次飞掠水星。30多年后，信使号探测器再次飞掠水星，并在其轨道上一直运转至今。

希腊信使神——赫尔墨斯

公元前1000年

巴比伦的石碑

人类已知的最早的水星观测记录出现在古巴比伦的《犁星（Mul. Apin）》石碑上，这是古巴比伦的天体目录。巴比伦人以其信使神的名字来为这颗星球命名，将其称作Nabu。

约公元前350年

阿波罗和赫尔墨斯

起初，古希腊人认为水星是两颗星球：当它在早晨出现时，人们叫它"阿波罗"；当它在日落后出现时，人们叫它"赫尔墨斯"。在公元前4世纪，人们意识到，它实际上是同一颗星球，并将其叫做"赫尔墨斯"。

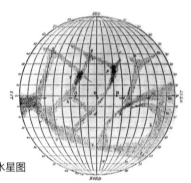

斯基亚帕雷利绘制的水星图

1962年

利用雷达探测水星

在莫斯科的无线电工程和电子研究所，苏联科学家在弗拉基米尔·科特尼科夫的带领下，首次向水星发送雷达信号并接收反射的信号，从而首次对这个星球进行了雷达观测。

19世纪80年代

斯基亚帕雷利绘制水星图

意大利天文学家乔瓦尼·斯基亚帕雷利通过观测水星，绘制了当时最准确的水星图。但他错误地认为：水星被锁定在其轨道中，总是同一侧面朝太阳，绕太阳公转一圈需88天，同时自转一圈。

1800—1808年

水星的云层

德国天文学家约翰·施勒特尔声称他现了水星上的云层和山脉等特征（这一发现是错误的）。利用他绘制的图纸，天文学家弗里德里希·贝塞尔（错误地）估计了水星自转速度与地球相同，且严重倾斜。

阿雷西沃射电望远镜

水手10号拍摄的水星

1965年

转速

美国天文学家戈登·佩滕吉尔和罗尔夫·戴斯在波多黎各的阿雷西沃利用射电望远镜测量水星的转速。他们根据水星表面反射的雷达脉冲，计算出水星的转动并非如斯基亚帕雷利所想的那样是潮汐锁定的，而是59天自转一圈，也就是其公转周期88天的2/3。如今，水星的大部分地区都已通过阿雷西沃射电望远镜绘制出来。

1975年

水手10号

美国航空航天局的水手10号是首个造访水星并对其近距离拍照的探测器。从1975年3月29日开始，在三次独立的飞掠中，水手10号拍下来几乎一半的水星表面，为人们展示了与月球类似的地貌。

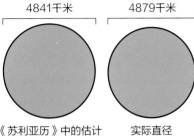

4841千米	4879千米
《苏利亚历》中的估计	实际直径

5世纪

水星的直径

一位印度天文学家运用一种未知方法在没有望远镜的情况下估计出的水星直径误差不到1%——这或许是一项令人震惊的成就，抑或是碰巧猜对而已。这一结果记录在《苏利亚历》一书中。

伽利略·加利莱

▶ 1611年

伽利略的观测

伽利略首次利用望远镜观测水星。他认为水星是一颗行星，但是他的望远镜功能不够强大，因此，不能展示水星与金星和月球那样相似的相位，而这些相取决于我们看到的水星向阳面的多少。

水星的相

水星凌日

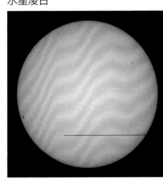

水星在太阳前面穿过

1737年

金星掩水星

掩星——即从地球上看，一个天体在另一个天体前面经过的现象，这种现象很难看到。英国天文学家约翰·贝维斯于当年5月28日看到了水星被金星掩星的现象，这是历史上唯一一次目击记录。

◀ 1639年

相

意大利天文学家乔凡尼·祖皮利用一个功能强大的望远镜观测到水星具有与月亮类似的相。这证明水星围绕太阳旋转，太阳光照射到它的不同角度时，我们就会看到不同的表面。

◀ 1631年

伽桑狄观测到水星凌日

法国天文学家皮埃尔·伽桑狄看到水星在太阳前面经过。这也是人类首次通过望远镜观测到行星的凌日。这使得伽桑狄能够首次对行星的直径进行可靠的测量。

信使号拍摄的水星图像

信使号发射

2002年

基纳卡盆地

史基纳卡天文物理观测台（位于克特岛）的天文学家认为他们发现了水10号未发现的巨大陨石坑。但是，信号探测器探测表明：这个被称为史基卡盆地的陨石坑其实是一种错觉。

▶ 2008年

信使号飞掠

2004年8月3日，美国航空航天局的信使号发射，并于2008年1月开启了它绕水星的三次飞掠。在飞掠期间，信使号绘制了大部分水星表面的彩色图像，并对水星的大气层和磁层进行了研究。

▶ 2011年

信使号入轨

3月18日，信使号进入绕水星长期运转的轨道。这艘飞船完成了水星图像的绘制，在水星的北极发现了水，并将继续向地球发回有关水星的珍贵数据。

发射　　　　　　　　　　地球轨道　　　　　　　　　　　　　　　水星之旅

1973　水手10号
2004　信使号
计划中　贝比科隆博水星探测计划

水星探测任务

在岩质行星中，人类对水星的探索最少，至今只有两个探测器对其造访过，分别是：20世纪70年代中期发射的水手10号和2004年发射的信使号探测器，其中后者在水星轨道上对其进行研究。

对水星探索较少的其中一个原因就是纯粹的技术困难。探测器必须以相当快的速度运行才能抵达水星，当抵达水星时，太阳的引力会使其速度增加得更快，因此，飞船还必须能够立刻将速度减小到足以进入运行轨道的水平。不仅如此，在靠近水星时，太阳的引力非常强大，因此，探测器在水星周围的轨道不稳定，而且，对探测器而言，在太阳附近维持稳定的温度非常困难。尽管如此，水手号和信使号仍然成功地抵达了水星轨道，并对其特征和性质进行了研究。欧日联合的贝比科隆博任务将是第三次大型探测任务，这次任务可能会为我们揭开更多有关这个有趣星球的秘密。

图例
美国航空航天局
日本宇宙航空研究开发机构
欧洲空间局
欧日联合探测任务
目的地

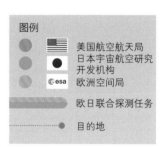

研究水星磁场的磁强计

▽ 水手10号

1974年3月29日，水手10号首次进行水星飞掠。当时，让一艘飞船进入水星周围的轨道非常困难，水手10号实际上是绕太阳运转，从而使其能够三次飞掠经过水星。这些飞掠为人们展示了水星坑坑洼洼的表面，而且，令天文学家颇感意外的是，这次探测还发现了水星周围的磁场。

▷ 信使号

2004年，信使号（任务是探测水星表面、太空环境、水星化学和测距）飞离地球，用了六年多的时间才进入水星周围的轨道，这也是首艘进入水星轨道的飞船。2011年3月29日，信使号首次发回了第一张在水星轨道上拍摄的照片。自此，信使号的摄像机和其他仪器设备发回了有关水星的大量数据。在水星北极附近阴暗的陨石坑中，探测发现了冰封的水和有机物质混合物。

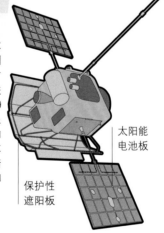

太阳能电池板

保护性遮阳板

▽ 信使号的旅程

信使号绕太阳飞行了7圈后才进入水星的轨道。在其发射一年后还飞掠了地球，然后两次飞掠金星，利用两个星球的引力将自己向前弹射。然后，它在三次飞掠水星中逐渐减速，之后入轨运行。信使号的轨道非常古怪：它在水星表面上空的最低点仅有200千米，而最高点的海拔超过15,000千米。

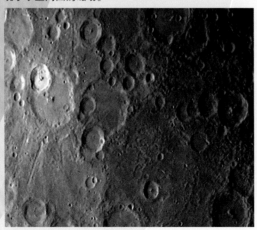

水星10号拍摄的水星表面的陨石坑

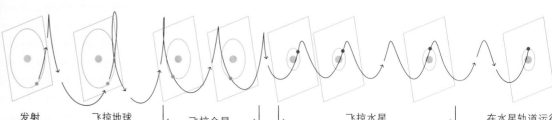

发射
（2004年8月）

飞掠地球
（2005年）

飞掠金星
（2006年、2007年）

飞掠水星
（2008年、2008年、2009年）

在水星轨道运行
（2011年3月）

飞掠　　　　　　　　　入轨

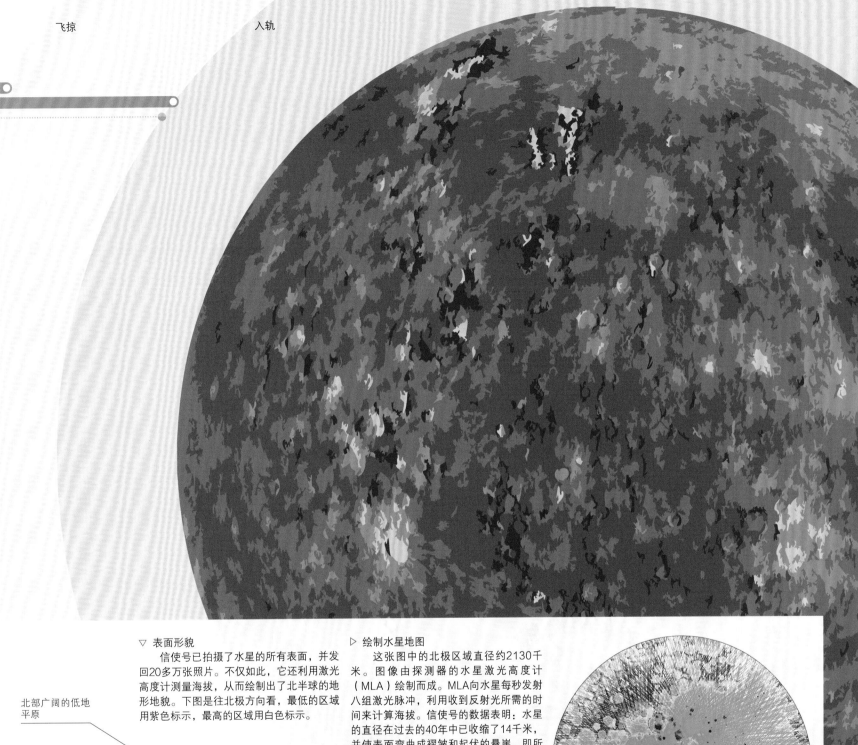

▽ 表面形貌

　　信使号已拍摄了水星的所有表面，并发回20多万张照片。不仅如此，它还利用激光高度计测量海拔，从而绘制出了北半球的地形地貌。下图是往北极方向看，最低的区域用紫色标示，最高的区域用白色标示。

北部广阔的低地平原

▷ 绘制水星地图

　　这张图中的北极区域直径约2130千米。图像由探测器的水星激光高度计（MLA）绘制而成。MLA向水星每秒发射八组激光脉冲，利用收到反射光所需的时间来计算海拔。信使号的数据表明：水星的直径在过去的40年中已收缩了14千米，并使表面弯曲成褶皱和起伏的悬崖，即所谓的峭壁。

平原周围严重撞击后留下的陨石坑。

每条线代表一个轨道。

金星

金星是离太阳第二近，同时也是离地球最近的行星。金星上岩石居多，体积与地球相似。但是，这两颗行星在其他特征方面却大不相同。

在地球上，人们可以在黎明和黄昏观察到金星。抬头仰望，那颗除了月亮和太阳之外最亮的天体就是它。通过望远镜可以观察到，和月球相似，金星也有周期运动。金星绕着太阳运动，随着位置的变化，也出现从月牙状到满月状的变化。这代表它被太阳照射的面积会不断变化。从太空中看，淡黄的云包裹着金星，遮住了金星的表面。而探测器携带的雷达和探测仪发现的则是一个地狱般的世界。

金星云层中充满了硫酸液滴。由于其空气密度过大，空气严重下沉，表面压力达到了地球的90倍。金星上有平原、光秃秃的岩石和火山，这些火山中有的可能是活火山。深橙色的天空下，失控的温室效应锁住了太阳的热量，导致金星表面的温度高达470摄氏度，成为太阳系中温度最高的一颗行星。

金星的自转方向与大多数行星相反。自转十分缓慢，一天比一年还要久。

数说金星

平均直径	12,104千米
质量(地球 = 1)	0.82
赤道处重力 (地球 = 1)	0.9
离太阳平均距离 (地球= 1)	0.72
轴倾斜角	177.4°
自转周期 (日)	243个地球日
公转周期 (年)	224.7个地球日
地表平均温度	470摄氏度
卫星数量	0

▷ **北半球**

北半球为一片焦土，只有光秃秃的岩石和一些碎石。右图所示为阿塔兰忒平原以及最高山脉伊什塔尔台地上崎岖的山脊。麦哲伦号宇宙飞船通过雷达监测绘制了金星表面图，在这张3D模型图中，无花纹部分代表的是数据暂缺。

▷ **高地**

金星除了三大主要高原地区（或叫台地），还有二十几个稍小的高地，都被称作"区"。其中包括阿尔法区，它是金星底部中心明亮的一块区域，其地形高度变形。这片区域有可能自古就已经存在。

▷ **南半球**

金星南部区域与北方一样炎热贫瘠。拉达台地是金星三大高地群中第二大高地，位于南极附近。这片区域比其他高地更容易发生火山爆发和形成冕形洼地。

这个92千米宽的双环形陨石坑叫格里纳韦，有一片粗糙的雷达显亮地带，表明这里在陨石坑形成后有火山活动。

戴安娜峡谷的长度为美国大峡谷的四倍。这里可能有金星上最热的地方，温度达500摄氏度。

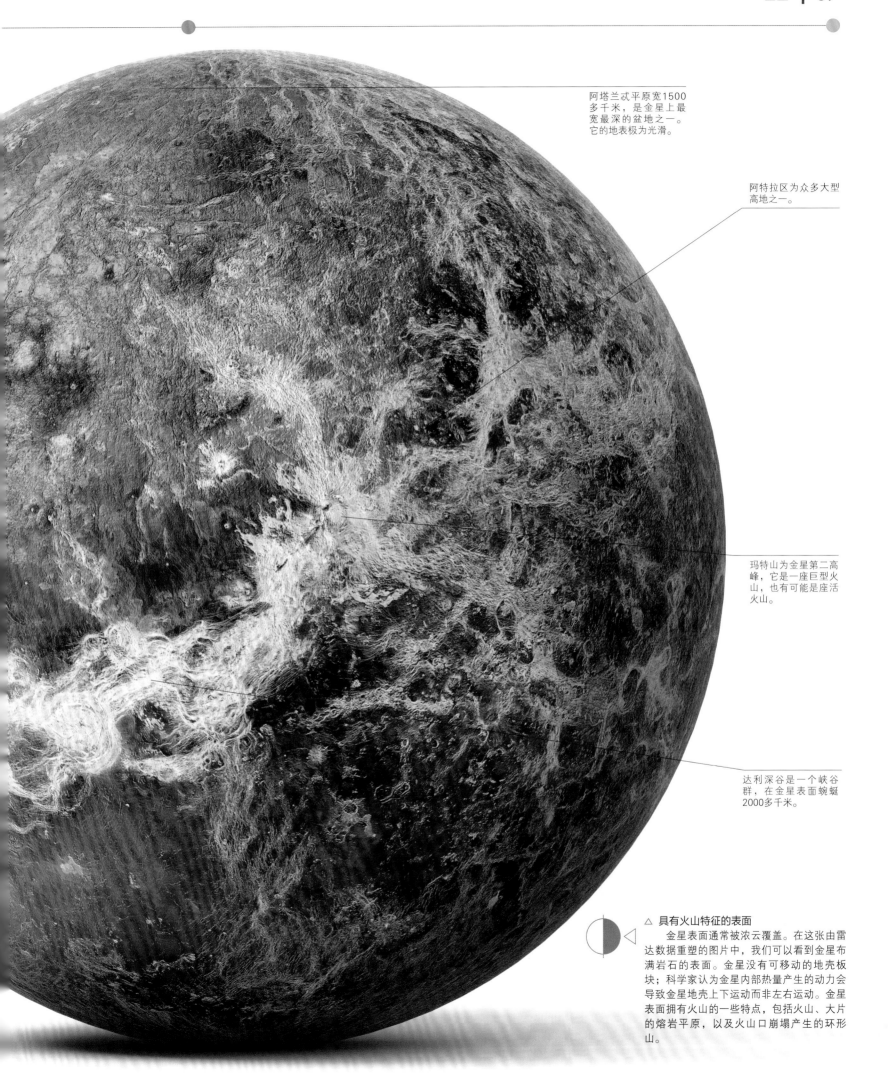

阿塔兰忒平原宽1500
多千米，是金星上最
宽最深的盆地之一。
它的地表极为光滑。

阿特拉区为众多大型
高地之一。

玛特山为金星第二高
峰，它是一座巨型火
山，也有可能是座活
火山。

达利深谷是一个峡谷
群，在金星表面蜿蜒
2000多千米。

△ 具有火山特征的表面
金星表面通常被浓云覆盖。在这张由雷
达数据重塑的图片中，我们可以看到金星布
满岩石的表面。金星没有可移动的地壳板
块；科学家认为金星内部热量产生的动力会
导致金星地壳上下运动而非左右运动。金星
表面拥有火山的一些特点，包括火山、大片
的熔岩平原，以及火山口崩塌产生的环形
山。

金星的结构

金星核
金星的核主要由固态铁及微量的硫黄组成。核外层也有可能有一层半液态的熔融黄铁矿。至于其中固态和液态物质的比例是多少，目前还不清楚。

虽然金星的形成与地球一样，都来自于太阳系的碎片，但不容置否的是，金星与地球的外表完全不同。不过，科学家们认为，这两颗星球的内部构造可能相似。

金星的体积和密度与地球几乎相同，所以，它可能与地球有着大致相同的内部结构和化学物质。科学家们认为金星的中心有一个金属核。核中心部分坚硬，外面有一层熔融层。金属核周围覆盖一层炙热岩石组成的幔，再外面是一层又薄又脆弱的壳。金星壳上显现出大量火山活动的印记。

金星虽然和地球一样有一个金属内核，但它却没有可检测到的磁场。这或许是因为它自转的速度过慢（自转一周需8个月）。因此，它不能够在外核内制造出可以产生发电机效应的环流。

在所有的岩质星球中，金星的空气密度最大。金星的空气由96.5%的二氧化碳和少量其他化学物质组成，包括硫酸。厚厚的硫酸云层包裹着整个星球。

▷ 金星的内部

虽然金星的核可能和地球相同，都是由铁和镍组成，但金星密度稍低，这就意味着金星核的组成物质可能包括密度稍小的元素，比如硫黄。再者，和地球一样，金星的岩石幔流动性较好，遇到对流时能够在内部热量的驱动下上下缓慢移动。这些对流使得岩石幔冲破金星壳，在地表上形成火山。

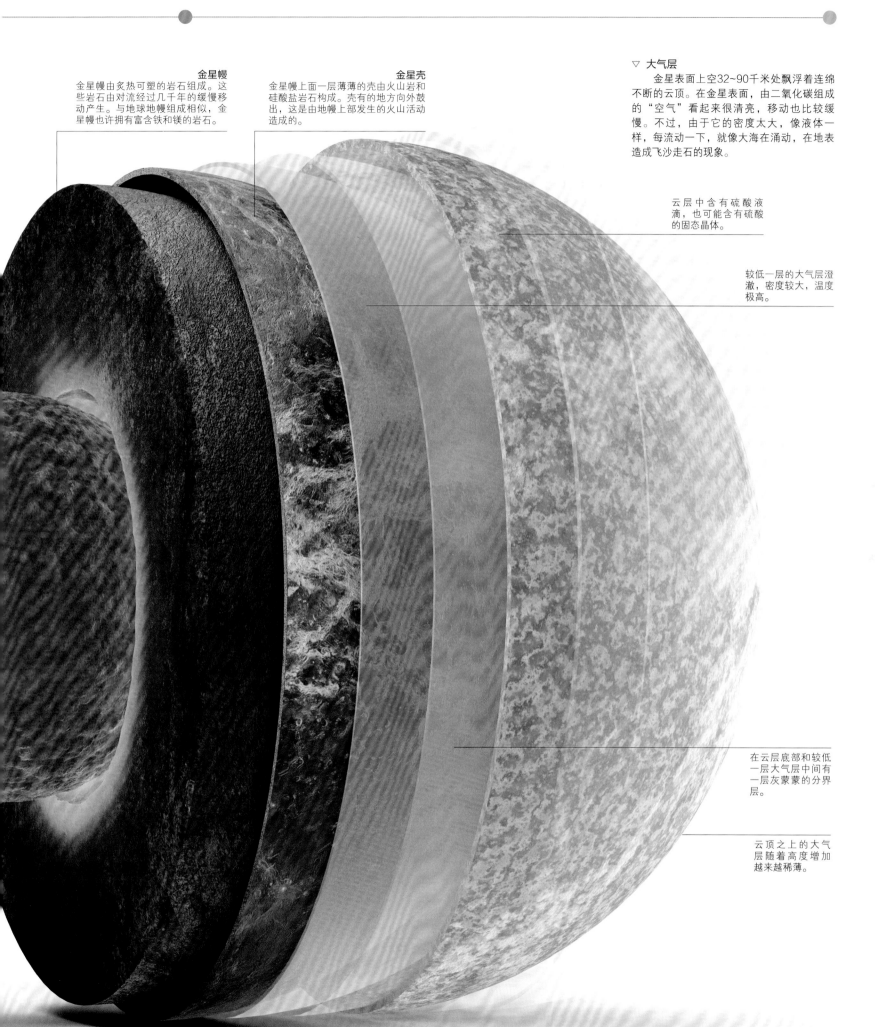

金星幔

金星幔由炙热可塑的岩石组成。这些岩石由对流经过几千年的缓慢移动产生。与地球地幔组成相似，金星幔也许拥有富含铁和镁的岩石。

金星壳

金星幔上面一层薄薄的壳由火山岩和硅酸盐岩石构成。壳有的地方向外鼓出，这是由地幔上部发生的火山活动造成的。

▽ **大气层**

金星表面上空32~90千米处飘浮着连绵不断的云顶。在金星表面，由二氧化碳组成的"空气"看起来很清亮，移动也比较缓慢。不过，由于它的密度太大，像液体一样，每流动一下，就像大海在涌动，在地表造成飞沙走石的现象。

云层中含有硫酸液滴，也可能含有硫酸的固态晶体。

较低一层的大气层澄澈，密度较大，温度极高。

在云层底部和较低一层大气层中间有一层灰蒙蒙的分界层。

云顶之上的大气层随着高度增加越来越稀薄。

近观金星

在这片不毛之地，几乎布满了火山。目前，科学家们已经在金星表面探测到1600多座火山，远远多于太阳系中的其他行星。

第一张金星的详细地图绘制于20世纪90年代初。当时，麦哲伦号探测器利用雷达刺破金星浓厚的云层一探究竟。麦哲伦号提供的图像为人们揭示了一个火山遍地的世界。

金星的地形包括被岩浆覆盖的大片平原，以及因地理活动而变形的山脉和高山地区。目前还没有确凿证据证明有火山正在喷发，不过，倒是有许多迹象表明最近发生过火山爆发，比如火山灰流，部分撞击坑被岩浆流覆盖，空气中二氧化硫的浓度有所浮动，而二氧化硫可能就是由火山爆发造成的。

金星的表面非常年轻。科学家认为，一场极为严重的火山活动生成了一整块巨大的地壳板块，包住了整个金星，重塑了金星的地表。这和地球的表面非常不同，因为地球的板块被分成了将近50块。通过估计金星与其他行星的撞击概率以及火山口缓慢风化的速率，科学家认为这次重塑大概发生在3亿到5亿年前。

金星上的天气

金星被硫酸云层覆盖，隔绝了80%的阳光。上面的风速很大，达360千米/小时。云系完全可以在四天之内布满金星全球。金星的云层降下的是酸雨，但由于底层空气太热，雨滴在到达地面之前就蒸发了。大气中厚重的云层似乎可以保护它免受流星的撞击。

▽ 温室效应

大多数阳光被金星厚重的云层顶部反射回太空。然而，一些阳光会穿过云层到达金星地表，以热量的形式被重新反射（红外辐射）。这些热量不能重新回到太空，只能被大气中的二氧化碳牢牢锁住。二氧化碳和其他气体在地球上造成了相似的温室效应，在金星上，由于空气中二氧化碳的数量巨多，这种效应也异常极端。二氧化碳困住的热量如此之多，以至于金星表面热得可以熔化铅。

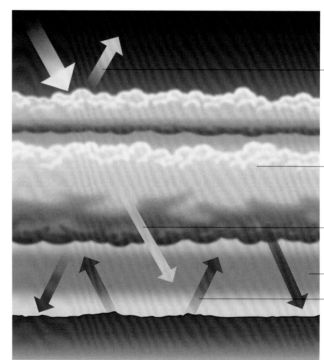

大约80%的阳光被云顶反射回去。

厚重的气层和云层防止热量散去。

大约20%的阳光能到达金星表面。

大气中的二氧化碳锁住热量。

受阳光照射的地面所散发的红外辐射被二氧化碳吸收，回不去太空。

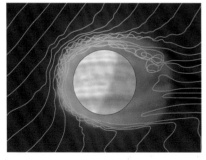

稳定电离层

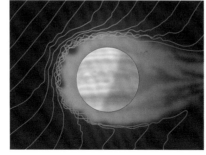

电离层漂移

◁ 电离层

与地球相似，金星被含有带电物质（离子）的云层——电离层——覆盖。在地球上，磁场形成了稳定的电离层，但金星没有磁场，所以它的电离层由太阳风形成。太阳风由来自于太阳的带电物质构成。太阳风间歇停止时，金星的电离层就朝下风口鼓起，像眼泪的形状，与彗星的尾巴（彗尾）相似。

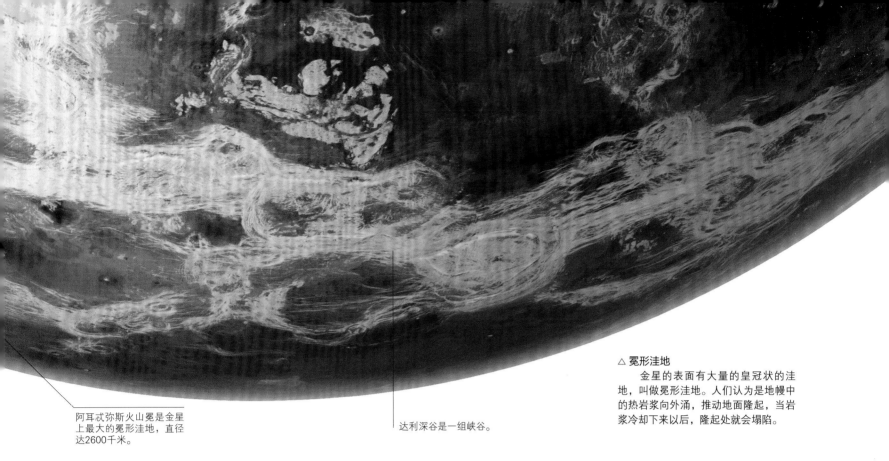

△ 冕形洼地
金星的表面有大量的皇冠状的洼地，叫做冕形洼地。人们认为是地幔中的热岩浆向外涌，推动地面隆起，当岩浆冷却下来以后，隆起处就会塌陷。

阿耳忒弥斯火山冕是金星上最大的冕形洼地，直径达2600千米。

达利深谷是一组峡谷。

金星上的火山

金星上的火山不像典型的地球火山一样陡峭，易喷发。相反，大多数火山是盾状火山（即有多层岩浆流形成的低浅缓坡结构）。在低地平原上的火山种类被称作薄饼拱顶，它们是由浓厚的岩浆形成的。另外还有蜘蛛火山，这种火山的主体周围向外辐射出蜘蛛腿状的山谷。其他的火山地貌还包括冕形洼地和看起来像蜘蛛的蛛网地貌。

▽ 火山热点
地球的地表被分成很多板块，板块运动时会产生火山。与此不同，金星的地表是一整块，在一些地方，热岩浆外溢形成火山。流淌的岩浆塑造了大小不同、形状各异的火山。

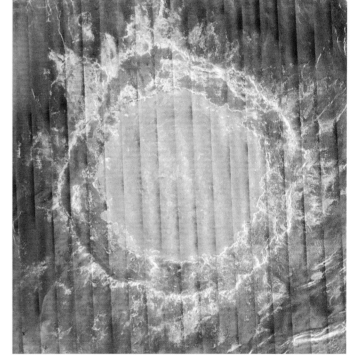

薄饼拱顶是在岩浆缓慢流出时形成的。

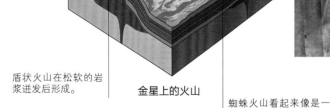

金星上的火山

盾状火山在松软的岩浆迸发后形成。

蜘蛛火山看起来像是一系列椭圆形火山被一张复杂的网包围了起来。

▽ 玛特山
玛特山是金星第二高山，也是最高的火山，以埃及真理与正义女神玛特命名，比周边平原高出5000米。它是一座盾状火山，山顶有一个宽约30千米的火山口。它有可能是座活火山。

△ 米德火山口
金星上的大部分地形都是以历史或者神话中的女性命名的。比如，米德火山口就是以人文学家玛格丽特·米德（1901—1978）命名的。作为金星上最大的撞击坑，它有280千米宽。有两个独特的同心环。里面的亮环峭壁是由最初的撞击造成的。外面暗淡的环上有喷出物的纹理，这可能是整个结构在后期崩塌时形成的。

金星地图

金星的表面虽然大部分由起伏的平原构成，但它也有两大重要台地地区：伊什塔尔台地，即金星最高山脉所在地；以及靠近赤道的阿佛洛狄忒台地。检索访问国际天文学联合会行星系命名工作组（IAU Working Group for Planetary System Nomenclature）网站，可获取更多金星地理信息。

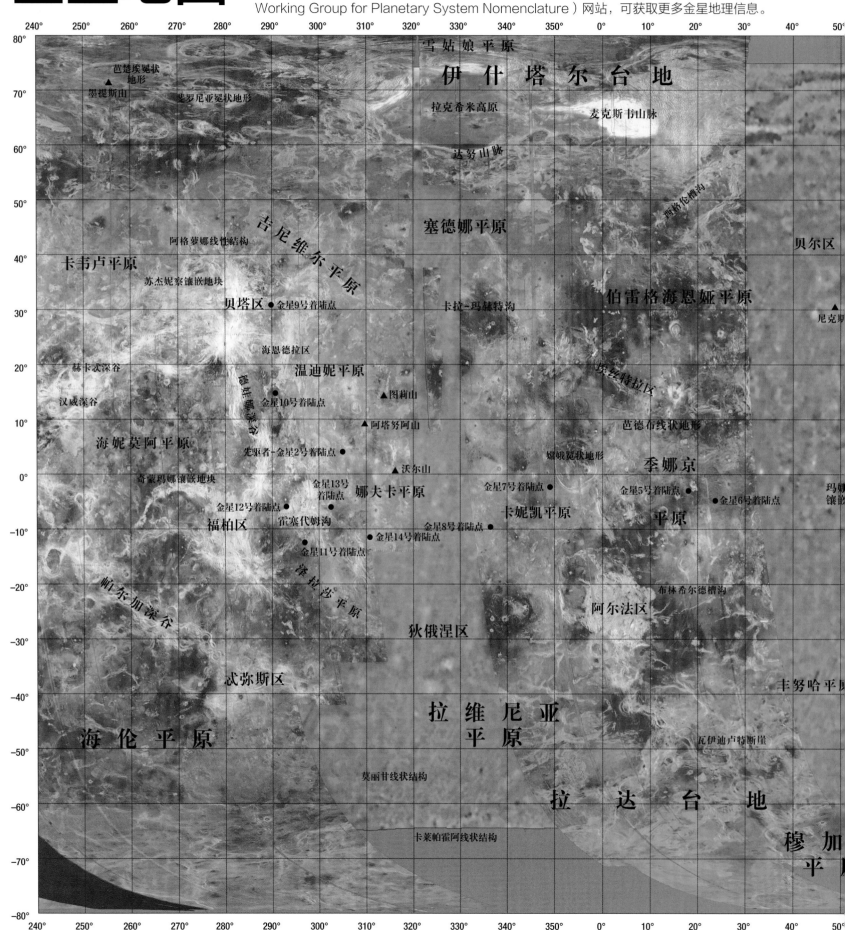

比例尺 1：81,956,988

0 500 1000 1500 2000 千米

0 500 1000 1500 2000 英里

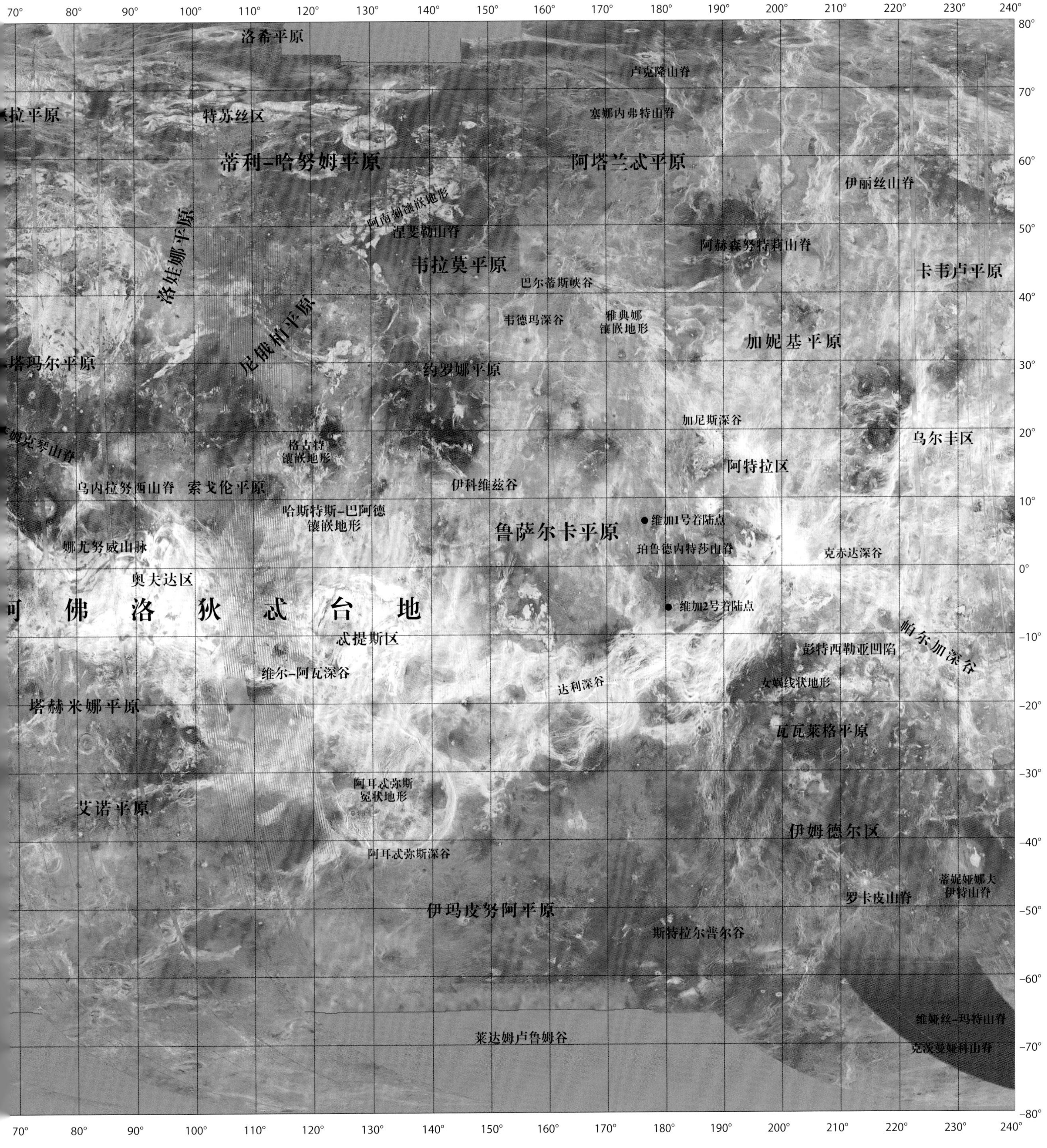

70° 80° 90° 100° 110° 120° 130° 140° 150° 160° 170° 180° 190° 200° 210° 220° 230° 240°
80° 70° 60° 50° 40° 30° 20° 10° 0° -10° -20° -30° -40° -50° -60° -70° -80°
洛希平原
卢克隆山脊
拉平原
特苏丝区
塞娜内弗特山脊
蒂利-哈努姆平原
阿塔兰忒平原
伊丽丝山脊
阿南刻镶嵌地形
涅斐勒山脊
洛娃娜平原
阿赫森努特莉山脊
韦拉莫平原
卡韦卢平原
巴尔蒂斯峡谷
尼俄柏平原
韦德玛深谷
雅典娜镶嵌地形
加妮基平原
塔玛尔平原
约罗娜平原
加尼斯深谷
乌尔丰区
姆克琴山脊
格古特镶嵌地形
阿特拉区
乌内拉努西山脊
索戈伦平原
伊科维兹谷
哈斯特斯-巴阿德镶嵌地形
维加1号着陆点
鲁萨尔卡平原
娜尤努威山脉
珀鲁德内特莎山脊
克赤达深谷
奥夫达区
佛洛狄忒台地
维加2号着陆点
帕尔加深谷
忒提斯区
彭特西勒亚凹陷
维尔-阿瓦深谷
女娲线状地形
达利深谷
塔赫米娜平原
瓦瓦莱格平原
阿耳忒弥斯冕状地形
艾诺平原
伊姆德尔区
阿耳忒弥斯深谷
蒂妮娅娜夫伊特山脊
罗卡皮山脊
伊玛皮努阿平原
斯特拉尔普尔谷
维娅丝-玛特山脊
莱达姆卢鲁姆谷
克茨曼娅科山脊

目的地——麦克斯韦山脉

金星上最高的山脉是麦克斯韦山脉，最高峰海拔达到11千米。尽管峰顶的温度比低地的温度要低，一些反光的矿物质给人带来一种峰顶"白雪皑皑"的错觉，但它的温度足以熔化铅。

伊什塔尔台地位于金星的北极附近，是面积相当于一块大陆的高原，它的西缘是广袤的拉克希米高原，麦克斯韦山脉就在这片高原上拔地而起，直插云霄。关于这些山脉是如何形成的，至今尚没有答案。地球上的大型山脉在形成过程中，通常是在压力下形成褶皱和断层。另外一个理论则认为，是金星内部熔融的岩浆导致的火山活动抬升了山脉。我们使用雷达探测麦克斯韦山脉特定高度处的发光面之后，发现发光体不是白雪，而是一些霜状的金属。金星上剧烈的高温会让金属汽化，形成雾，然后冷凝，很可能像雪花一样飘落。

艺术家基于麦哲伦雷达数据绘制的图像。

位置

纬度65°N；经度3°E

地域简介

麦克斯韦山脉是金星上最高的火山，它比地球上最高的火山莫纳克亚（位于美国夏威夷）稍微高一些。但与火星上的奥林匹斯山相比就相形见绌了。

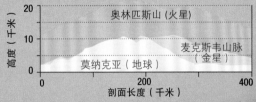

797千米——麦克斯韦山脉的绵延长度

矿石雪

麦克斯韦峰闪亮的金属雪包括微小的矿物质晶体，硫化铅（方铅矿）和硫化铋（铋）。下示岩石样品来自地球。

硫化铅   硫化铋
（方铅矿）   （铋）

爱的星球

罗马人以他们的爱神维纳斯为金星命名。金星外表明亮，如珠宝一般，自古以来就令天文学家们魂牵梦萦。

　　1610年，意大利科学家伽利略发现金星和月亮一样会有阴晴圆缺，金星也成为了人们透过望远镜仔细观察的首颗行星。然而，由于金星上空云层浓厚，人们直到最近才能观察到它的表面情况。金星离地球较近，大小也与地球差不多，因此人们猜测在那浓厚的云层下面有着茂密的丛林，甚至还有文明的存在。在20世纪70年代，人们终于能够透过云层观察金星。地基雷达和一系列太空探测器向人们揭示了一个极其荒芜、异常炎热的世界。从此以后，人们开始详细绘制这颗荒凉星球的地图。

黄昏时的金星

金星石板

公元前10,000年
夜空中的金星
　　史前社会的人们对金星就已经很熟知。由于离太阳较近，加之浓厚的云层反射力很强，金星成为继月亮之后夜空中最亮的天体。在无月的夜晚，地面上甚至能看到金星投下的光影。

▷ 公元前1600年
阿米·萨杜卡国王的金星石板
　　巴比伦帝国国王阿米·萨杜卡的金星石板是最古老的天文记录之一。它出现的时间可追溯到公元前1600年。用当时的楔形文字记录了金星在连续21年的时间内，在夜晚和早晨出现的时间。

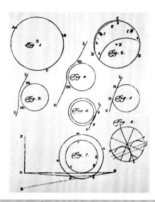
罗蒙诺索夫画的关于大气折射的图

法国国王拿破仑一世

1812年
拿破仑和金星
　　拿破仑的军队向莫斯科挺进时，白天看到了天空中的金星，这被认为是幸运的象征。拿破仑认为这暗示着胜利。然而，这场战役却是他打得最差的一次，他的军队狼狈地撤出了俄罗斯。

◁ 1761年
金星的大气
　　俄罗斯天文学家米哈伊尔·罗蒙诺索夫观察到金星有个过渡区，太阳光在金星周围形成了一个凸起，他认为这证明金星上有大气，而这些大气会将太阳光折射出来。

◁ 1667年
卡西尼的斑点
　　意大利裔法国天文学家乔凡尼·卡西尼追踪了金星表面一个斑点的运动，结果错误地估测出金星的自转周期为24小时。1877年，意大利天文学家斯基亚帕雷利正确地计算出金星的自转周期为225天。

理查德·普罗克特

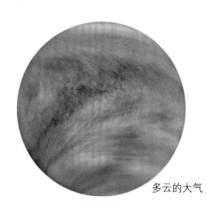
多云的大气

▷ 1813年
极斑
　　德国物理学家、天文学家弗朗茨·冯·格鲁伊图伊森热衷于观察金星，他观察到金星两极有亮斑。他以为这些亮斑是两极的冰盖，但事实上，它们是流动的大气旋涡。

▷ 1875年
金星上的生命
　　英国天文学家理查德·普罗克特相信宇宙中其他地方很可能存在生命。他提出，金星体积与地球如此相似，有可能可以居住。它那浓厚的云层下也许藏着一个先进的金星文明。

▷ 20世纪20年代
检测到二氧化碳
　　利用光谱学（分析物体发射出来的光谱），天文学家可以检测出天体中的化学元素。20世纪20年代，他们发现金星多云的大气中二氧化碳的含量高得惊人。

埃尔卡拉科尔，奇琴伊察

德累斯顿法典中"金星"在攻击一名豹猫战士

公元前6世纪

福斯福洛斯

最初，古希腊人认为在早晨和夜晚出现的星星是两颗，并分别命名为福斯福洛斯和赫斯珀洛斯。后来，他们认同了巴比伦人的说法，即两颗星星其实是一颗。巴比伦人以爱之女神为其命名为伊什塔尔。

公元906年

玛雅天文台

著名建筑埃尔卡拉科尔位于墨西哥的古玛雅城市奇琴伊察，它是玛雅牧师的天文台，是专为观测金星而设计的。对玛雅人而言，金星是地球的孪生兄弟，也是战争之神。

12世纪

德累斯顿法典

这部法典有可能是由西班牙征服者埃尔南·科尔特斯于1519年发现的。它是美洲最古老的一部书面法典。人们认为这是8世纪玛雅法典的复件，它精确地绘制了金星在天空出现的时间表。

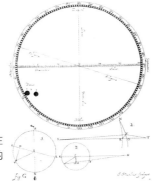

霍洛克斯在1639年绘制的金星凌日图

金星盈亏图（伽利略绘）

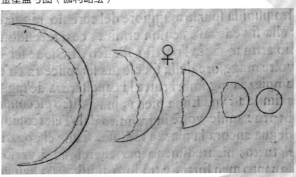

1643年

灰光

金星夜晚一侧的神秘亮光，即所谓的灰光，由意大利天文学家兼牧师里乔瓦尼·巴蒂斯塔·里乔利首次观察到。1812年，德国天文学家弗朗茨·冯·格鲁伊图伊森断言这种灰光是金星上国王放火时产生的烟。

1639年

金星凌日

英国天文学家杰里迈亚·霍罗克斯和威廉·克拉布特里首次观察到金星凌日（即金星处于地球和太阳中间）。这使得天文学家首次精确计算出地球到太阳的距离。

1610年

伽利略和金星的盈亏

伽利略通过望远镜观察金星时，发现金星也有盈亏，随着观察者角度的转变，观察者能看到不同面积的太阳照射区域。这支持了波兰天文学家哥白尼的看法，金星绕着太阳转，而非地球。

麦哲伦雷达绘制的金星地图

金石雷达照到的金星表面图像

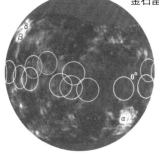

金星3号拍到的金星表面

1961年

雷达探测

金星上浓厚的云层使得一般望远镜不能观察到其表面。但从1961年起，雷达图像（由金石射电天文站首次提供，继而位于波多黎各的阿雷西博天文台也提供了图像）第一次揭开了金星地表的神秘面纱。

1962年

首次访问：水手2号

美国航空航天局的水手2号是首次飞掠其他行星的探测器。12月14日，它在金星周围35,000千米内的距离飞行。水手2号的调查证实了金星拥有冰冷的云层以及酷热的表面。

1966年

首次登陆：金星3号

苏联的金星3号是首次登陆其他行星的探测器，于3月1日撞击金星表面。首次成功的登陆由金星7号和8号分别于1970年和1972年完成，揭示了金星地表极高的温度，为455~475摄氏度。

1990年

麦哲伦号的任务

美国航空航天局的麦哲伦号通过气阻减速进入金星轨道。它利用雷达绘制出了金星98%的表面。在1994年完成任务之后，麦哲伦号跌入金星大气中。

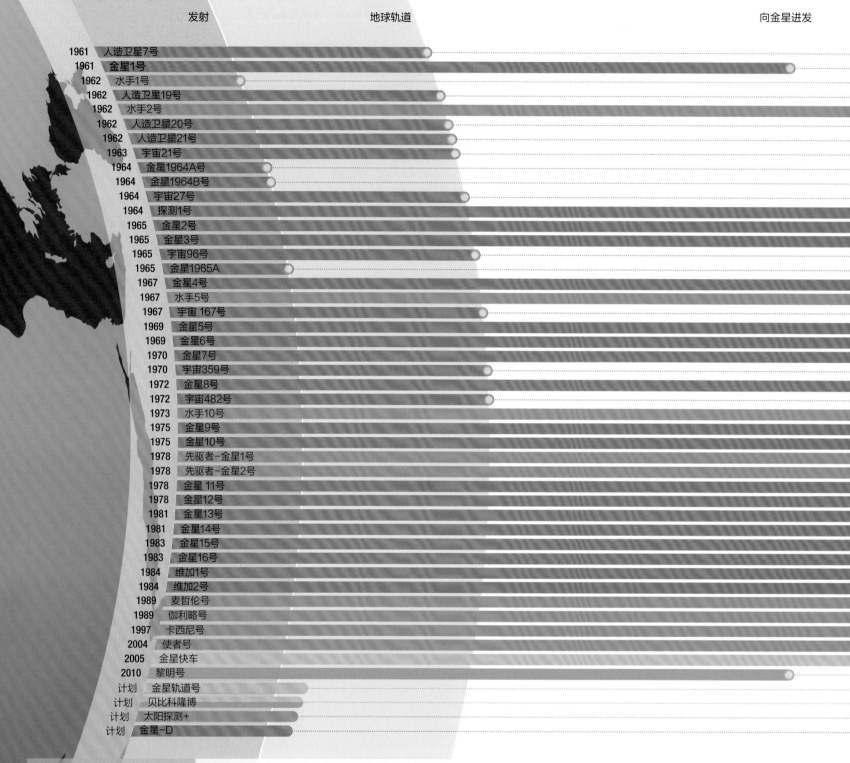

发射　　　　　　　地球轨道　　　　　　　　向金星进发

1961	人造卫星7号
1961	金星1号
1962	水手1号
1962	人造卫星19号
1962	水手2号
1962	人造卫星20号
1962	人造卫星21号
1963	宇宙21号
1964	金星1964A号
1964	金星1964B号
1964	宇宙27号
1964	探测1号
1965	金星2号
1965	金星3号
1965	宇宙96号
1965	金星1965A
1967	金星4号
1967	水手5号
1967	宇宙167号
1969	金星5号
1969	金星6号
1970	金星7号
1970	宇宙359号
1972	金星8号
1972	宇宙482号
1973	水手10号
1975	金星9号
1975	金星10号
1978	先驱者-金星1号
1978	先驱者-金星2号
1978	金星11号
1978	金星12号
1981	金星13号
1981	金星14号
1983	金星15号
1983	金星16号
1984	维加1号
1984	维加2号
1989	麦哲伦号
1989	伽利略号
1997	卡西尼号
2004	使者号
2005	金星快车
2010	黎明号
计划	金星轨道号
计划	贝比科隆博
计划	太阳探测+
计划	金星-D

图例

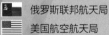

	俄罗斯联邦航天局
	美国航空航天局
esa	欧洲空间局
	日本宇宙航空研究开发机构
	印度空间研究组织
	欧日联合任务
	目的地
	成功
	失败

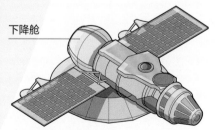

下降舱

金星7号，首个成功
登陆金星的探测器

来自金星9号的首张
金星地表图

◁▽ 金星号与金星地表图像

　　1966年，苏联探测器金星3号撞击金星表面，成为首个到达其他星球的探测器。在接下来的17年里，苏联向金星发送了13个探测器，揭示了大量关于金星的信息。1975年10月22日，金星9号成功登陆并传回首批金星地表图像，图中是滑坡后一片杂乱的碎石。尽管金星云层很厚，但可见度出奇地高，一名苏联科学家这样形容他看到的景象："像莫斯科多云天气的样子"。

飞掠　　金星轨道　　探测器　　着陆

金星探测任务

金星是探测器造访的首颗行星，这可追溯到1962年。从那时起，共有将近40个这样的任务，有的只是飞掠金星，有的探测到了金星的大气，还有的在金星成功登陆。

在一系列失败之后，美国航空航天局的水手2号是首个成功探测金星的探测器，在1962年飞掠金星时，揭示了金星炽热地表的高温。第一个在金星表面软着陆的是苏联的金星7号，它于1970年登陆金星，但只向地球传送了23分钟的数据。随后，又尝试20多次登陆，有成功也有失败，这倒也不奇怪，毕竟金星上的温度与压强极高。像探测火星表面一样，在未来的任务中，可能利用自动巡视探测器探测金星表面。

金星上的大气压强大概是地球上的90倍。

▷ **绘制金星地图**

我们对金星的了解大多来自于美国航空航天局的麦哲伦号。麦哲伦号（以葡萄牙冒险家斐迪南·麦哲伦的名字命名）在1990年8月10日抵达金星，绕轨运行4年，绘制了98%的金星表面地图。它穿过稠密的金星云层，向金星地面发射雷达光波，并接受反馈信号。非常清楚地拍摄了陨石坑、山丘、峭壁和众多火山。麦哲伦号完成任务之后便跌入金星大气中汽化了。不过，有一些碎片可能落到了金星地表。

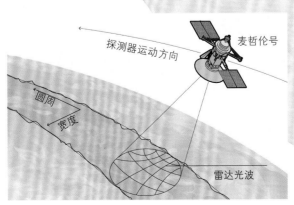

探测器运动方向　　麦哲伦号

圆周

宽度

雷达光波

▷ **金星快车**

2005年，欧洲的金星快车探测器发射，其目的在于详细研究金星的大气和气候。金星快车于2006年4月抵达金星轨道，并自此传送回大量的数据。它发现金星曾经可能有海洋存在，此外，它还捕捉到了闪电的迹象，揭示南极存在一对巨大的双气旋。

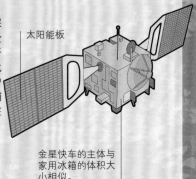

太阳能板

金星快车的主体与家用冰箱的体积大小相似。

地球

地球距离太阳约1.5亿千米。它的地表上有液态水组成的广阔海洋，而且存在着生命，这在太阳系的其他行星中是绝无仅有的。

太阳系形成时，地球是最大的岩质行星，同时积聚了最多的内热。来自地心的热流流向地表（这个过程今天仍在持续），在地幔中产生对流循环，并把地壳分割成可以活动的板块，这些板块相互挤压，一年只移动几厘米。

在板块运动、火山活动和彗星撞击的共同作用下，地球表面积聚了大量的水。地球与太阳的距离、地球的引力以及绝缘的大气层，这些因素结合起来又为水以三种物理状态存在创造了条件，其中包括液态水。液态水对生命的形成至关重要。正因如此，如今的地球凭借其行云流水、广阔的海洋以及长有植物的几块绿色大陆而成为外观独一无二的星球。

地球是已知的唯一一颗拥有大量固态、液态和气态三种状态水的行星。

▷ **北半球**
在北半球中，北美大陆和欧亚大陆占主要面积，这两块大陆约在7000万年前曾是一整块板块。现在，这两块大陆被北大西洋及北冰洋隔开。北冰洋在北大西洋以北，面积比北大西洋小，局部常年由冰雪覆盖。

▷ **东半球**
欧亚大陆是地球上最大的大陆，位于地球上第三大水体——印度洋的北方。大洋洲是七大洲中面积最小的一个。

▷ **南半球**
地球的南半球以南极洲为中心，呈环形的南大洋围绕着被冰雪覆盖的大陆。除此之外，南半球还包括大洋洲和南美洲、非洲的部分地区。

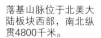
落基山脉位于北美大陆板块西部，南北纵贯4800千米。

地球赤道上空常年被云层包围，所以热带地区潮湿多雨。

太平洋是地球上的最大水体，总面积达1.695亿平方千米，几乎占了地球上大洋的一半。

南半球上的云以顺时针方向旋转，而北半球上的云则以逆时针方向旋转。

数说地球

平均直径	12,742千米
轴倾角	23.5°
自转周期（天）	24小时
公转周期（年）	365.26个地球日
最低表面温度	零下89摄氏度
最高表面温度	58摄氏度
卫星数量	1

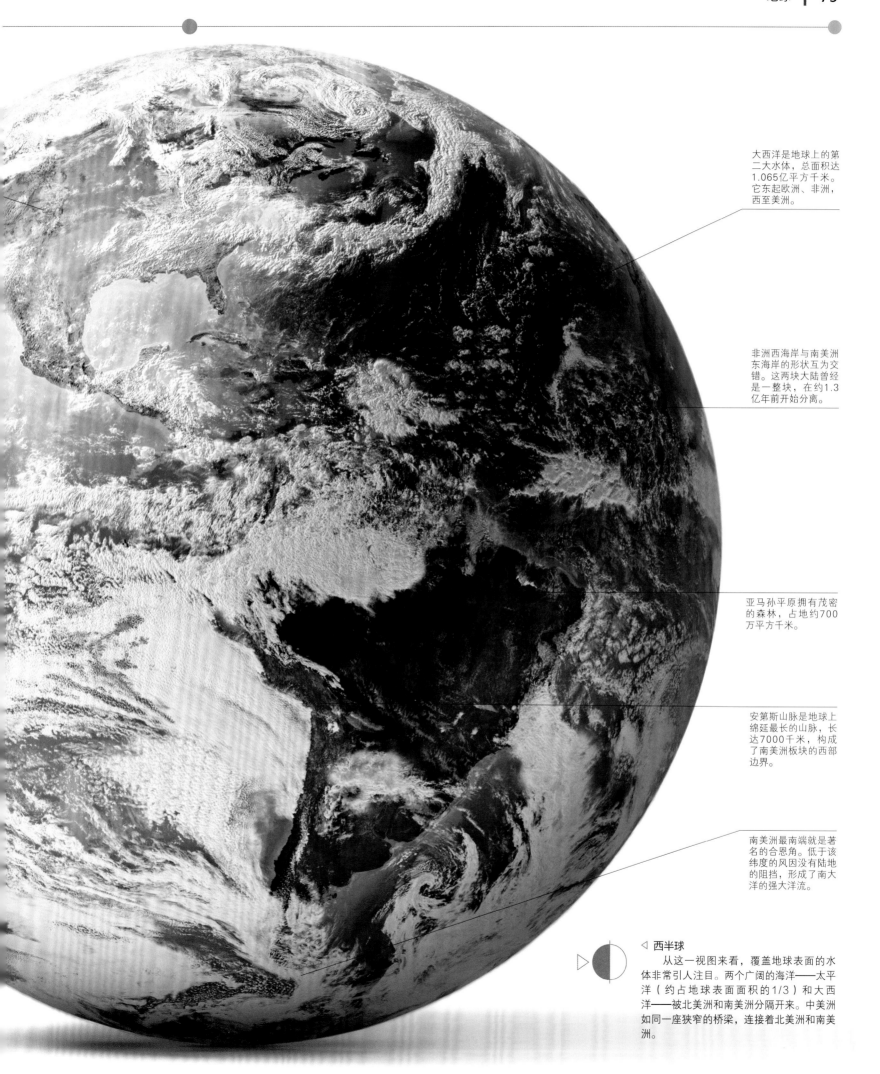

大西洋是地球上的第二大水体，总面积达1.065亿平方千米。它东起欧洲、非洲，西至美洲。

非洲西海岸与南美洲东海岸的形状互为交错。这两块大陆曾经是一整块，在约1.3亿年前开始分离。

亚马孙平原拥有茂密的森林，占地约700万平方千米。

安第斯山脉是地球上绵延最长的山脉，长达7000千米，构成了南美洲板块的西部边界。

南美洲最南端就是著名的合恩角。低于该纬度的风因没有陆地的阻挡，形成了南大洋的强大洋流。

◁ **西半球**

从这一视图来看，覆盖地球表面的水体非常引人注目。两个广阔的海洋——太平洋（约占地球表面面积的1/3）和大西洋——被北美洲和南美洲分隔开来。中美洲如同一座狭窄的桥梁，连接着北美洲和南美洲。

地球的结构

地表之上的大气分多个层次，绵延几十万千米，直至外太空，地表之下的分层结构恰似这种结构的倒影。

人们关于地球内部结构的知识，大部分来源于对地震波的研究，特别是对地震波穿过地球所经路线的研究。地表下每下降一层，随着压力增大，密度变大、温度升高。地球的一个特点在于它坚固的外壳——岩石层（由地表和地幔上层构成）。岩石层分成了板块，板块在内部热流的驱动下相对漂移。地表周围的大气为在这个星球上繁衍的生物提供了有力的保护。

超过1/4的地表被陆地覆盖。大陆地壳比海底的海洋地壳更厚。

▷ **地球圈层的划分**
地球内部分为三个主要圈层——地核、地幔和地壳——每一层都有不同的化学成分。地核包括内核和外核，地壳也分为两种——海洋地壳和陆地地壳。地幔的密度随深度降低而升高，其上层与地壳下层相接，形成岩石圈。

在地球的早期历史中，这颗星球十分炎热，较重的铁水沉聚，形成地核。

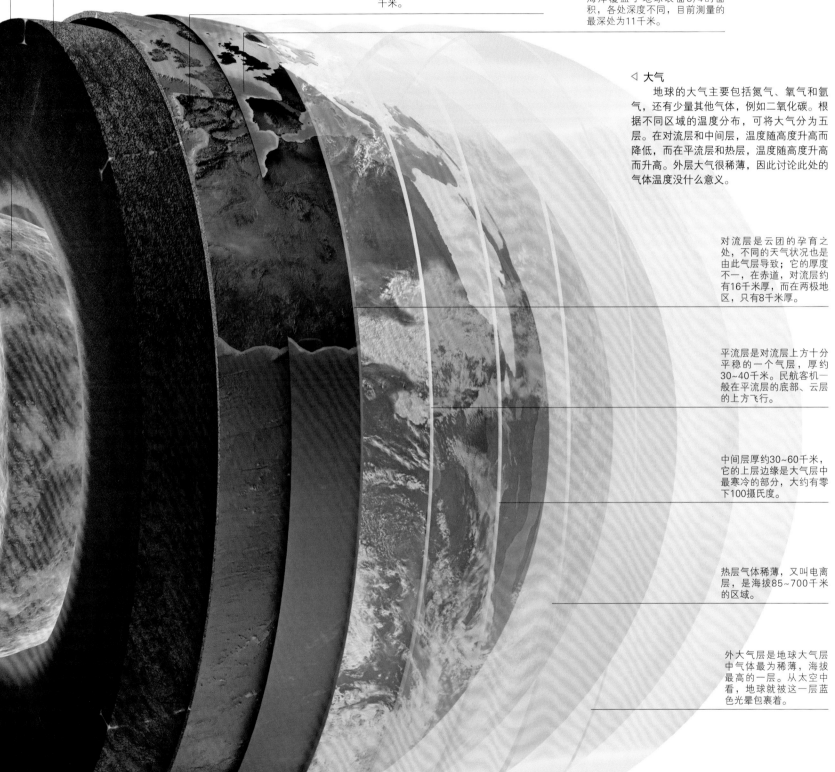

外核

外核充满液态金属和镍元素，平均温度有5000摄氏度。一般认为，外核的热流是地球磁场的源头，它也可以使磁极紊乱。

地幔

地球内部的最大圈层基本上由坚固的岩石构成，例如橄榄岩。然而，随着地质时间的推移，岩石逐渐变形，使来自地核的热量进入，导致对流热的产生。这些对流是地壳运动的导因。

地壳

海洋地壳由玄武岩一类的黑火山岩构成，厚度可达到7~8千米。陆地地壳由多种较轻的岩石构成，厚度可达25~70千米。

海洋

海洋覆盖了地球表面3/4的面积，各处深度不同，目前测量的最深处为11千米。

◁ **大气**

地球的大气主要包括氮气、氧气和氩气，还有少量其他气体，例如二氧化碳。根据不同区域的温度分布，可将大气分为五层。在对流层和中间层，温度随高度升高而降低，而在平流层和热层，温度随高度升高而升高。外层大气很稀薄，因此讨论此处的气体温度没什么意义。

对流层是云团的孕育之处，不同的天气状况也是由此气层导致；它的厚度不一，在赤道，对流层约有16千米厚，而在两极地区，只有8千米厚。

平流层是对流层上方十分平稳的一个气层，厚约30~40千米。民航客机一般在平流层的底部、云层的上方飞行。

中间层厚约30~60千米，它的上层边缘是大气层中最寒冷的部分，大约有零下100摄氏度。

热层气体稀薄，又叫电离层，是海拔85~700千米的区域。

外大气层是地球大气层中气体最为稀薄，海拔最高的一层。从太空中看，地球就被这一层蓝色光晕包裹着。

地球的构造

地球的外部岩层被分割成多个巨大的板块。板块在缓慢移动中彼此相互作用，形成剧烈的地质活动，在这个过程中，地球的表面不断发生变化。

地球外岩层的板块并不规则，但像拼图一样，总能拼在一起。它们的运动由地球内部的对流热力导致，这种运动十分缓慢且相互影响。数百万年间，板块在地球表面漂移、碰撞，形成新的地貌。板块间的碰撞与分离释放巨大的能量，使板块边缘地带形成独特的地貌。在板块碰撞地带往往形成山脉、海沟和火山；板块分离地带往往会形成洋中脊。在各种板块边缘都容易发生地震。

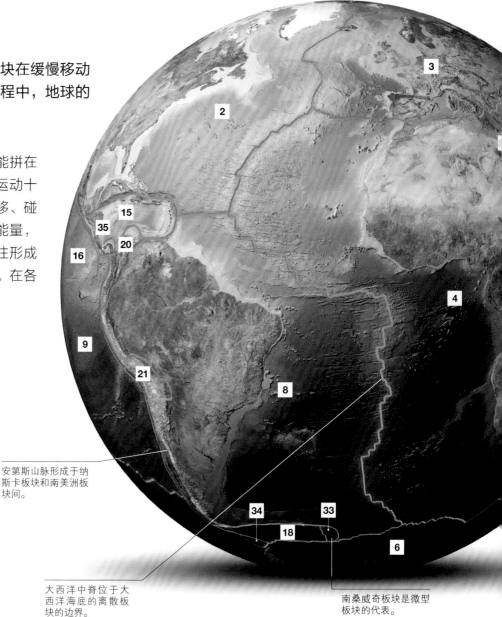

安第斯山脉形成于纳斯卡板块和南美洲板块间。

大西洋中脊位于大西洋海底的离散板块的边界。

南桑威奇板块是微型板块的代表。

图例
1 太平洋板块
2 北美洲板块
3 欧亚板块
4 非洲板块（努比亚）
5 非洲板块（索马里）
6 南极洲板块
7 澳洲板块
8 南美洲板块
9 纳斯卡板块
10 印度洋板块
11 巽他板块
12 菲律宾海板块
13 阿拉伯板块
14 鄂霍茨克板块
15 加勒比板块
16 科克斯板块
17 扬子板块
18 斯科舍板块
19 卡罗琳板块
20 北安第斯山脉板块

21 高原板块
22 安纳托利板块
23 班达海板块
24 缅甸板块
25 冲绳板块
26 伍德拉克板块
27 马里亚纳板块
28 新赫布里底板块
29 爱琴海板块

30 东帝汶板块
31 鸟首板块
32 北俾斯麦板块
33 南桑威奇板块
34 南设得兰群岛板块
35 巴拿马板块
36 南俾斯麦板块
37 毛克板块
38 所罗门海板块

▷ 板块
地球表面有七大主要板块（例如太平洋板块和欧亚板块等）；还有十几块中型板块（例如阿拉伯板块）；小型板块则不计其数。此处所列大部分是已公认的板块，按板块估算面积降序排列，同时标示在右侧的地图上。有时只是将一些微型板块看作大型板块的一部分。

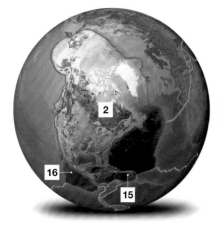

△ 北美洲板块
北美洲板块（2）的面积是地球表面积的1/6。它包括北极、大西洋和西伯利亚的部分地区。这个板块下有一个已存在数百万年的重要火山热点，美国黄石公园活跃的间歇泉现象就源于此。

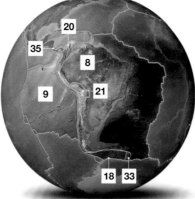

△ 南美洲板块
南美洲板块毗邻纳斯卡板块（9）、斯科舍板块（18）和一些小型板块，它的面积相当于地球表面积的1/8。向东移动的纳斯卡板块嵌入南美洲板块边缘下方，向上抬升的部分形成了安第斯山脉。

△ 欧亚板块
欧亚板块（3）包括欧洲及亚洲大部分地区，其东部及南部的数个中型板块曾被认为属于欧亚板块，例如巽他板块（11）。数千万年前，印度洋板块（10）与欧亚板块碰撞，形成了喜马拉雅山。

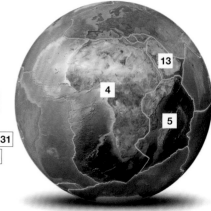

△ 非洲板块
非洲板块分两部分（4和5），包含非洲大陆以及大西洋和印度洋的大部分地区。如今普遍认为非洲大陆正沿着东非大裂谷分离为两部分——东非大裂谷位于东非，是地壳上的巨大裂缝，全长约4000千米。

西伯利亚是典型的年代久远、构造稳定的大陆壳。

位于土耳其北部的转换边界是地震多发地带。

会聚边界和海沟沿着整个太平洋边界分布。

东非大裂谷属于正在发展的离散边界。

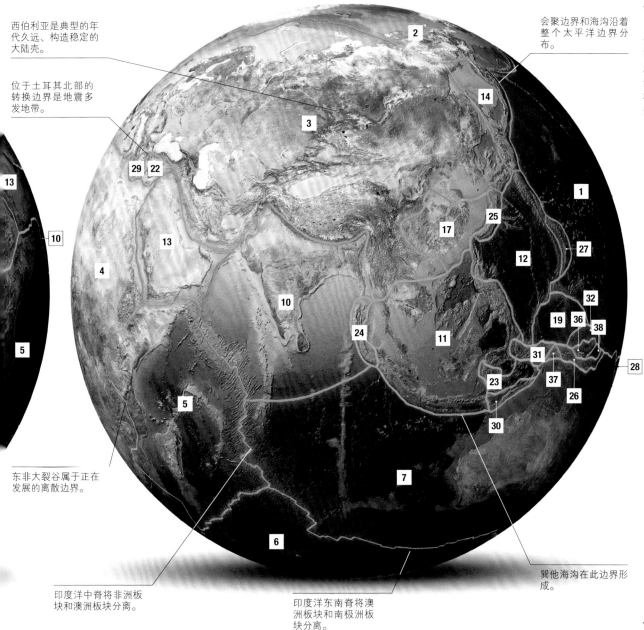

印度洋中脊将非洲板块和澳洲板块分离。

印度洋东南脊将澳洲板块和南极洲板块分离。

巽他海沟在此边界形成。

▽ 板块边界

板块边界分为三种类型。1）会聚边界：两个板块相向运动，其中一个板块可能在另一板块下方，此处通常形成山脉或火山；2）转换边界：两个相邻板块剪切错动；3）离散边界：两个板块相互离散，新板块沿边缘区产生，离散边界通常会产生洋中脊或大陆裂谷。

会聚边界

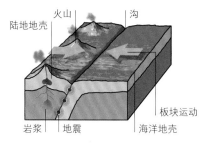

火山　沟
陆地地壳
板块运动
岩浆　地震　海洋地壳

转换边界

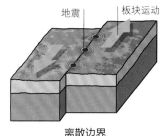

地震　板块运动

离散边界

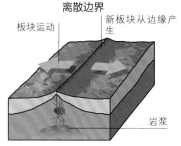

板块运动　新板块从边缘产生
岩浆

▽ 在两个板块间畅游

在冰岛西南部的辛格瓦德拉湖潜水，可以潜到北美洲板块和欧亚板块间的海沟。在湖底清澈的湖水中，板块间的裂缝显而易见，这就是斯尔菲拉海沟。人类目前探测到的海沟底部深度为63米，不过对大多数潜水探险者来说，这里太过狭窄陡峭。

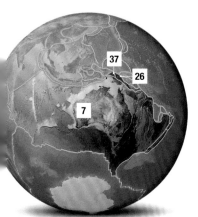

△ 澳洲板块

澳洲板块（7）由澳大利亚大陆、新西兰和新几内亚的部分地区，以及印度部分地区与南大洋组成。该板块主要地貌特征包括澳大利亚的沙漠地带、大分水岭和大堡礁。整个板块以每年6.5厘米的速度向东北方向移动。

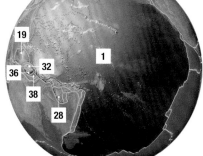

△ 太平洋板块

太平洋板块（1）是地球上最大的板块，其覆盖的面积占地表面积的1/5。太平洋板块上没有陆地，但在岩浆从海底喷出的地方有许多火山岛和海底火山。太平洋板块以平均每年10厘米的速度向西北方向移动。

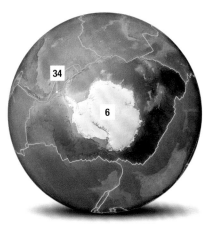

△ 南极洲板块

南极洲板块（6）占地球表面积的1/8，主要包括南极大陆以及周围的南大洋的大部分。数百万年间，由于离散边界处不断形成新板块，因此其面积逐渐增大。

不断变化的地表

几百万年来，月球表面没有太大的改变，相比之下，地球表面发生了天翻地覆的变化。无休止的板块运动、水汽的腐蚀等很多因素都在重塑着地球表面。

造成改变的主要驱动力来自地球内部，例如地幔内的对流热会导致板块运动，从而形成新的地貌景观。在地球表面，岩石不断接受太阳的照射，并受到风化与侵蚀作用等。在过去数百万年里，这些因素消损了地球上的山脉，使岩石变成了碎石、沙子和粉尘。在这些因素中，有一些地球特有的因素，它们导致地球表面的改变比其他岩质星球更为迅速。

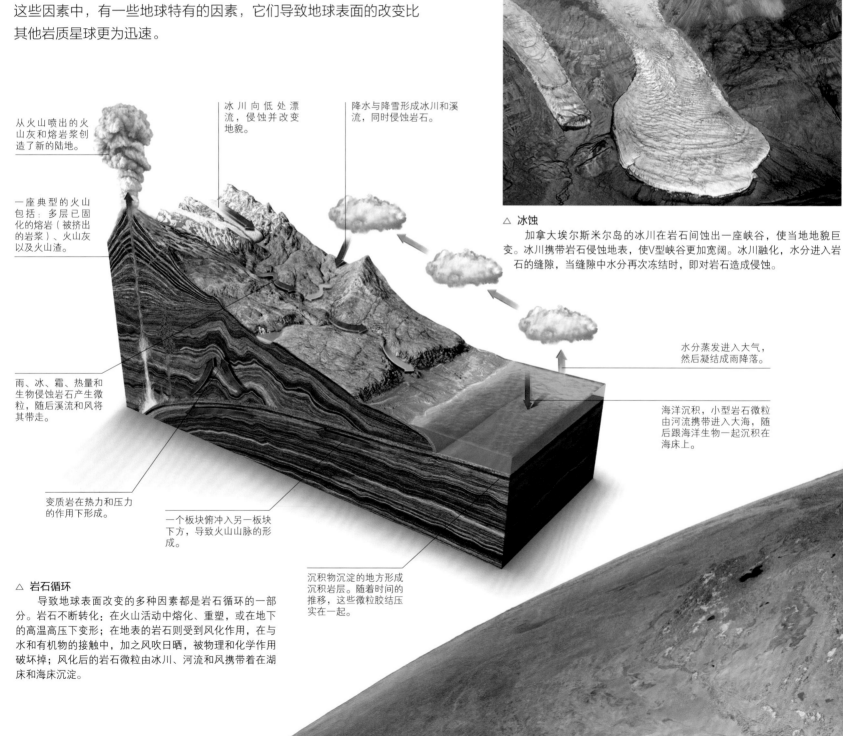

△ 冰蚀
　　加拿大埃尔斯米尔岛的冰川在岩石间蚀出一座峡谷，使当地地貌巨变。冰川携带岩石侵蚀地表，使V型峡谷更加宽阔。冰川融化，水分进入岩石的缝隙，当缝隙中水分再次冻结时，即对岩石造成侵蚀。

从火山喷出的火山灰和熔岩浆创造了新的陆地。

冰川向低处漂流，侵蚀并改变地貌。

降水与降雪形成冰川和溪流，同时侵蚀岩石。

一座典型的火山包括：多层已固化的熔岩（被挤出的岩浆）、火山灰以及火山渣。

雨、冰、霜、热量和生物侵蚀岩石产生微粒，随后溪流和风将其带走。

变质岩在热力和压力的作用下形成。

一个板块俯冲入另一板块下方，导致火山山脉的形成。

沉积物沉淀的地方形成沉积岩层。随着时间的推移，这些微粒胶结压实在一起。

水分蒸发进入大气，然后凝结成雨降落。

海洋沉积，小型岩石微粒由河流携带进入大海，随后跟海洋生物一起沉积在海床上。

△ 岩石循环
　　导致地球表面改变的多种因素都是岩石循环的一部分。岩石不断转化：在火山活动中熔化、重塑，或在地下的高温高压下变形；在地表的岩石则受到风化作用，在与水和有机物的接触中，加之风吹日晒，被物理和化学作用破坏掉；风化后的岩石微粒由冰川、河流和风携带着在湖床和海床沉淀。

用不了2000万年，
就能把喜马拉雅山
那么高的山侵蚀为平地。

△ **侵蚀景观**

这是著名的美国布莱斯峡谷石林景观，它主要由于冰楔作用形成。峡谷地区的水常年经历冻融循环。冬季，冰川融水渗入石灰岩等沉积岩的缝隙，随后在夜晚冻结，融水冰结后膨胀，撑裂岩石，产生更大的缝隙。

▷ **造山运动**

造山运动是地表改变的主要因素之一，它主要发生在板块相互挤压的地带。多层沉积岩受到侧向挤压后产生断层，岩层断裂、倾斜。随着岩层不断叠加，山体海拔逐渐升高。这就是地球上主要山脉在不同时期逐步形成的过程。

▽ **喜马拉雅山**

喜马拉雅山是地球上最高的山脉，它的形成始于5000万~7000万年前，印度洋板块冲击欧亚板块。如果加上其毗邻的喀喇昆仑山脉的话，地球上高度最高的14座山峰就位于这组山脉带中，每座的海拔都超过8000米。

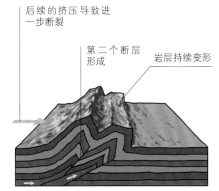

岩层水平推进

断层

断层上的岩层变形

岩层断裂

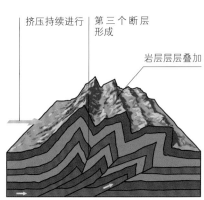

后续的挤压导致进一步断裂

第二个断层形成

岩层持续变形

进一步断裂并变形

挤压持续进行

第三个断层形成

岩层层层叠加

岩层断裂变形叠加

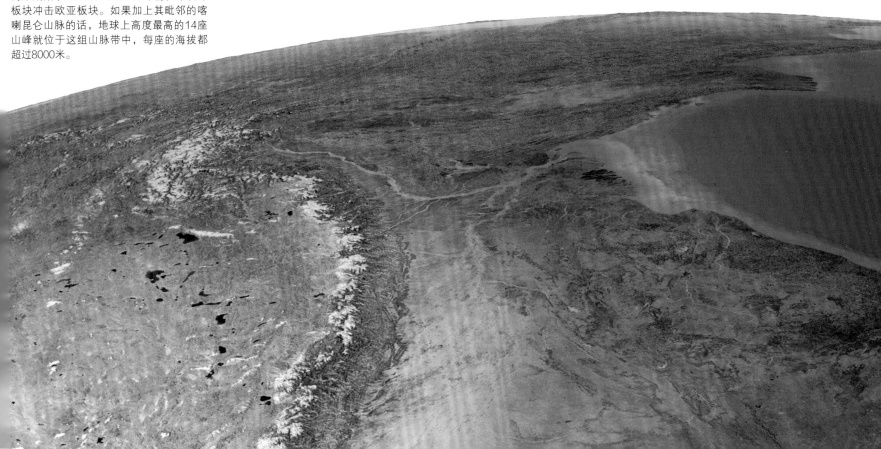

水与冰

1 珊瑚环礁

　　因为有水的影响，地球的许多特点在太阳系中都是唯一的。伯利兹外海的大蓝洞其实就是被珊瑚环礁包围的落水洞，它的直径有300米，坐落在距中美洲海岸1000千米的中美洲珊瑚礁上。珊瑚幼虫附着在大陆边缘的海岸水下岩石上，因此而形成了珊瑚礁。

2 三角洲

　　壮阔的恒河流至孟加拉湾时，复杂交错的河道勾画了一个岛屿的轮廓。发育成熟的河流在奔流入海的过程中，随着流速的减慢，泥沙沉积下来，沉积物积聚会形成洼地——三角洲。因富含从上游带来的有机质和矿物质，三角洲的土壤往往非常肥沃。

3 波涛

　　海洋覆盖了地球2/3以上的面积。从太空来看，地球像一颗蓝色宝石，非常独特。海水不断流动，流动的形式受陆地、阳光、地球自转、月球引力的影响。狂风卷起海浪，海洋也塑造了大陆的形状。潮汐、波浪和水流侵蚀、沉积和物质传送，也刻画出了海岸线。

4 融冰

　　格陵兰岛周围的80%被冰盖覆盖。这个冰盖含有的冰约占世界总冰量的10%。温度升高时，它就开始融化，融水雕刻出深深的峡谷。这座巨大的冰山峡谷有45米深。冰盖、冰川和永久积雪含有近70%的地球淡水。我们用卫星拍照和数据分析的方法来监测冰盖融化的速度。

5 天气

卫星可以追踪风暴自始至终的全部过程。右图是美国北卡罗来纳州上空的伊莎贝尔飓风，它形成于东非。卫星记录了它成长为热带气旋的过程，风速最高达到267千米/小时。气旋产生于气压比较低的区域，在海上行进的过程中，风乘虚而入，从温暖的海水中卷起能量和水汽，一同前往大洋彼岸。

地球上的生命

地球是人类目前所知，唯一能够孕育生命的星球。在太阳系中的其他星球上，例如木卫二的地下海洋，理论上也可以孕育生命，但是现阶段来看，我们的地球显然是独一无二的。

生命在地球上生存了至少37亿年。我们不能确定生命最初就源自地球，它们有可能在其他星球起源，并随像彗星一样的天体来到地球。我们由地球上的极端微生物（可以在极具挑战性的条件下生存）可以推断，生命可能源自宇宙中的其他位置，并在极端环境中存活了下来。然而如今，科学界普遍认为，生命源自地球本身，由无生命物质演化而来。

为何唯有地球存在生命？

年轻的地球在小行星碰撞停止后，地表得以冷却，与此同时，生命开始了。之后，我们的星球不断为微生物的繁殖和进化提供有利条件。地球与太阳的距离使其成为适合生命存在的星球。在地球上，地表温度和大气压力共同使得水以液态的形式在地表流动，这对生命来讲至关重要。地球也受到各类能量的滋养（太阳辐射及来自地球内部的热量），产生保护性的电磁场（以液态铁内核流动的方式产生），及一颗大的卫星——月球，通过最大限度地减缓地轴的摆动，维持地球的气候稳定。

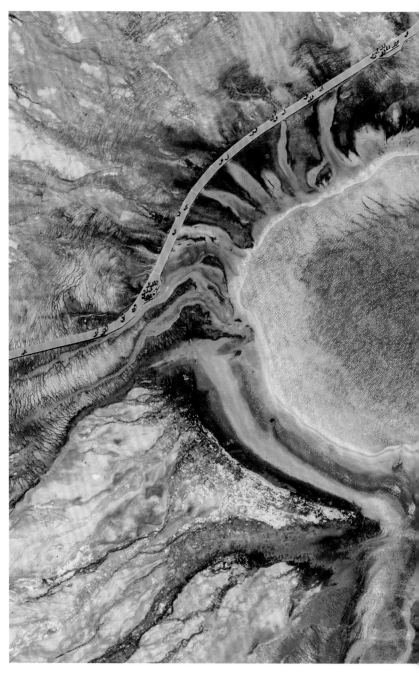

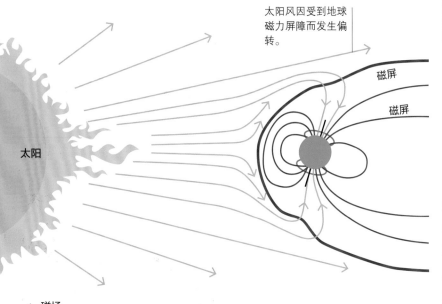

太阳风因受到地球磁力屏障而发生偏转。

磁屏

磁屏

太阳

△ **磁场**
地球拥有强大的磁场，它形成的保护层可以有效防止太阳风触及地球表面。太阳风由高能量微粒流构成，主要是来自太阳上层大气中的电子和质子。

生命如何形成

地球上的第一个生命可能是由偶然产生于地表水的有机分子（含碳物质）进化而成。或者可以说是，一个带有独特属性的有机分子：它能够自我复制。这种可以自我复制的有机分子就是DNA最早的祖先。通过自然选择的进化过程，那个有机分子的后代越发复杂化，需要保护性结构和物质来帮助自身存活并繁衍——因此，有机分子变成了原始细胞。接着，成群的原始单细胞便发展为多细胞生物。

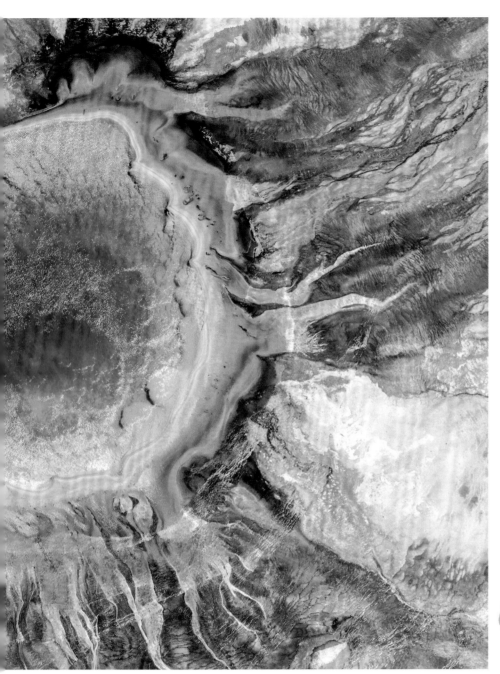

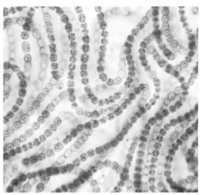

◁ 蓝细菌

一般认为，蓝细菌已在地球上存在了35亿年，是地球上最为古老的生命形式之一。这种微生物通过光合作用吸收能量，并排出氧气，这改变了地球的大气层，即形成了一个保护性的臭氧层，使地球表面更宜居，同时触发了吸氧生物的进化。

▷ 海底热液口

地球上的生命很可能形成于海底热液口，此处是海床的裂缝，热水从中涌出，其中含有矿物质和易溶于水的气体，例如氨气和二氧化碳。矿物质可能催化了气体分子之间的化学反应，由此产生了组成生命体的基本部件。

◁ 生命的改变

通过自然选择的进化，地球上的生命从少量的早期简单形式，发展到如今呈现出巨大的多样性。很多曾经存在的物种已经灭绝，但我们可以从化石中发现它们的踪迹。从中可以看出，地球上曾经屡次发生大型灾难事件，引发了严重的生物灭绝，上百种生物突然消失。

菊石（化石）

△ 极端微生物

极端微生物是指可以在不适宜生命存在的条件（如滚烫的热水里、酸性水或岩石的内部）下繁衍的微生物。在大棱镜温泉，绿色、黄色和橘黄色区域就遍布着极端微生物细菌。不同颜色的种群可以适应不同的温度，在富含矿物质的热湖中心，温度高达87摄氏度。

▽ 生物多样性

一个地区多种生命存在则称为这个地区的生物多样性。非洲大草原就是以其丰富的生命多样性为世人所知。东非的塞伦盖蒂平原上至少生活着45种哺乳动物和500种鸟，目前，那里还有更多的未知生物等待人类的探索。

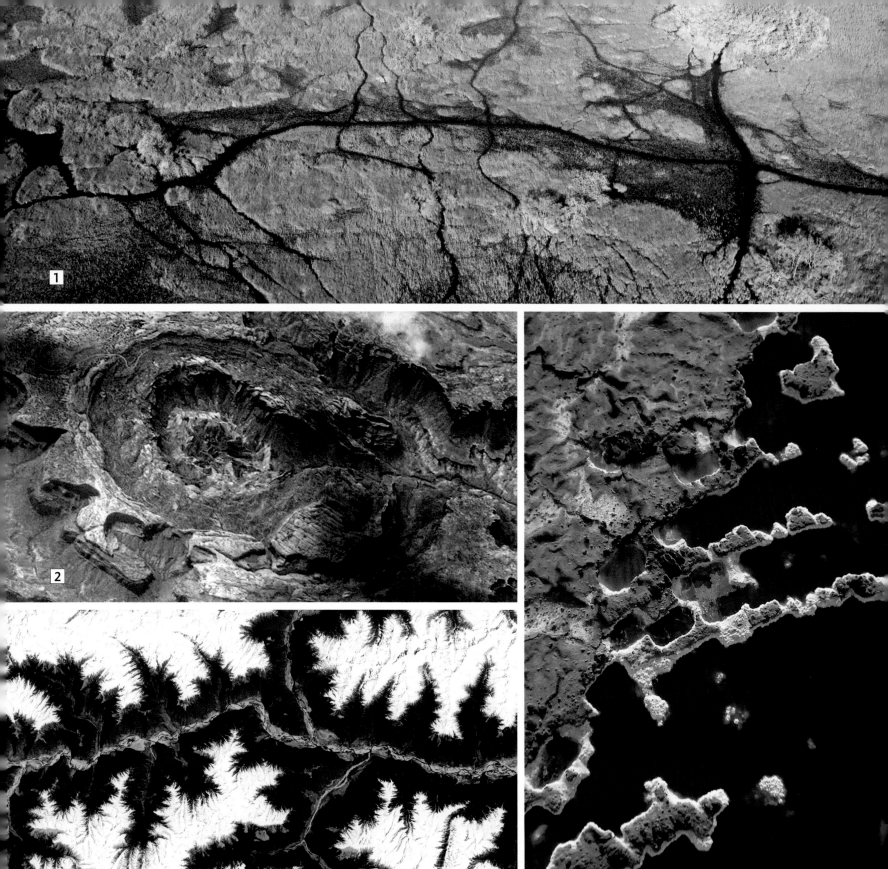

俯瞰地球

1 湿地

　　丰富的地表水形成了很多独特的生物栖息地,湿地就是其中之一。湿地形成于河流流速改变地带,例如河海交汇处,它为各种野生生物提供了丰富的营养。这个俯视图展示的是博兹瓦纳奥卡万戈三角洲平原,湖泊、岛屿、郁郁葱葱的绿色植被中穿行的航道,如油画一般。

2 陨石坑

　　这幅穹顶似的照片来自美国犹他州的峡谷地国家公园,由国际空间站拍摄。这个环状构造的起源尚不确定,但岩石中的"撞击石英"表明它是一个很深的侵蚀陨石坑,可能已经形成了6000万年。还有一种说法,这里可能是一个受到侵蚀的盐矿残余。

3 山脉

　　位于中国西南部地区的东喜马拉雅山脉上的雪峰超过了5000米,是地球上较高的山峰之一。在这幅由美国泰拉(Terra)卫星拍摄的图片中,红色表示的是低坡的植被,蓝色的是河流。5000万到7000万年前,印度洋板块和欧亚板块撞击形成了喜马拉雅山脉,现在它仍在以每年2厘米的速度抬升。

4 盐田

　　这幅俯视图的位置是埃及亚历山大附近的沿海环礁湖,藻类生物在盐池中生长,呈现出鲜红色。将海水围在盐池里,水分蒸发后,盐分留了下来。随着盐池中盐分的改变,各种藻类生物开始繁衍,使盐池的颜色从绿色变为橘黄色再到红色。

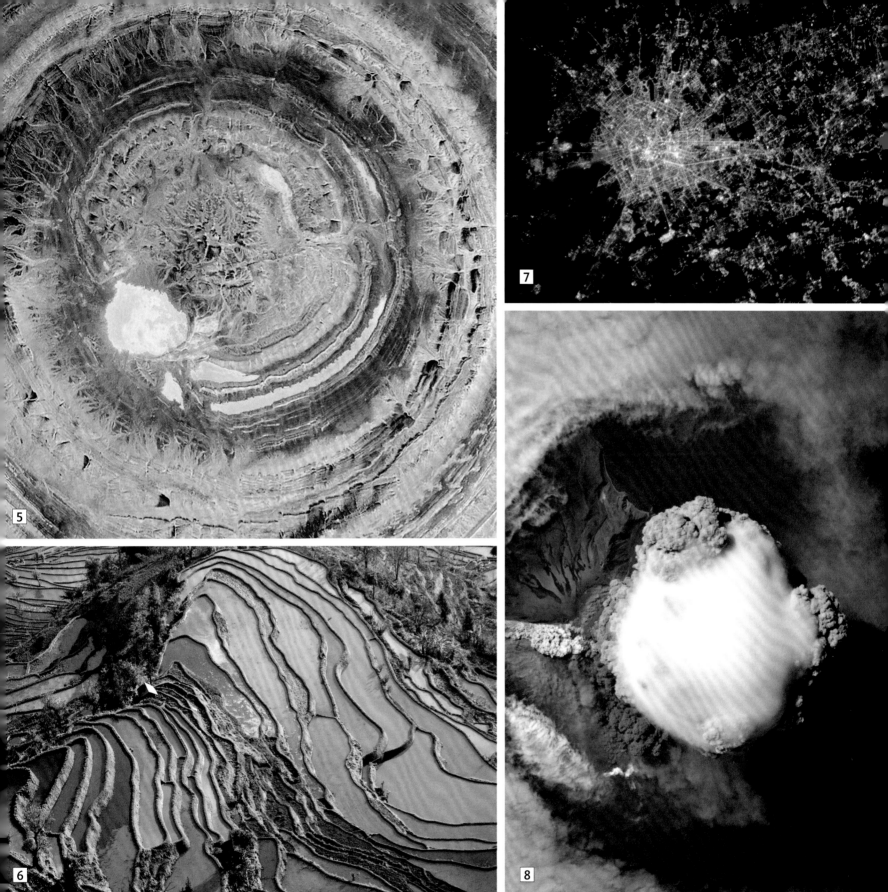

5 沙漠

撒哈拉沙漠被称作"地球之眼"，其中的理查特结构是宇航员观测地球的重要地标。从外太空观察地球时，50千米宽的环状石丘在毫无特点的沙漠地区格外显眼。这种环形的结构可能由于沉积岩层隆起后，暴露在空气中侵蚀而形成的。

6 耕地

中国云南省的山坡梯田景观已经成为一种大自然的拼接艺术。在这里的低海拔地区气候温暖，适宜稻米生长；在高海拔地区适宜种植耐寒作物，例如玉米。从高空俯视，人类对自然景观的影响显而易见——这里的山区已经成为了人类农业的丰碑。

7 城市

夜晚，城市灯火通明。这幅图片由国际空间站拍摄，米兰的灯光照亮了整个意大利伦巴第地区。从太空的视角，可以明显地看到城市的扩张和光污染。地球上最亮的地区就是城市化程度最高的地区。在电灯发明了一个世纪后，一些地区仍没有得到普及，例如南极洲地区，夜晚依旧黯淡无光。

8 火山

此图片由国际空间站在安全距离拍摄，可以看到千岛群岛萨雷切夫火山的喷发景象。萨雷切夫火山高1500米，与火星上22,000米的奥林匹斯火山相比并不突出。这片区域存在60余座活火山，但从地质学角度来看，地球比木星的木卫一安静许多，因为木卫一有着400余座太阳系中最活跃的火山。

我们的地球

数千年来，人类一直在尝试理解地球的结构和运作方式，这是一个漫长的积累过程。在过去的几十年间，人类提出了多种关于地球的关键理论。

地球不像其他天体，可以凭借望远镜观察到全貌。直到20世纪60年代，人类才第一次携带照相机进入外太空，观测到了地球的全貌。然而，在2000年前，古代文明的启蒙科学家就已经提出地球是一个球体，并大略给出了地球的尺寸和海洋的范围。直到20世纪，地球的年龄和内部结构才得到确认，随后，大陆板块的概念为大众所知。

古希腊哲学家阿那克西曼德（前610—前546）所理解的世界。

公元前3000—前500年

地平说

古代的科学家认为地球是表面是呈盘形的平地，四周环绕着海洋。这种概念在一些早期的地图中可以看到。

▷ 公元前330年

亚里士多德提出地球是一个球体

古希腊哲学家亚里士多德认为，地球是一个球体。他的理由是，如果地球是平的，那么一颗星星可以在任何地方观察到，而对于某些星星，人们只能向南旅行很远才能看到，因此地球是一个球体。

2亿年前   1.3亿年前

7000万年前   今天

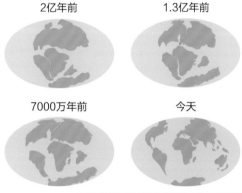

地震波穿过地球

◁ 1912年

魏格纳的大陆漂移说

德国科学家阿尔弗莱德·魏格纳曾提出，所有的大陆最初是连接在一起的，后来经过某种未知的运动（他称之为"大陆漂移"），一整块大陆四分五裂。魏格纳的这种观点遭到同时代很多科学家的反对。

◁ 1906年

地核的证据

通过对地震波及其通过地球的表现的研究，爱尔兰地质学家理查德·奥德姆认为地球有着明确的地核。他认为地核部分相比地球其他部位密度更大，因为地震波通过时耗时更长。

◁ 19世纪三四十年代

冰河理论

瑞士地质学家路易斯·阿加西斯，在欧洲高山地区与另外几位科学家共同研究冰川侵蚀地貌。阿加西斯第一个提出，地球在距今不远的时间里，曾经历了冰河时期。

埃及南部上空的高空急流带产生的带状云

中大西洋海岭

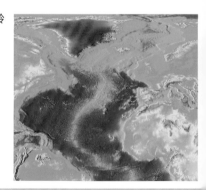

▷ 20世纪二三十年代

高空急流的发现

通过气球和高海拔飞行器的实验，来自日本、美国和欧洲的科学家发现，地球上空有一条较窄的高速气流带，这个气流带叫做高空急流。

▷ 1955年

地球年龄的测定

美国地球化学家帕特森·彼得森测算出地球的年龄为45.5亿年。他的测算方法是测量在太阳系早期形成的陨石中铅同位素的比率。这种测算方法被称为放射性年代测定。

▷ 1960年

海床扩散

美国地球化学家亨利·海斯提出，在中部海岭不断有新的海底形成，随后缓慢向四周扩散。这种概念很快被人接受，它是板块运动理论形成发展的关键。

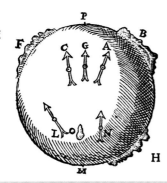

吉尔伯特的地球磁场模型。

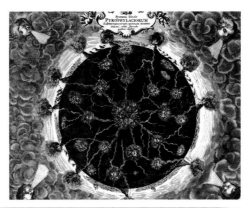

科切尔对于地球内部结构的猜想。

公元前240年

地球周长的计算

古希腊学者埃拉托色尼第一次精准计算出地球的周长。他在同一天的同一时间，对比了南北两个相距较远地点的太阳高度。

1600年

地球的磁场

在长期观察指南针的表现后，英国科学家威廉·吉尔伯特在其著作《磁石论》中提出，地球是一个巨大的球形磁铁。他正确提出了地球的中心大部分由金属构成。

17世纪

观察地球内部

很多关于地球内部结构的理念都十分先进。在英国，埃德蒙·哈雷提出，地球内部包含一个同心圆结构，中间充满气体，而德国学者亚他那修·科切尔则认为地球中间是内部连通的巨大炽热空间。

乔治·居维叶
（1769—1832）

詹姆斯·赫顿
（1726—1797）

19世纪一二十年代

居维叶的灾变论

灾变论是由法国自然学家乔治·居维叶提出的，这种理论是说历史上的自然灾难突然发生，迅速地改变了地球环境，消灭了大量动物物种。

1798年

卡文迪什为地球称重

英国科学家亨利·卡文迪什通过重力测试实验算出地球的平均密度。他的实验结果也可用以计算地球的重量，因此人们说卡文迪什"称出了地球的重量"。

1785年

赫顿的地质理论

在现代地质学之父、苏格兰科学家詹姆斯·赫顿的著作《地球理论》中，他提出地球的外形是在一种缓慢移动力量的作用下形成的，这种力量作用长期不停地进行着。

地球板块构造理论

天体撞击导致物种灭绝

20世纪六十年代后期

板块构造理论

在海床扩散理论的基础上，研究人员继续探索地球外壳分裂为多个板块的可能性。板块构造理论使地球科学产生了革命性的变化。

1980年

恐龙灭绝假说

关于恐龙的灭绝，美国物理学家阿尔瓦雷茨与同事共同提出，大行星或彗星在6550万年前（白垩纪结束）撞击地球，导致恐龙及多种地球动植物灭绝。

20世纪末期

人类纪

人类纪是一个新的概念，指的是人类活动对地球本身、气候和自然生态产生主要影响的现代时期。

月球

月球是地球在太空中的伙伴，也是地球唯一的一颗卫星。在夜空中，它最大、最明亮，而且是唯一一颗通过肉眼即可观测到表面特征的星球。

虽然月球的半径只有地球的约1/4，但是按与主星的体积比来算，月球是太阳系中最大的一颗卫星。地球和月球之间通过万有引力对彼此施加强大的影响力。潮汐力减缓了月球的旋转速度，使得月球在自转一周的同时绕行地球27.32天，并且使月球保持一面朝向地球。

月球是一颗荒凉的岩质星球，并且因为自身重力不足，无法束缚住大量大气，月球表面交替暴露在太阳的炙烤和广漠的太空中，因此表面的温度变化非常剧烈，中午的时候，某些地方可以达到127摄氏度，但在漫长的午夜时分就可能降到零下173摄氏度。而月球上永久被遮蔽的撞击坑坑底温度甚至更低。

因为没有风力侵蚀或地质构造活动抹去撞击坑，所以在过去的40亿年里，在太阳系里偏居一隅的月球上，大部分坑坑洼洼的地貌几乎完整地保留了下来。

赫米特撞击坑靠近月球北极，是太阳系中最寒冷的地方之一。

数说月球

平均直径	3474千米
质量 (地球= 1)	0.012
赤道重力 (地球 = 1)	0.167
距离地球的平均距离	385,000千米
轴倾角	1.5°
自转周期	27.32 个地球日
轨道周期	27.32 个地球日
最低温度	零下173摄氏度
最高温度	127摄氏度

▷ 北半球
月球相对太阳的倾斜很小，所以它的极地地区就会接收到水平方向的阳光。靠近极点的撞击坑坑底可能被永久遮蔽，也因此而可能存在一些冰块。

▷ 背面
月球背面上的撞击坑，比起面向地球的一面来说，更加密集。正面上存在大量的由黑色熔岩构成的平地，即月海，在月球反面上更少，并且面积相对较小。

▷ 南半球
南极位于一个被称为南极 – 艾肯盆地的巨大撞击坑边缘。小一些的撞击坑中有一些被永久遮蔽的区域以及彗星碰撞带来的冰块。

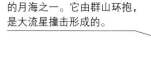

横跨1123千米的雨海是最大的月海之一。它由群山环抱，是大流星撞击形成的。

风暴洋

阿利斯塔克斯环形山是一个相对年轻的撞击坑（形成于4.5亿年前），并且也是月球最明亮的一个部位。

格里马尔迪环形山

哥白尼环形山具有较高的中央峰和梯田壁。

湿海

云海

克拉维乌斯环形山是位于南部高地的一个巨大而古老的撞击坑，直径长达225千米。

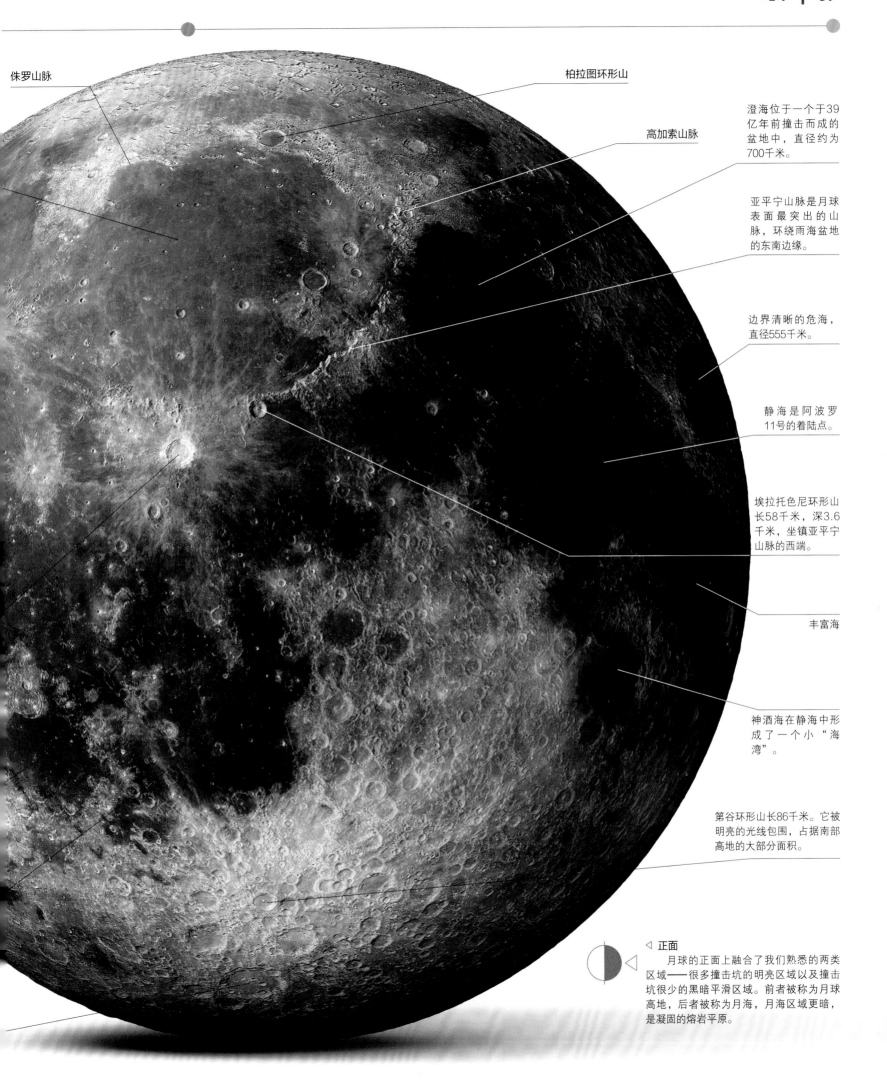

侏罗山脉

柏拉图环形山

高加索山脉

澄海位于一个于39亿年前撞击而成的盆地中，直径约为700千米。

亚平宁山脉是月球表面最突出的山脉，环绕雨海盆地的东南边缘。

边界清晰的危海，直径555千米。

静海是阿波罗11号的着陆点。

埃拉托色尼环形山长58千米，深3.6千米，坐镇亚平宁山脉的西端。

丰富海

神酒海在静海中形成了一个小"海湾"。

第谷环形山长86千米。它被明亮的光线包围，占据南部高地的大部分面积。

◁ **正面**

月球的正面上融合了我们熟悉的两类区域——很多撞击坑的明亮区域以及撞击坑很少的黑暗平滑区域。前者被称为月球高地，后者被称为月海，月海区域更暗，是凝固的熔岩平原。

月球的结构

月球作为一个相对较小的天体，自其成形后的45亿年以来已显著冷却。其内部，除了月核中为熔融或部分熔融的液态铁，大部分都已固化。

由于月球邻近地球，这使得科学家能够对其内部结构进行详细探索。潮汐力使月球的形状扭曲或外部天体撞击产生的冲击波进入月球内部时，都会引发月震。阿波罗登月期间，宇航员在月球表面放置了测震仪。由此，地质学家便能通过测量月震属性来绘制月球的内部结构图。

最近，包括美国航空航天局的"圣杯（重力回溯及内部结构实验室探测器）"双子卫星在内的航天器，通过监测月球重力场的细微变化绘出了月球的结构图。

月球内核非常小，直径大约仅240千米。

月震周期性地发生于月表1000千米以下，甚至更深处。

◁ **月球的诞生**

通过分析月岩，我们发现月球形成于45亿年前。当时一颗火星大小的天体忒伊亚撞向了尚在熔融状态中的地球，在自我毁灭的同时，产生了大量碎片，散入了地球周围轨道。随着时间的推移，这些物质聚集形成了一颗大的卫星——月球。

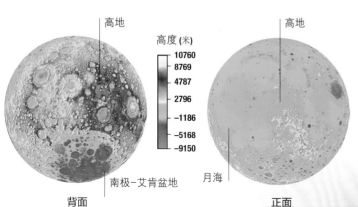

高地

高度（米）
10760
8769
4787
2796
-1186
-5168
-9150

高地

南极−艾肯盆地

月海

背面

正面

◁ **月表高度**

月球上海拔最高的地方在月球的背面，比附近平均高5000米。海拔最低区——1.3万米深的南极−艾肯盆地——同样位于月球背面。低洼的熔岩平原被称为月海，占月球正面的31%。

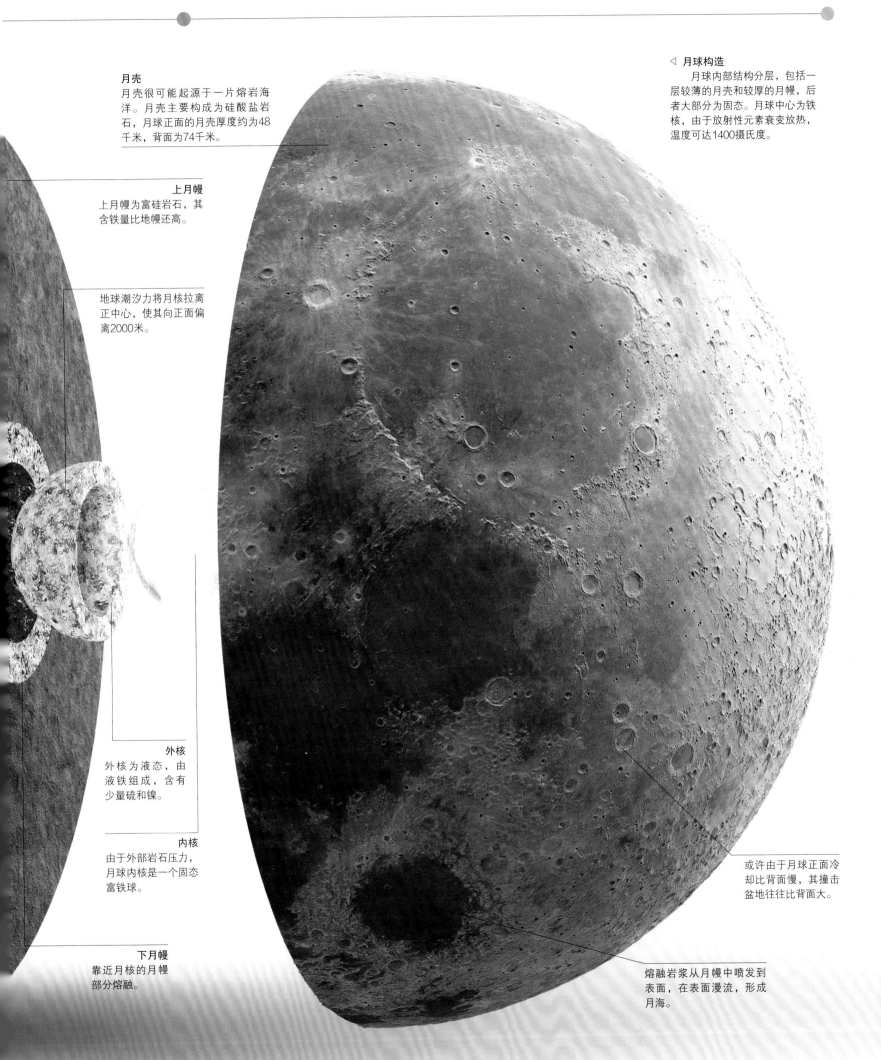

月壳
月壳很可能起源于一片熔岩海洋。月壳主要构成为硅酸盐岩石，月球正面的月壳厚度约为48千米，背面为74千米。

上月幔
上月幔为富硅岩石，其含铁量比地幔还高。

地球潮汐力将月核拉离正中心，使其向正面偏离2000米。

外核
外核为液态，由液铁组成，含有少量硫和镍。

内核
由于外部岩石压力，月球内核是一个固态富铁球。

下月幔
靠近月核的月幔部分熔融。

◁ **月球构造**
月球内部结构分层，包括一层较薄的月壳和较厚的月幔，后者大部分为固态。月球中心为铁核，由于放射性元素衰变放热，温度可达1400摄氏度。

或许由于月球正面冷却比背面慢，其撞击盆地往往比背面大。

熔融岩浆从月幔中喷发到表面，在表面漫流，形成月海。

地球的伙伴

月球绕母行星地球运行，对于地球来说，月球很大，距离也很近，两者通过引力作用对彼此施加了很大的影响。

对于母行星地球来说，卫星月球体积很大的原因在于其独特的形成方式。太阳系中，大部分天然卫星不是成形于新行星形成时遗留的碎片，就是通过捕获小行星等小型天体而形成。因此，卫星通常都要比其母行星小很多。相反，月球是由地球与另一行星相撞而产生的大量碎片云形成。如今，地球和月球虽然平均相隔384,400千米，却对双方施加着强大的引力作用，在两个星球上都产生了潮汐力。潮汐力减慢了月球的自转周期，在地球上的海洋里则掀起巨浪。

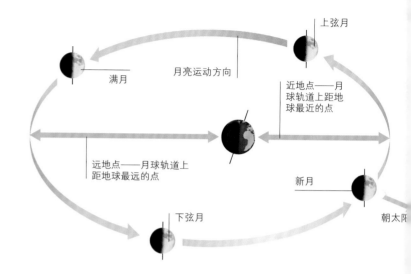

△ 自转和公转

潮汐力对月球这个不规则球体的牵引作用，使月球自转减慢，公转轨道逐渐向外偏移。月球在公转时同步自转，即月球在绕地旋转时，同时绕自己的轴转动。结果就出现了月球的一面（也就是正面）始终朝着地球，而背面永远朝向另一侧的情况。

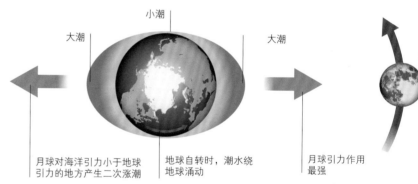

△ 潮汐力

由于天体不同部分所受引力不同，所以就出现了潮汐力，而力的大小取决于其与另一天体的距离。地球上最靠近月球的海洋被略微抬高，引起大潮猛浪。而地球另一边，由于月球引力作用最小，就会出现第二处潮峰。

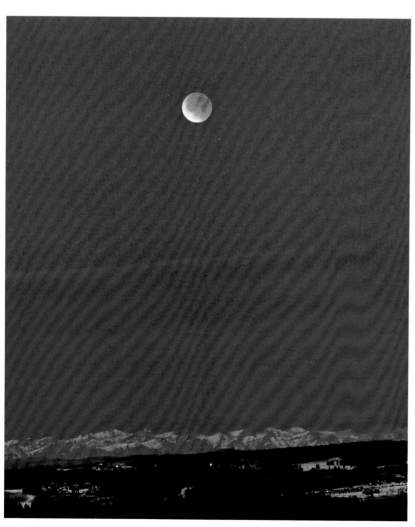

△ 月食

月球行至地球阴影中时发生月食，而由于地球大气层的散射作用，颜色呈暗红。因为地球比月球大得多，其阴影也就更大，所以月食比日食出现得更频繁。

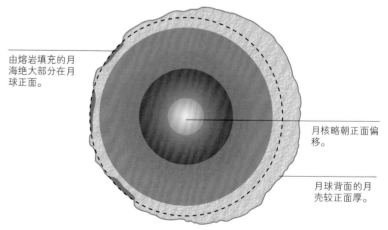

△ 结构偏移

月球形成早期，地球引力造成的潮汐力将月核朝正面牵引，使其偏移了2000米。月核周围结构同样偏移，其中月幔更靠向正面，背面月壳较厚。这或许能够解释为什么形成月海的火山爆发集中出现在月球正面上。

朔望月

从地球上看,月球的最显著的特征就是其每月的盈亏循环,从看不见的新月渐盈至峨眉月、上弦月、盈凸月至完全光亮的满月,然后渐亏,回到新月。整个周期称为朔望太阴月或太阴月,用时29.53天。在我们看来,相对于太阳,月亮在天空中完整向东移动一圈。月球绕地周期为27.32天,略短于朔望月时间,因为太阳也在穿过地球的上空朝东移动,所以要回到相同的相对位置,月球走过的路要更长。

月球地图

在地图中间是位于月球正面的辽阔月海，在月球背面（地图右侧）的主要是陨石坑。检索访问国际天文学联合会行星系命名工作组（IAU Working Group for Planetary System Nomenclature）网站，可获取更多月球地理信息。

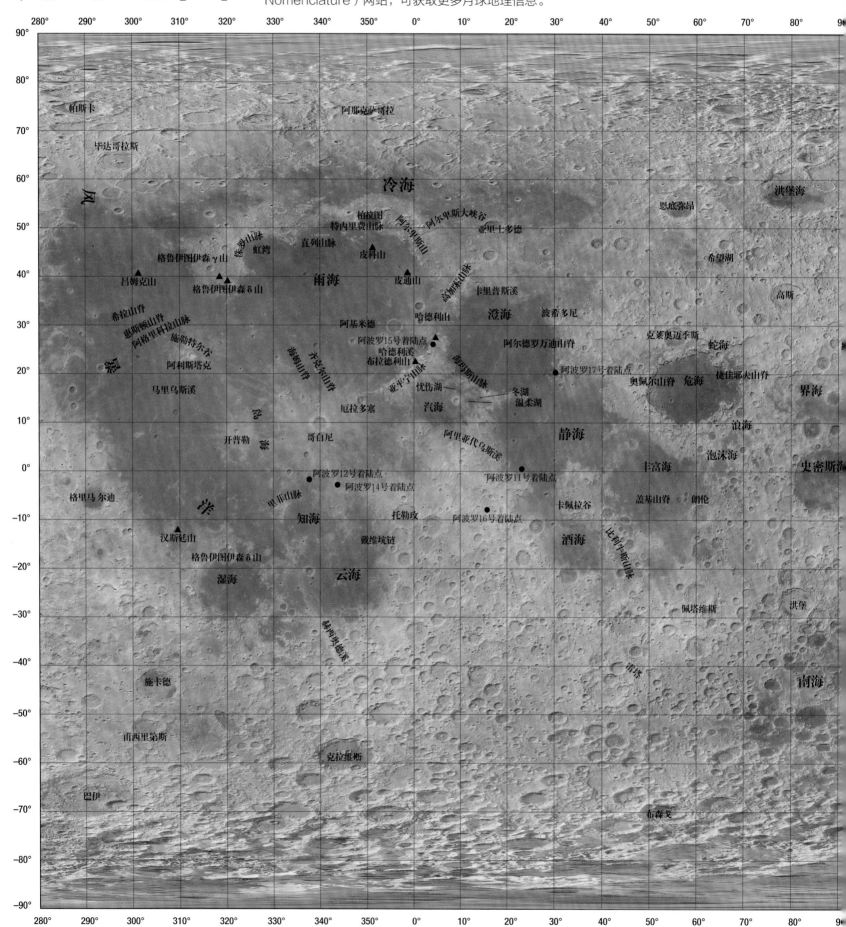

比例尺 1:23,566,109

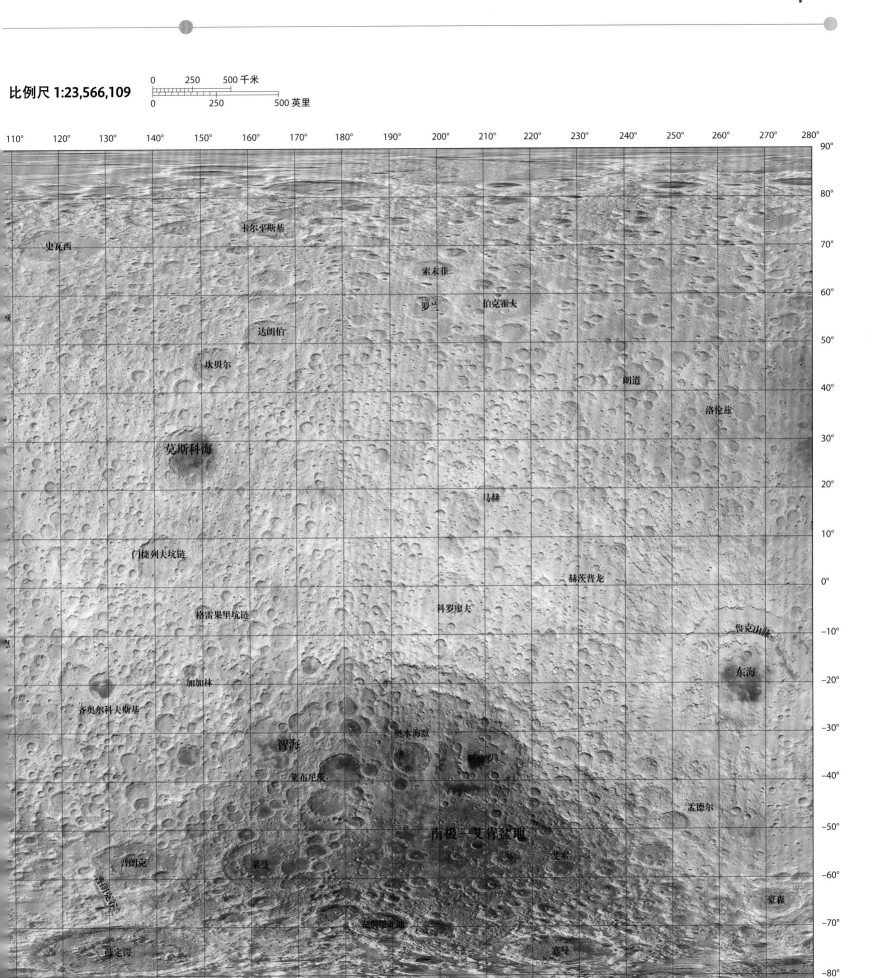

目的地——哈德利沟纹

月球表面的哈德利沟纹十分陡峭，长达100千米。它是30亿年前月表熔岩流的残留物。

　　哈德利沟纹位于雨海撞击盆地边缘，亚平宁山脉脚下。它起于狭长的贝拉环形山，蜿蜒穿过腐沼平原。人们认为它是一条熔岩通道，是熔岩流经过月球表面之后形成的。这张照片拍摄于1971年，在执行阿波罗15号任务过程中发现了哈德利沟纹。宇航员大卫·斯科特在此留下了一个雕刻的铝金属牌，用以纪念在航天训练和飞行中逝去的宇航员。

大卫·斯科特与月球车在阿波罗15号着陆点，
由詹姆斯·欧文拍摄

位置

经度 3°E；纬度 26°N

哈德利沟纹

哈德利沟纹大部分宽1500米，深度在180~270米间。

截面宽度（米）

77千克 阿波罗15号带回的月岩标本。

阿波罗15号

1971年7月30日，阿波罗15号登月舱降落点深度达到了370米，附近就是哈德利沟纹最深点之一。此次任务中，首次启用了有人驾驶月球车，宇航员共出舱活动3次，勘察附近火山口并采集月岩样本。

— 月球车1
— 月球车2
— 月球车3

降落点

哈德利沟纹

地球之光坑

沙丘坑

圣乔治环形山

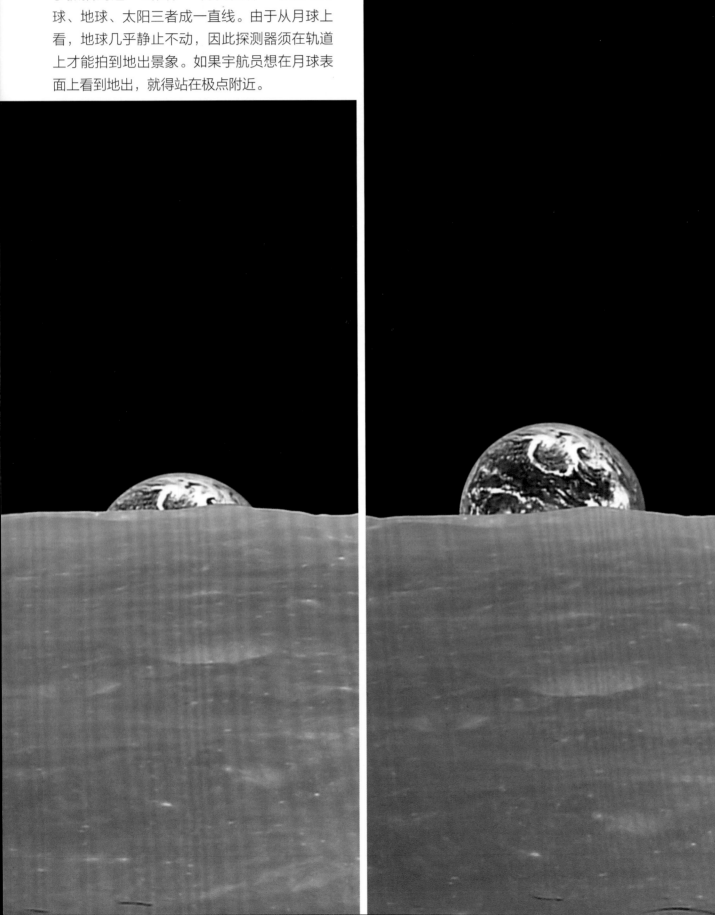

地出

　　这幅动人心魄的地出（地球从月球地平线升起）图，由日本的探测器"月亮女神"号于2008年4月6日拍摄，拍摄高度为100千米。为了抓拍到这一画面，"月亮女神"号须与月球、地球、太阳三者成一直线。由于从月球上看，地球几乎静止不动，因此探测器须在轨道上才能拍到地出景象。如果宇航员想在月球表面上看到地出，就得站在极点附近。

月球上的撞击坑

月球表面的撞击坑大小不一、星罗棋布。45亿年来，这些撞击坑的形成不断改变着月貌。

20世纪60年代，首个月球着陆器向我们展示了月球上的各种大小的撞击坑（包括极小型撞击坑），我们才真正了解撞击坑是如何形成的。这一发现证实了撞击坑是由宇宙天体撞击而成，而不是火山爆发引起。

很显然，现在的月球表面布满了撞击坑（尽管有些最古老的撞击坑已经被后来的火山爆发、天体撞击等磨灭）。虽然在太阳系中，月球并不是撞击坑最多的天体，但却是唯一一个我们能够详尽研究的天体。

▽ 撞击坑的形成

天文学家能够从保存良好的撞击坑详细了解撞击坑的形成过程。撞击坑的大小或形状主要取决于冲撞天体的动能（综合速度和质量因素）。

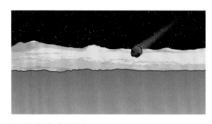
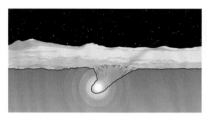

1. 来袭宇宙岩石
陨石接近月球表面的速度各不相同，取决于其与月球间的运动为同向运动或是相向运动。

2. 初始冲击
撞击发出冲击波，一方面将陨石汽化，另一方面射入月壳当中，使月壳受压、受热，形成碗形撞击坑。

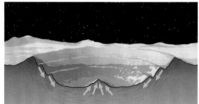

3. 喷出覆盖物
在冲击波的作用下，撞击坑里的物质被抛出，在周围形成碎块堆积层，这就是喷出覆盖物。

4. 撞击坑
表面受压就会形成撞击坑。大撞击坑中，可能出现月壳回弹而形成中心锥；坑缘物质由于自身重量滑落，形成阶梯。

◁ 月球背面

20世纪50年代后期，苏联首次展示了月球背面的景象，与我们通常所看到的正面大不相同。由于鲜有熔岩流形成的月海，背面的撞击坑更为密集。其中一种解释是月球背面月壳比正面厚，导致岩浆很难冲出月表而形成月海。另一种解释是，可能是月球背面岩浆冷却、固化速度比快较，形成了坚硬的岩石，使其撞击盆地深度受限。

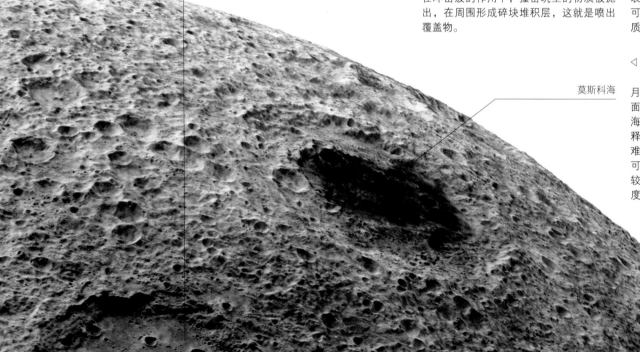

门捷列夫坑

莫斯科海

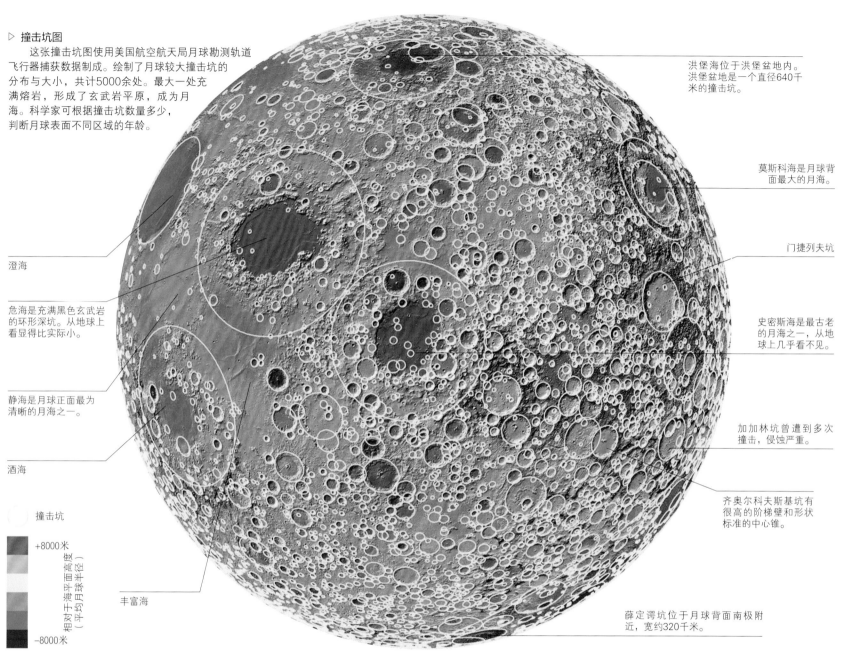

▷ 撞击坑图

这张撞击坑图使用美国航空航天局月球勘测轨道飞行器捕获数据制成。绘制了月球较大撞击坑的分布与大小，共计5000余处。最大一处充满熔岩，形成了玄武岩平原，成为月海。科学家可根据撞击坑数量多少，判断月球表面不同区域的年龄。

澄海

危海是充满黑色玄武岩的环形深坑。从地球上看显得比实际小。

静海是月球正面最为清晰的月海之一。

酒海

撞击坑

+8000米
相对于海平面高度（平均月球半径）
−8000米

丰富海

洪堡海位于洪堡盆地内。洪堡盆地是一个直径640千米的撞击坑。

莫斯科海是月球背面最大的月海。

门捷列夫坑

史密斯海是最古老的月海之一，从地球上几乎看不见。

加加林坑曾遭到多次撞击，侵蚀严重。

齐奥尔科夫斯基坑有很高的阶梯壁和形状标准的中心锥。

薛定谔坑位于月球背面南极附近，宽约320千米。

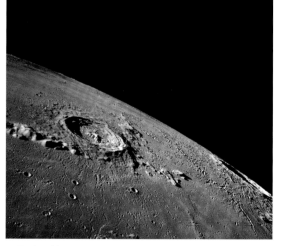

△ 哥白尼坑

哥白尼坑形成于8亿年前，是难得保存完好的年轻撞击坑。我们能够从地球上用望远镜观测到。哥白尼撞击坑周围有一圈明亮的巨型亮环——撞击喷射出的碎块——满月时尤其明显。该环形山原定为美国航空航天局阿波罗18号任务的着陆点（后取消）。

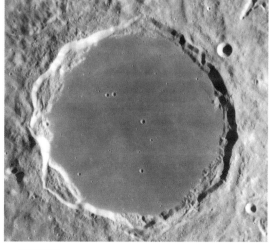

△ 柏拉图坑

柏拉图坑位于雨海北部，宽109千米。由于底部有熔岩流经，该坑表面暗黑、平坦。它大约在38.4亿年前形成，略晚于其邻近的雨海撞击盆地。它的边缘形状曾因多次滑坡而改变。

△ 梅花坑

梅花坑很小，仅有36米宽。该坑是1972年阿波罗16号任务月球车的第一个探访点，距登月舱着陆点仅1.4千米。寻找该月坑途中，宇航员发现了巨石"大母牛"（Big Muley）——岩龄40亿年，重11.7千克，是阿波罗宇航员带回地球的最重的一块月岩。

高地与月海

月貌大致可分为两类：撞击坑密集的明亮高地和相对平坦、黑暗的平原区，即月海。

高地是古老的原始月壳的代表。45亿年前，月球表面熔融的岩浆开始固化之时，高地就开始形成了。其主要成分与地壳相似，都为硅酸盐。其上布满了数十亿年中形成的撞击坑，层层相叠，不计其数。而较为平坦的月海——撞击坑分布零散的平原，由黑色玄武岩岩浆构成。对高地与月海边界的研究显示，月海上晚形成的表层将原先撞击坑的痕迹全数掩盖了。

冷海

△ 亚平宁山脉
　　亚平宁山脉以意大利的亚平宁山命名，是月球上最大、最著名的山脉。山脉长约600千米，高达5千米，于39亿年前雨海盆地形成之时耸起。

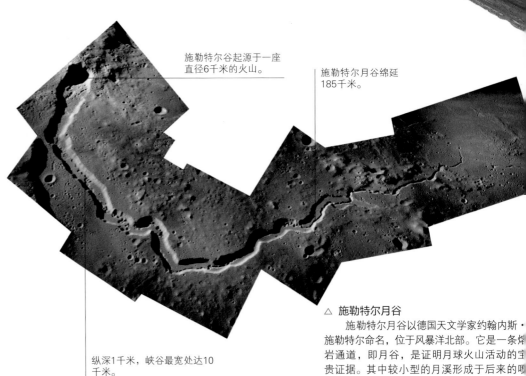

施勒特尔谷起源于一座直径6千米的火山。

施勒特尔月谷绵延185千米。

纵深1千米，峡谷最宽处达10千米。

△ 施勒特尔月谷
　　施勒特尔月谷以德国天文学家约翰内斯·施勒特尔命名，位于风暴洋北部。它是一条熔岩通道，即月谷，是证明月球火山活动的宝贵证据。其中较小型的月溪形成于后来的喷发，熔岩随着原始河床流动，在主通道中形成了新的沟谷。月球上多处出现蜿蜒的月溪。

北中央地块

卡米洛特坑

雕塑山

月球车

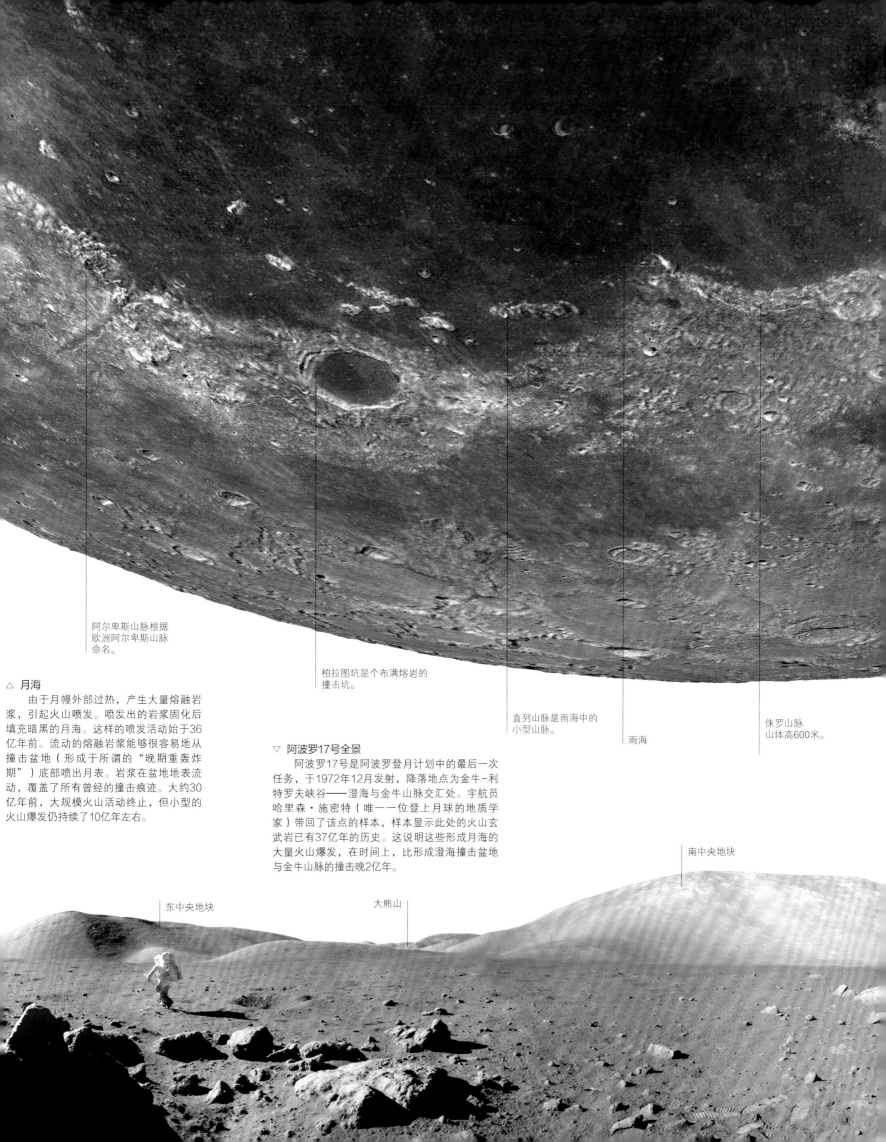

阿尔卑斯山脉根据
欧洲阿尔卑斯山脉
命名。

柏拉图坑是个布满熔岩的
撞击坑。

直列山脉是雨海中的
小型山脉。

雨海

侏罗山脉
山体高600米。

△ 月海

由于月幔外部过热，产生大量熔融岩
浆，引起火山喷发。喷发出的岩浆固化后
填充暗黑的月海。这样的喷发活动始于36
亿年前。流动的熔融岩浆能够很容易地从
撞击盆地（形成于所谓的"晚期重轰炸
期"）底部喷出月表。岩浆在盆地地表流
动，覆盖了所有曾经的撞击痕迹。大约30
亿年前，大规模火山活动终止，但小型的
火山爆发仍持续了10亿年左右。

▽ 阿波罗17号全景

阿波罗17号是阿波罗登月计划中的最后一次
任务，于1972年12月发射，降落地点为金牛-利
特罗夫峡谷——澄海与金牛山脉交汇处。宇航员
哈里森·施密特（唯一一位登上月球的地质学
家）带回了该点的样本，样本显示此处的火山玄
武岩已有37亿年的历史。这说明这些形成月海的
大量火山爆发，在时间上，比形成澄海撞击盆地
与金牛山脉的撞击晚2亿年。

东中央地块

大熊山

南中央地块

月球的故事

月球是夜空中最大最亮的天体，一直是世人瞩目的研究主题，自史前时代，人们就开始追踪月球的每月盈亏循环。

观察月球对石器时代最初的农业社会是很重要的，因为月球的盈亏可以告诉农民什么时候播种，什么时候收割。在巴比伦时代，天文学家不仅可以了解月球的盈亏而且可以预测月食，到了古希腊时代，人们知道了月球是球形的，还是引发潮汐的原因。在之后的几百年中，随着对月球更多细节的了解，人们对月球的认识也慢慢增加：崎岖不平的表面、椭圆轨道和大气稀薄。但是当20世纪月球成为人类踏上的第一个地外天体后，人类对月球的认识有了突破性进展。

月食

约公元前20,000年

史前日历

在中非伊塞伍德地区，人类在骨头上标有一系列切痕，似乎是记录了月亮每月的盈亏。现代研究人员相信伊塞伍德骨代表早期阴历。

公元前500年

预测月食

巴比伦（位于现在的伊拉克）天文学家详细记录了月食。他们发现月食的发生具有周期性，这样就可以预测什么时候出现月食。

撞击坑

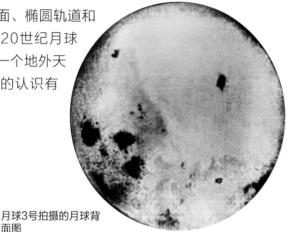

月球3号拍摄的月球背面图

1959年

月球背面

苏联宇宙飞船月球3号发回第一张月球背面的照片，这是在此之前人类从未见过的。这张图片显示月球表面布满撞击坑，跟正面比起来，鲜有黑暗平坦的区域。

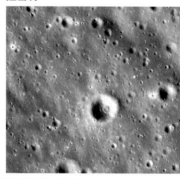

1873年

撞击说

英国天文学家普罗克特提出月球环形山是陨石撞击形成的，而非普遍认为的火山活动形成的。直到20世纪，普罗克特的观点才得到天文学家的公认。

1757年

月球的质量

法国天文学家亚历克西斯·克莱罗是当时的主要数学家之一，利用他的观测结果修正了牛顿早期的计算方法，从而第一个精确地测算了月球的质量。

月球9号

阿波罗17号着陆

月球形成理论

1966年

第一次软着陆

另一个苏联宇宙飞船月球9号，第一个在月球表面软着陆。这说明月球土壤足够坚硬以支撑着陆飞船的重量，人在月面上行走也不至于陷下去。

1969—1972年

载人登月任务

阿波罗登月计划实施期间，美国宇航员登陆月球，将测量仪器放置于月球表面，收集岩石样本。对样本的分析大大增加了人类对于月球表面组成、形成及其历史的了解。

20世纪80年代

对月球起源的认识

现在科学家们对月球的起源已经达成共识。地球和一颗火星大小的行星撞击之后，在地球周围形成了一圈碎片环，月球就是这些碎片汇聚而成的。

喜帕恰斯在亚历山大港天文台

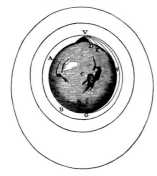

伽利略的月球草图

约公元前450年

对月光的解释

希腊学者阿那克萨哥拉第一次宣称月亮通过反射太阳的光发光。他的宇宙理论在当时是超前的。他认为月球和太阳不是神灵，受到了"不虔诚"的控告。

约公元前130年

测量地月距离

日全食期间，通过在埃及城市赛伊尼（现在的阿斯旺）和亚历山大港做对比观测，希腊天文学家喜帕恰斯测量出地球到月球的平均距离。

1609年

第一次用望远镜研究月球

意大利科学家伽利略是第一个使用望远镜观察月球的人。他记录到，月球表面不是光滑的，就像人们之前认为的那样，有山脉、环形山和平坦黑暗的区域（后人将这个区域称为月海）。

牛顿的炮弹图解

多贝玛亚的对比图

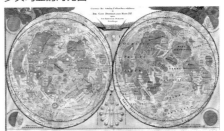

1753年

识别稀薄大气

克罗地亚天文学家罗格·博斯科维奇认为月球上的大气可以忽略。他的依据是，他观察到，当月球在恒星前面经过时，恒星立即消失，而不是过几秒逐渐消失。

17世纪80年代

对月球轨道的解释

英国科学家牛顿通过研究椭圆轨道的数学特性，发现了万有引力理论。他利用炮弹的类比表明月球能保持在轨道上，是因为它一直在"下落"。

1645—1651年

第一张详细的月球地图

是由约翰内斯·赫维留（在德国）和乔瓦尼·里乔利（在意大利）制作而成，里面涉及的名字沿用至今。后来（1742年），德国天文学家约翰·多贝玛亚将两个版本做成了对比地图。

南极富含大量的氢气（蓝色部分）

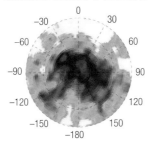

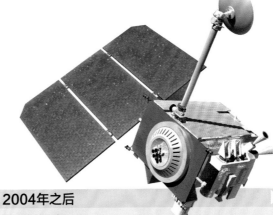

月球勘测轨道飞行器（美国）

1994年

克莱芒蒂娜号任务

美国轨道飞行器克莱芒蒂娜号详细绘制了月球正面图，并返回紫外和红外图像，这使得科学家可以测算月球表面不同矿物质的富集度。

1998年

月球两极存在冰的可能性

另一个美国轨道飞行器月球勘探者号发现月球两极存在过量氢气。这表明月球地上几米处常年被环形山遮蔽的地方存在水冰。

2004年之后

进一步的任务

美国、日本、中国、印度和欧洲空间局发射轨道飞行器到月球。这些飞行器发回了月球的一些新数据，包括：月球内部结构、水的分布、表面或近表面的化学性质。

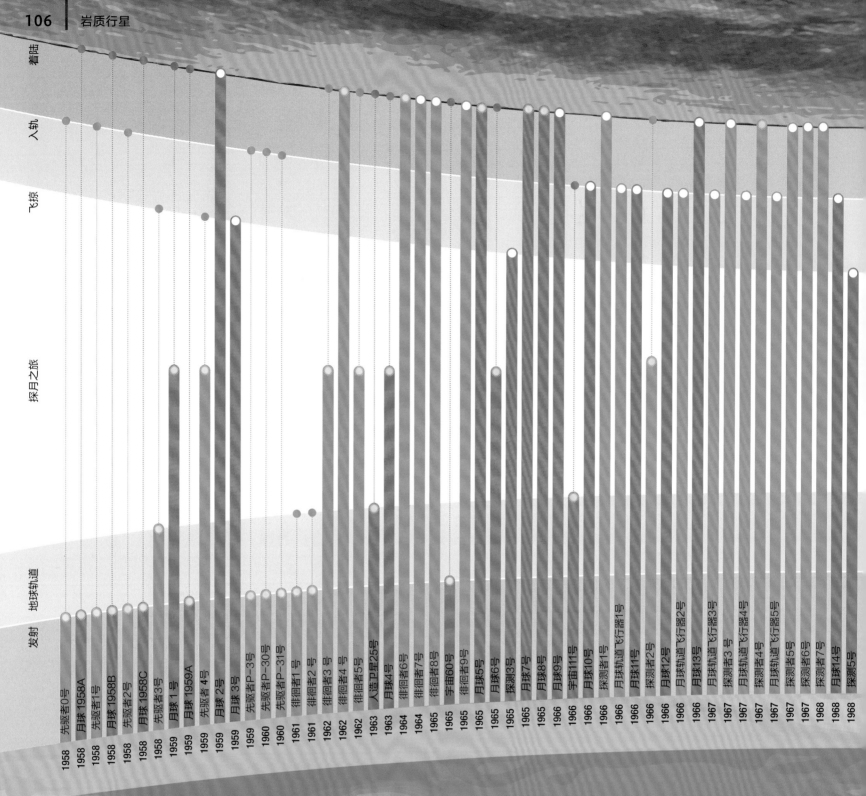

着陆
入轨
飞掠
探月之旅
地球轨道
发射

先驱者0号 · 月球1958A · 先驱者1号 · 月球1958B · 先驱者2号 · 月球1958C · 先驱者3号 · 月球1号 · 月球1959A · 先驱者4号 · 月球2号 · 月球3号 · 先驱者P-3号 · 先驱者P-30号 · 先驱者P-31号 · 徘徊者1号 · 徘徊者2号 · 徘徊者3号 · 徘徊者4号 · 徘徊者5号 · 人造卫星25号 · 月球4号 · 徘徊者6号 · 徘徊者7号 · 徘徊者8号 · 宇宙60号 · 徘徊者9号 · 月球5号 · 月球6号 · 探测3号 · 月球7号 · 月球8号 · 月球9号 · 宇宙111号 · 月球10号 · 探测者1号 · 月球轨道飞行器1号 · 月球11号 · 探测者2号 · 月球12号 · 月球轨道飞行器2号 · 月球13号 · 月球轨道飞行器3号 · 探测器3号 · 月球轨道飞行器4号 · 探测者4号 · 月球轨道飞行器5号 · 探测者5号 · 探测者6号 · 探测者7号 · 月球14号 · 探测5号

1958 · 1958 · 1958 · 1958 · 1958 · 1958 · 1959 · 1959 · 1959 · 1959 · 1959 · 1959 · 1960 · 1960 · 1961 · 1961 · 1962 · 1962 · 1962 · 1963 · 1963 · 1964 · 1964 · 1965 · 1965 · 1965 · 1965 · 1965 · 1965 · 1965 · 1966 · 1966 · 1966 · 1966 · 1966 · 1966 · 1966 · 1967 · 1967 · 1967 · 1967 · 1967 · 1967 · 1968 · 1968

探月任务

图例
美国航空航天局
俄罗斯联邦航天局
日本宇宙航空研究机构
欧洲空间局
中国国家航天局
印度空间研究组织

目的地
成功
失败
载人飞行任务

过去50年，我们最近的邻居成为空间探测的一个目标。截至目前，月球是近地轨道之外，载人飞船唯一访问过的目的地，它也是除地球之外，人类登上过的唯一天体。

20世纪50年代，一系列登月行动失败后，第一个到达月球表面的飞船是苏联发射的月球2号，它于1959年在月球表面硬着陆。三周后，月球3号发回第一张月球背面照片，这令人无比激动。紧接着美国和苏联的几十个探测任务你追我赶，纷纷抢占太空制高点。近年来，任务目标更多地着眼于科学研究，但是对于一些渴望展示空间技术实力的国家而言，月球仍然极具诱惑力。

探测6号	阿波罗8号	探测969A	月球969A	探测器 L1S-1	月球1969B	阿波罗10号	月球1969C	月球15号	阿波罗11号	探测7号	宇宙300号	宇宙305号	阿波罗12号	阿波罗13号	月球16号	探测8号	月球17号/月球车1号	阿波罗14号	阿波罗15号	月球18号	月球19号	月球20号	阿波罗16号	联盟号 L3	阿波罗17号	月球21号/月球车2号	月球22号	月球23号	月球24号	飞天1号（缪斯A）	克莱芒蒂娜号	月球勘探者号	斯玛特1号	月亮女神号	嫦娥1号	月船1号	月球环形山观测与遥感卫星（LCROSS）	月球勘测轨道飞行器	嫦娥2号	圣杯号	月球大气及尘埃环境探测器（LADEE）	嫦娥3号/玉兔	（2019年1月3日，成功着陆临月球表面，译者注）	嫦娥4号	月球25号	月球26号	月球27号	月船2号	嫦娥5号
1968	1968	1969	1969	1969	1969	1969	1969	1969	1969	1969	1969	1969	1969	1970	1970	1970	1970	1971	1971	1971	1971	1972	1972	1972	1972	1973	1974	1974	1976	1990	1994	1998	2003	2007	2007	2008	2009	2009	2010	2011	2013	2013		计划中	计划中	计划中	计划中	计划中	计划中

阿波罗11号奥尔德林说
月球尘埃闻起来有股"硝烟的味道"

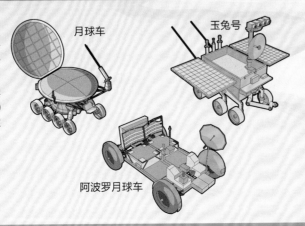

月球车

在月球上软着陆的绝大部分探测器是静止的，但是也有小部分是可移动的。第一个可移动的探测器是美国航空航天局的月球车（LRV），它由后续阿波罗任务中的宇航员控制。20世纪70年代，苏联的两辆远程控制月球车登陆月球，2013年，中国的玉兔号也在月球上着陆了。

月球车

玉兔号

阿波罗月球车

着陆地点

第一个在月球软着陆的探测器的主要目的是探测月面情况，主要担心月表土壤受无数撞击后变得松散不能支撑较大的探测器的重量。后来的任务中，包括阿波罗号载人登月，目标地点是月球特定区域和地形，是为了收集数据来研究月球的形成及早期历史。

阿波罗系列探测器的着陆地点

1

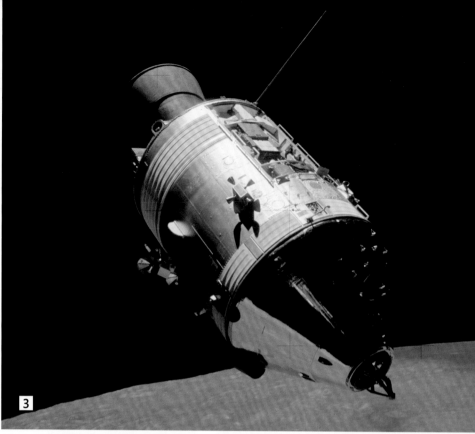

3

2

5

阿波罗计划

1 试飞

20世纪60—70年代，美国开展的阿波罗计划是当时唯一一个将人送入另外一个星球的系列计划。第一次成功发射是1968年10月发射的阿波罗7号，该飞船由瓦尔特·斯基拉操控（见图）。这是一次测试飞行，主要检验飞船的指令-服务舱，在近11天之内环地球运行163圈，圆满完成了试飞任务。

2 迈入太空

1969年3月发射的阿波罗9号是整个计划的关键一环。在这次飞行中，登月舱第一次实现空间载人飞行。在为期10天的绕地飞行中，机组人员分离、对接了登月舱，测试了相关仪器和生命维持系统，并完成了一次太空行走。图中宇航员大卫·斯科特正从指令舱进入太空。

3 指令-服务舱

阿波罗宇宙飞船由三部分组成：作为控制中心的指令舱；携带火箭引擎、燃料和氧气的服务舱；在月球登陆的登月舱。其中，仅圆锥状的指令舱会返回地球。图中所示是阿波罗17号的指令-服务舱在月球轨道正与返回的登月舱对接。

4 任务完成

1969年7月20日，尼尔·阿姆斯特朗和巴兹·奥尔德林乘坐阿波罗11号登上月球，这标志着阿波罗计划达到既定目标。在踏上月球静海基地时，奥尔德林注意到溅起的月尘"几乎每一粒都落在了同等的距离"。宇航员在月球上拍照、采集样品，共停留了21个小时。

5 旗帜飞扬

在六次阿波罗登月中，宇航员均在月表上插上了美国国旗，这似乎成了一种传统。图中，1971年发射的阿波罗15号任务中，指令员大卫·斯科特在月球的亚平宁山脉附近插上了美国国旗。在他身后的是着陆器，它的腿像蜘蛛腿一样，还有一辆电池驱动的月球车第一次用于该任务。

6 最后的一次登月

阿波罗17号的挑战者号登月舱搭载着宇航员尤金·赛尔南（右图）和哈里森·施密特（在赛尔南的头盔上有他的影子）在月球的金牛-利特罗夫峡谷着陆。他们进行了长时间的月面行走，考察了月面地形，收集了最多的岩石和土壤样本。随着阿波罗计划的取消，至今再也没有人登上过月球。

6

火星

火星是一个刺骨寒冷的荒漠世界，表面覆盖着富含铁元素的粉尘，从而使整个星球呈现出红锈色。尽管它的直径只有地球的一半，与太阳之间的距离也比我们远得多，但是，它与我们所居住的地球却有着惊人的相似性。

在美国航空航天局宇宙飞船传回的火星照片中，我们看到的是一片既熟悉又有点怪异的景象，布满岩石的沙漠，波澜起伏的低缓丘陵，壮观的峡谷，在雾蒙蒙的天空上，偶尔点缀着白云。在火星上，一天有25个小时，极地冰盖变化跟地球上差不多。另外，火星自转轴的倾斜度仅仅比地球的大2°。在火星上，我们也能够看到已经干涸的河床，这就暗示，在过去火星上曾经存在水。从观察到的火山和裂谷，我们能够推断，火星核的高温曾产生过巨大的力量，改变了它的地壳。

尽管有许多相似之处，火星和地球还是两个不同的世界。火星的质量只有地球的1/10，因此，缺少足够的重力来维系稠密的大气层，而且，火星的稀薄空气里几乎没有氧气。在地球上，由于存在巨大的熔化地核，因此能够使地球的断裂地壳处于运动状态，产生保护性的磁场屏障；但是，火星的地核较小，并且已经冷却，至少有一部分已经固化，地壳已冻结，磁场太弱，不足以反射太阳辐射。

火星曾经可能是温暖潮湿的，但是如今它已经是一片贫瘠的荒原，不适合人类居住。

火星上的尘埃云能够达到1000米高，并持续数周。

数说火星

平均直径	6780千米
质量（地球=1）	0.11
赤道区域的重力（地球=1）	0.38
与太阳的平均距离（地球=1）	1.5
轴倾角	25.2°
自转周期	24.6小时
轨道周期	687个地球日
最低温度	零下143摄氏度
最高温度	35摄氏度
卫星数量	2

阿尔巴山是一座巨大的平火山，周围熔岩密布。

这里是塔尔西斯地区，是一个圆顶状的巨大高原，宽度大约为4000千米，这里还有很多巨型火山。

奥林匹斯火山是火星上最高的火山。

▷ 北半球
火星的北极有一片永久冰盖，人们称之为北部高原（北方平原），直径大约1000千米，边上是一层层的冰瓣，其间是深深的峡谷。

▷ 熔岩平原
火星的东半球以熔岩覆盖的平原为主，南部是希腊平原，也是火星上最大的撞击坑，其宽度超过2000千米。

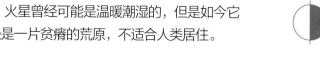

▷ 南半球
火星的南极是南部高原（南部平原），这也是一个冰盖，其上层为固态二氧化碳，下面就是宽广的永冻层——由水和土壤冻结起来，如岩石般坚硬。

三座巨大的塔尔西斯火山中，位于最南部的是阿尔西亚火山。

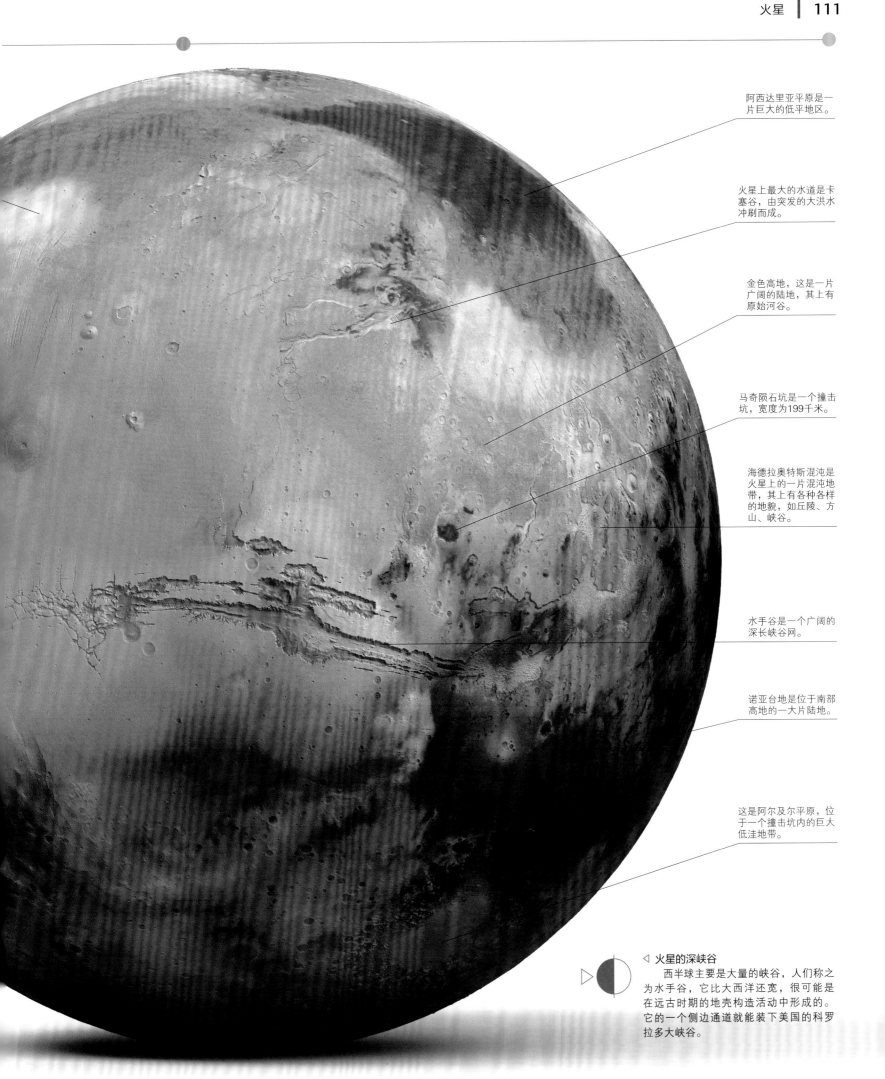

阿西达里亚平原是一片巨大的低平地区。

火星上最大的水道是卡塞谷，由突发的大洪水冲刷而成。

金色高地，这是一片广阔的陆地，其上有原始河谷。

马奇陨石坑是一个撞击坑，宽度为199千米。

海德拉奥特斯混沌是火星上的一片混沌地带，其上有各种各样的地貌，如丘陵、方山、峡谷。

水手谷是一个广阔的深长峡谷网。

诺亚台地是位于南部高地的一大片陆地。

这是阿尔及尔平原，位于一个撞击坑内的巨大低洼地带。

◁ 火星的深峡谷

　　西半球主要是大量的峡谷，人们称之为水手谷，它比大西洋还宽，很可能是在远古时期的地壳构造活动中形成的。它的一个侧边通道就能装下美国的科罗拉多大峡谷。

火星的结构

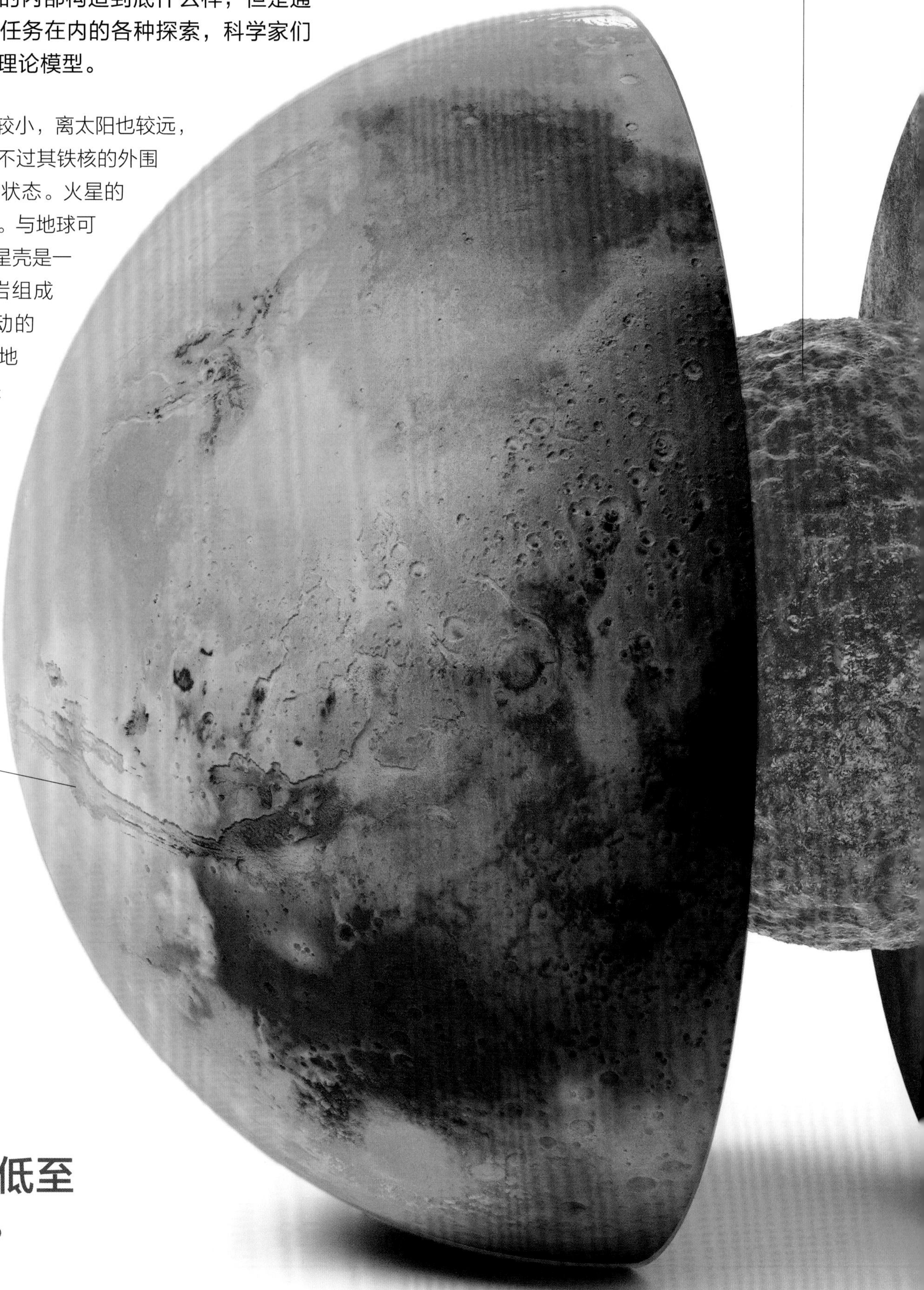

火星内核

火星内核较小，主要元素是铁，可能部分是液态的。因仍处于熔化状态，随着温度降低，金属向中心收缩、固化。

目前，还没有人知道火星的内部构造到底什么样，但是通过各种研究，包括无人航天器任务在内的各种探索，科学家们已经建立起了火星内部构造的理论模型。

火星的形成年代较晚，因其较小，离太阳也较远，所以它的冷却速度较地球更快，不过其铁核的外围区域从理论上来说仍处于半熔化状态。火星的最外层由岩石构成，其厚度不一。与地球可以分为几个移动的板块不同，火星壳是一整块。壳之下是一层由硅酸盐岩组成的深厚火星幔，这里曾经是流动的液态。幔的运动改变了火星的地貌，在壳上造成了大裂谷，或是突出地表，形成大型的火山。

火星表面上的巨型裂谷是由火星幔运动造成的。

▷ **火星的岩层**

火星的外部岩层是由固态岩石构成的，在南半球的厚度约为80千米，在北半球的约为35千米。壳下即为硅酸盐岩组成的幔。更深层是火星的小内核，成分可能包括铁及稍轻的物质，包括硫化铁。

火星表面温度可低至零下143摄氏度。

火星幔

火星幔是火星内部的中间层，其密度低于内核。火星形成之初，火星幔曾处于流动的液体状态，其流动与喷涌塑造了火星的地貌。目前它没有活动的迹象。

火星壳

火星的外层（也就是火星壳）大部分由火山岩组成，且为完整的一块。其表面深埋在柔软的红土下，它记录了火星上混乱的过去，这里曾经有活跃的火山运动、流水、气候变化与流星撞击。

▽ **火星的大气**

火星大气的95.3%为二氧化碳，还有少量其他气体，主要是氮气和氩气，还有微量水蒸气。大气压力根据季节的变化会有很大不同，在冬季，由于二氧化碳被困在两极的冰川之中，气压降低；在夏季，二氧化碳重回大气，气压升高。

大气层最外层，也就是外大气层。

在大气层的上层大气稀薄。

大气的中间层有薄薄的雪花云，主要是凝结的二氧化碳和冰。

低层大气满是风沙。

火星地图

火星的两极地区是季节性冰盖，其他地区的地貌差异较大。北半球主要是熔岩冲积平原；赤道区域遍布大型火山；南部则是较古老的高地，偶见撞击坑。检索访问国际天文学联合会行星系命名工作组（IAU Working Group for Planetary System Nomenclature）网站，可获取更多火星地理信息。

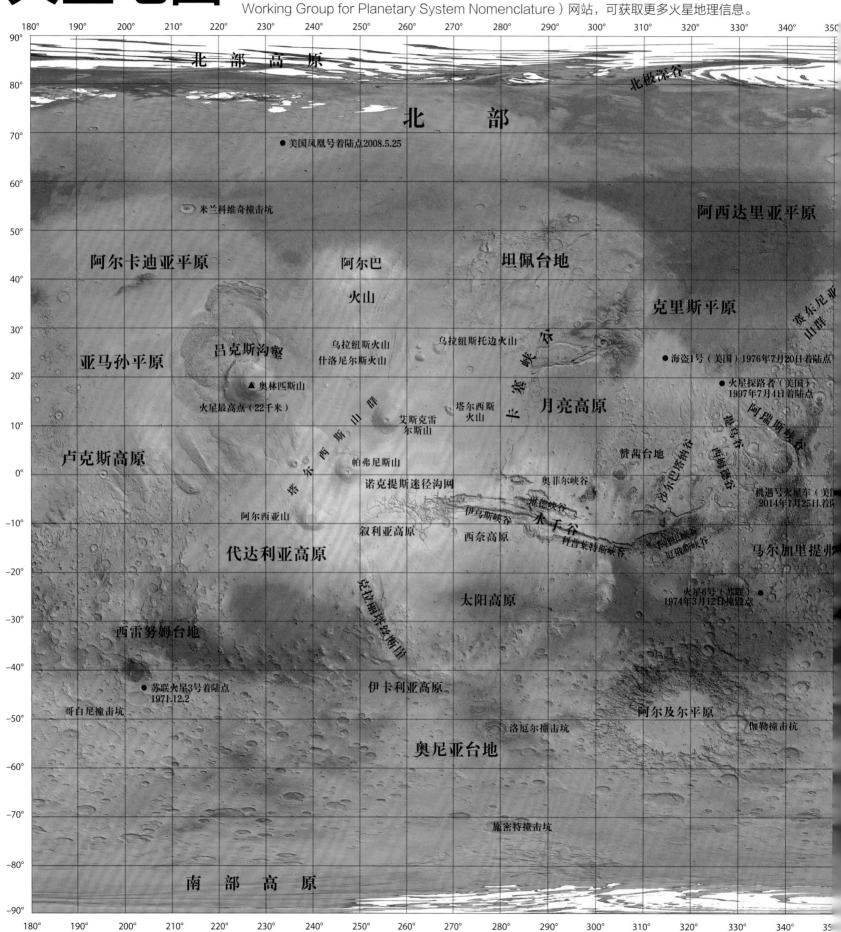

比例尺 1:45,884,054

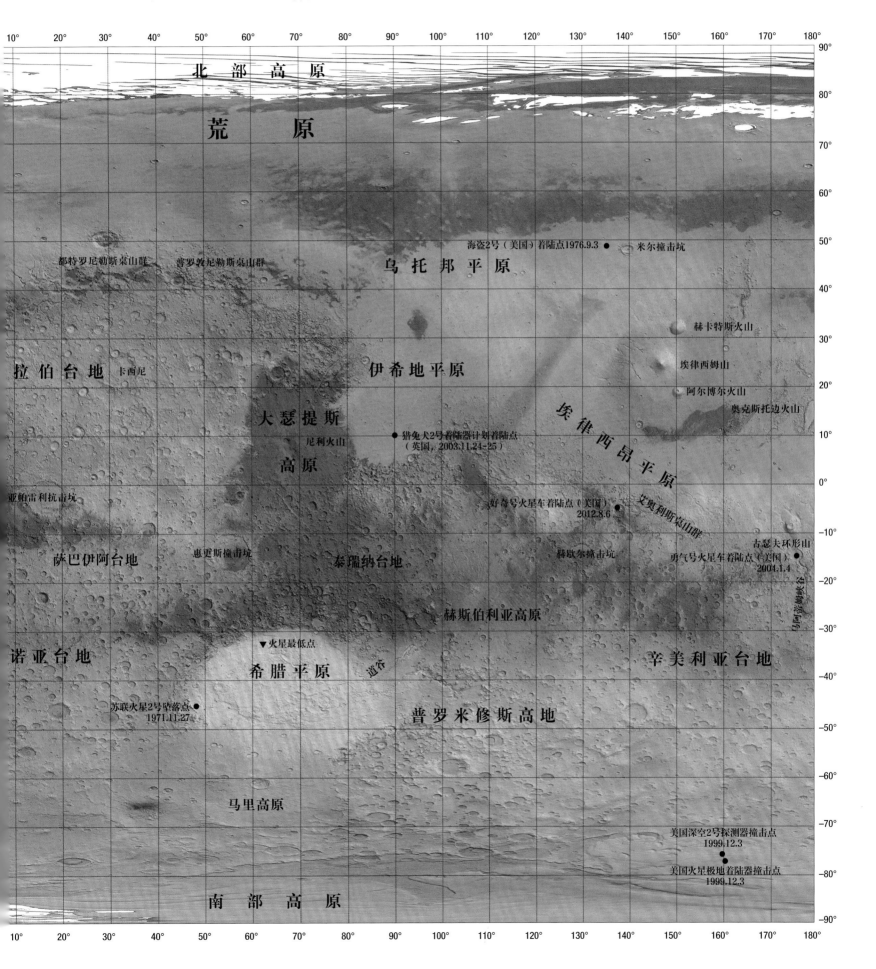

北 部 高 原

荒 原

都特罗尼勒斯桌山群　　普罗敦尼勒斯桌山群

海盗2号（美国）着陆点1976.9.3 ●

米尔撞击坑

乌 托 邦 平 原

赫卡特斯火山

拉伯台地　　卡西尼

伊希地平原

埃律西姆山

阿尔博尔火山

奥克斯托边火山

大瑟提斯

尼利火山

埃
律
西
昂
平
原

高 原

● 猎兔犬2号着陆器计划着陆点
（英国，2003.11.24~25）

亚帕雷利抗击坑

好奇号火星车着陆点（美国）
2012.8.6 ●

艾奥利斯桌山群

萨巴伊阿台地

惠更斯撞击坑

泰瑞纳台地

赫歇尔撞击坑

古瑟夫环形山

勇气号火星车着陆点（美国）●
2004.1.4

赫斯伯利亚高原

诺亚台地

▼火星最低点

希 腊 平 原　道奇

辛美利亚台地

苏联火星2号坠落点 ●
1971.11.27

普 罗 米 修 斯 高 地

马 里 高 原

美国深空2号探测器撞击点
1999.12.3 ●

美国火星极地着陆器撞击点
1999.12.3

南 部 高 原

火星上的水

火星是一个干燥的世界。火星的空中、地上与地下都有水的存在，只不过存在的形式为水蒸气或冰。火星表面曾存在丰沛的液态水，它们对火星地貌的影响仍然十分显著。

如今，受低温以及大气压力的影响，液态水无法存在于火星表面。然而，由流水携带物沉积而成的沉积岩、积水形成的矿物质以及流水塑成的地貌特征均能证明火星上曾有大量液态水。

古时的水

几十亿年前，当火星还是个温暖的星球时，快速流淌的水不断冲刷地表，雕刻出了长达数十万米的河道与渠道形的峡谷，灾难性的洪水覆盖了大片地区，留下了河谷漫滩。其中，卡塞谷中曾有两处大瀑布，它们的落差是尼亚加拉瀑布的8倍，如今也已干涸。火星上的三角洲、湖泊及浅海也都未能幸免。了解这座星球有水的过去有助于我们对于火星生命的探索。因为液态水是生命存在的必备条件，如果火星上曾有过液态水，那么，也许曾有过生命。

△ 外流水道

火星表面遍布着外流水道——即大面积的冲积平原。其中最大最长的是卡塞谷，长度逾2400千米，由快速喷涌的巨大水流造成。此图中，水流朝左下方流动，在渠道的中间形成了一座岛。

◁ 岩石中的证据

这些灰色的球，每个直径4毫米，散落在老鹰环形山裸露的岩石上。2004年，机遇号火星探测车分析显示，这些球体是一种赤铁矿。最初嵌在岩石中，当较软岩石被侵蚀褪去，它们聚集显现在地表。地球上的赤铁矿主要形成于湖中，火星上也可能如此。图中的圆形处是机遇号为做分析对比采集岩石的地点。

▽ 撞击形成的融水

火星上的水也有一些是因火山运动或小行星撞击而成。下面这张假彩色图中是赫菲斯托斯堑沟，包括撞击坑及水道。陨石撞击形成了大型陨石坑，融化了地下冰，显然引发了一次灾难性的洪水。

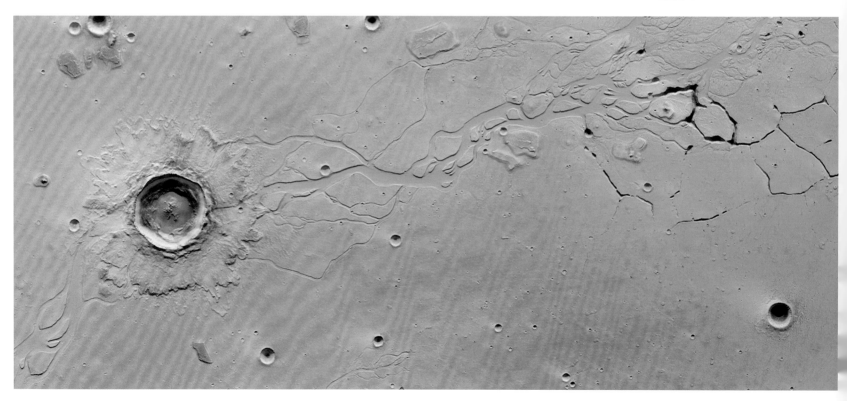

如今的水

如今火星上的水凝聚于其冰盖中或以水蒸气的形式存在于周边大气层。火星轨道飞行器还在火星表面的其他地点探测到了地表下的冰层。陨石坑壁上新形成的沟壑可能是由液态地下水涌上地表形成的。

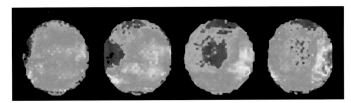

▽ 水冰

这块巨大的水冰是一处永久性地貌特征，位于火星的北极附近一个尚未命名的撞击坑。冰块宽15千米，位于一片沙丘上方。在撞击坑的边缘和坑壁也能发现水冰。

△ 火星上的云

通过四张来自火星探测器拍摄的图片，可以观察出水冰云（图中蓝色部分）在火星上的形成进程。大气中的水蒸气结为冰晶后，就会形成这种偶发的小型卷云。水蒸气也能形成低空薄雾或晨霜。

◁ 火星地表的冰

凤凰号火星登陆器是第一个在火星北极着陆的探测器。在2008年，它着陆于北极冰盖附近，利用机械臂进行挖掘活动，并在表面下几厘米处发现了冰。四天后，那块冰融化并蒸发。

△ 火星水沟

火星陨石坑的坑壁上有根状的沟渠，这表明这里仍有水在流动。观察发现，这些沟渠的情况随季节更迭发生改变。火星表面过于寒冷，纯净水很难保持液态，而冰点很低的咸地下水，可能是携带着沉积物流经这些沟渠的载体。

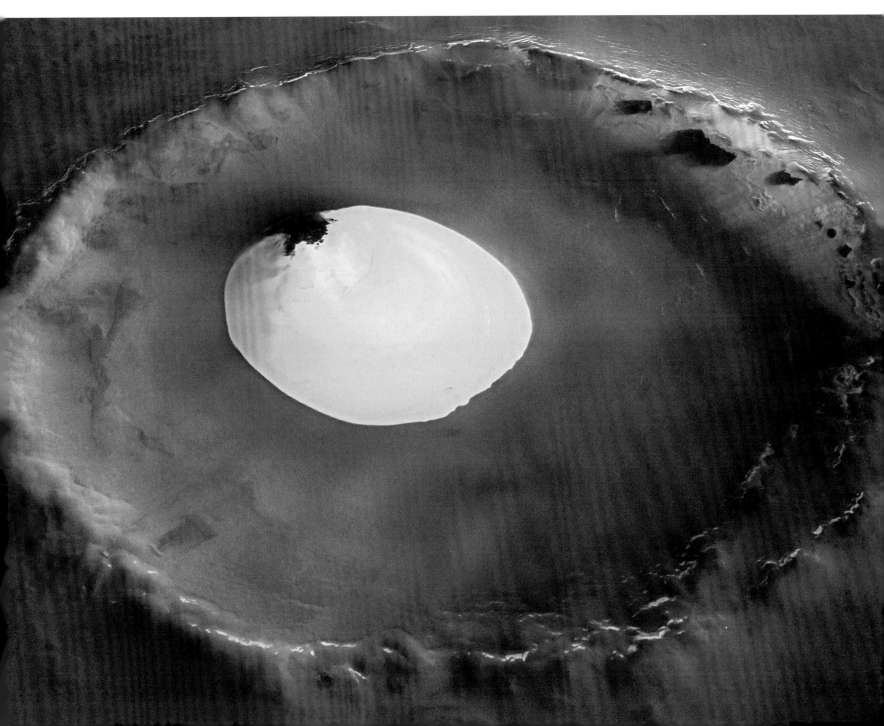

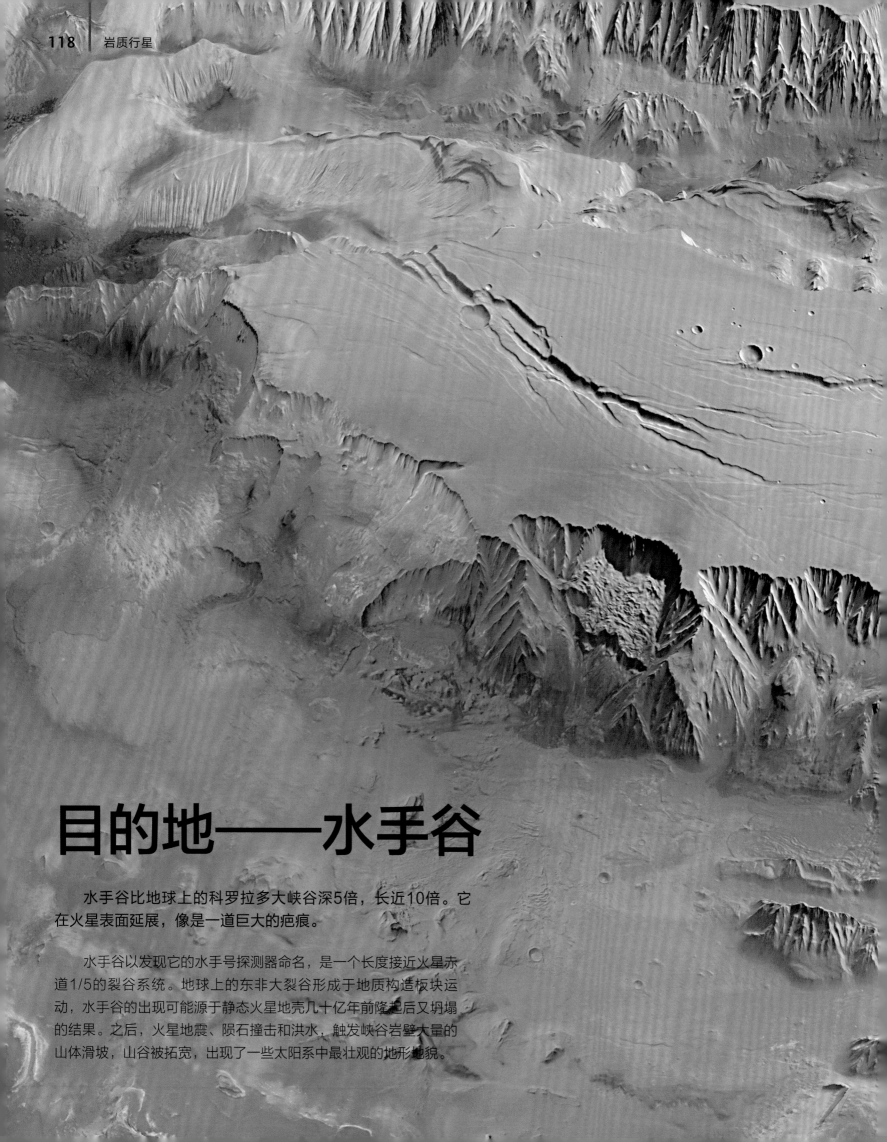

目的地——水手谷

水手谷比地球上的科罗拉多大峡谷深5倍，长近10倍。它在火星表面延展，像是一道巨大的疤痕。

水手谷以发现它的水手号探测器命名，是一个长度接近火星赤道1/5的裂谷系统。地球上的东非大裂谷形成于地质构造板块运动，水手谷的出现可能源于静态火星地壳几十亿年前隆起后又坍塌的结果。之后，火星地震、陨石撞击和洪水，触发峡谷岩壁大量的山体滑坡，山谷被拓宽，出现了一些太阳系中最壮观的地形地貌。

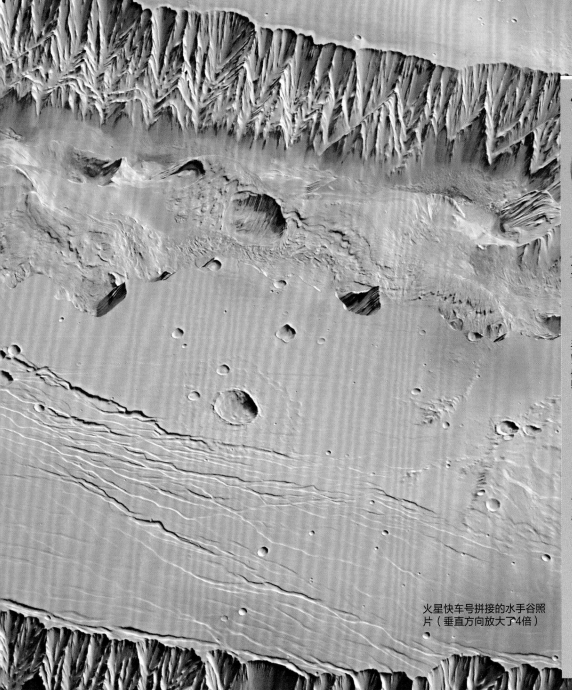

火星快车号拼接的水手谷照片（垂直方向放大了4倍）

位置

纬度 3~18° S；经度 268~332° E

地形简述

水手谷是太阳系中最大的裂谷系统。它的一个分支就可以轻松装下美国的科罗拉多大峡谷。

科罗拉多大峡谷
29千米宽，1.8千米深

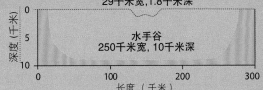

水手谷
250千米宽，10千米深

4000千米

水手谷裂谷系统的总长度

形成原因

水手谷的成因至今尚未确定。可能由于塔尔西斯火山隆起后，附近的地下岩浆退缩，地壳不足以支撑火山的重量，于是巨大的裂缝因此而形成。裂缝之间的土地下沉，形成了山谷。

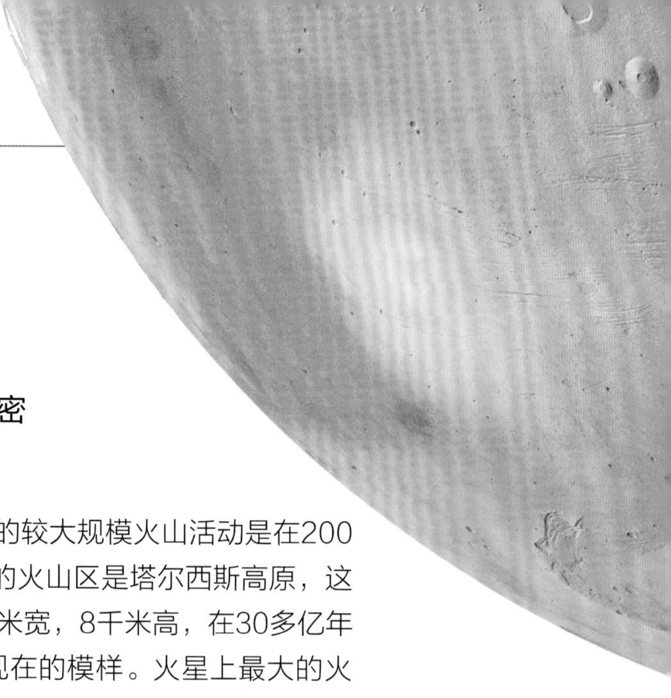

火星上的火山

火星上的很多地方遍布火山。这里有太阳系中最大的火山群,周围是密集的火山流和广阔的熔岩平原。

火山和熔岩平原的存在,说明在过去,火星上不时有火山活动。最近所发生的较大规模火山活动是在200万年前,但是天文学家认为,在将来会有更为剧烈的火山活动。在火星上,最大的火山区是塔尔西斯高原,这是一个巨大的隆起平原,横跨赤道线,一直到水手谷系的西侧。高原大约4000千米宽,8千米高,在30多亿年前就形成了,最初是火山活动导致地壳隆起,持续数百万年之后,最终形成了现在的模样。火星上最大的火山——火星盾状火山就在这一带。

结构和类型

火星上的火山形状多样,大小不一(右图),既有陡峭的山丘和平缓的托边火山,也有跟地球上相似的大型盾状火山。尽管火星上的盾状火山比地球上的大得多,但是形状却差别不大,都是山形颇缓,顶部有坑状的火山口。当低黏度的熔岩流出时,如果爆发力较小,就会形成此类火山。在一个宽广的区域,熔岩流四溢,逐渐形成较矮的穹窿。由于火星上重力较小,所形成的岩浆房就更大,熔岩流也流得更远、更宽。再加上火星上没有板块运动,这些因素导致火星上的火山比地球上的要大。

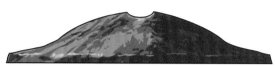

△ 盾状火山

这种火山形如盾牌,基底宽广,侧面缓斜。当流动的熔岩连续溢出达到一定规模时,就会形成此类火山。在火山顶部的坑状开口就是火山喷口。

△ 穹丘火山

这是一种小的穹顶形状的火山,人们认为它们是被掩埋的盾状火山的顶部。其侧面陡峭,对于它的基底来说,它的火山喷口显得有点大。

顶部的火山喷口局部塌陷,直径达32千米。

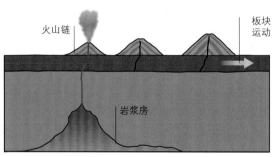

△ 地球

夏威夷的盾状火山是在地球地幔里的热点之上形成的,当海洋地壳缓慢地移动到热点上的时候,就会形成一系列的盾状火山,从而形成夏威夷群岛。

△ 火星

由于火星的地壳是一整块的固体,没有运动的板块,因此导致盾状火山(如奥林匹斯火山)始终停留在一个热点之上,从而在百万年之后,形成了巨大的规模。

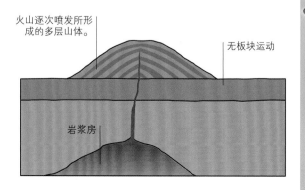

火山逐次喷发所形成的多层山体。

无板块运动

岩浆房

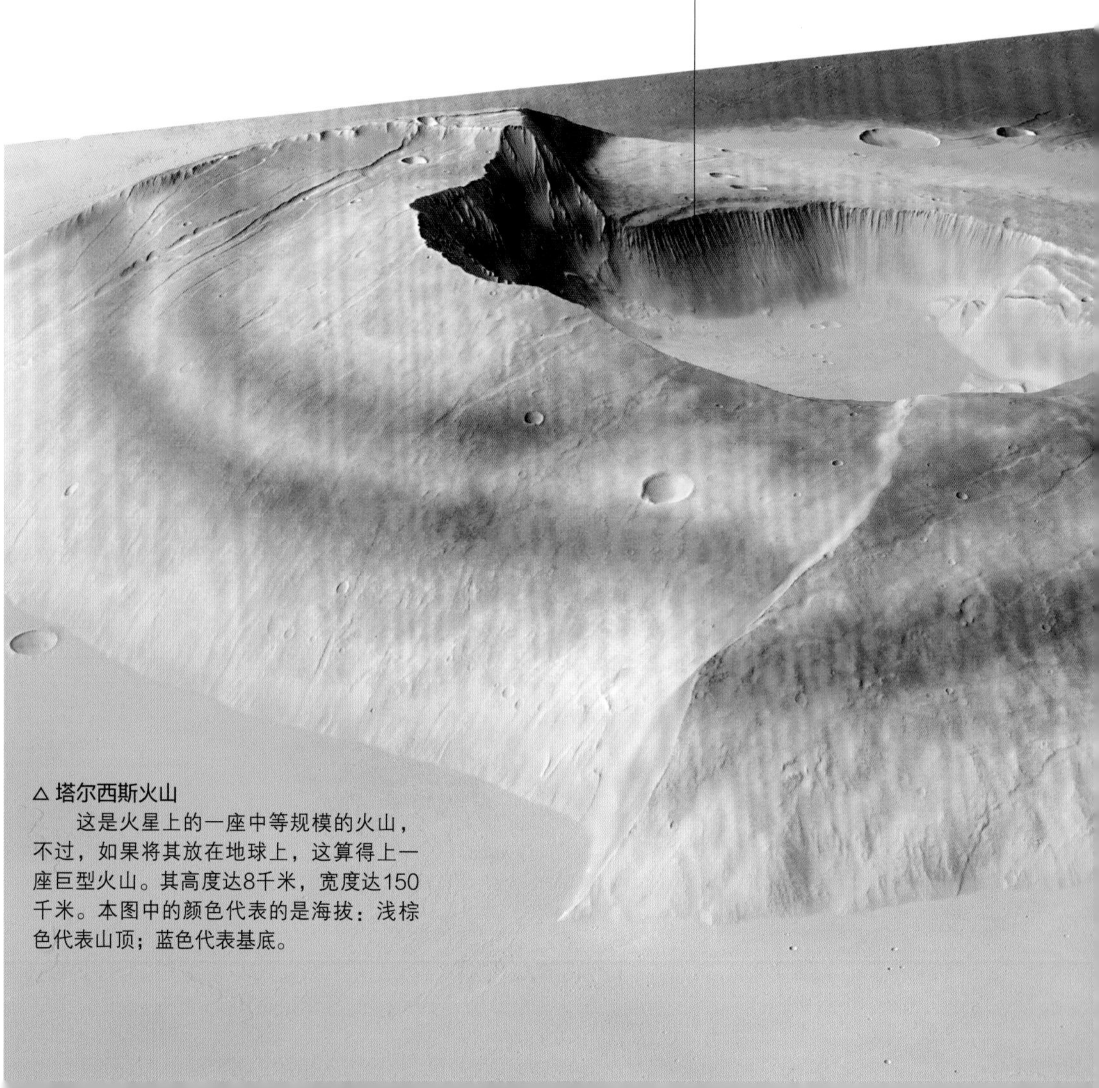

△ 塔尔西斯火山

这是火星上的一座中等规模的火山,不过,如果将其放在地球上,这算得上一座巨型火山。其高度达8千米,宽度达150千米。本图中的颜色代表的是海拔:浅棕色代表山顶;蓝色代表基底。

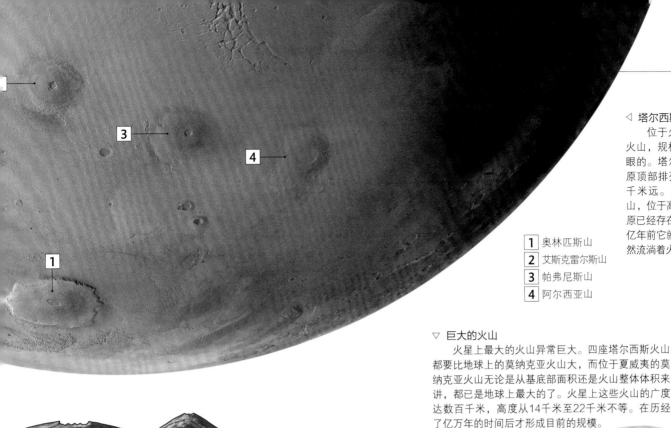

◁ 塔尔西斯山群

　　位于火星塔尔西斯高原之上及其附近的火山，规模很大，就算在火星上也是相当显眼的。塔尔西斯山群的三座火山沿着熔岩高原顶部排列成一条线，其顶端相距大约700千米远。奥林匹斯火山是火星上最大的火山，位于高原西侧边缘之外。尽管塔尔西斯高原已经存在很长的时间了——人们认为，自37亿年前它就开始存在了，但是，现在它上面仍然流淌着火星上最新产生的熔岩流。

1 奥林匹斯山
2 艾斯克雷尔斯山
3 帕弗尼斯山
4 阿尔西亚山

▽ 巨大的火山

　　火星上最大的火山异常巨大。四座塔尔西斯火山都要比地球上的莫纳克亚火山大，而位于夏威夷的莫纳克亚火山无论是从基底部面积还是火山整体体积来讲，都已经是地球上最大的了。火星上这些火山的广度达数百千米，高度从14千米至22千米不等。在历经了亿万年的时间后才形成目前的规模。

奥林匹斯山
高度达22千米

艾斯克雷尔斯山
高度达18千米

阿尔西亚山
高度达16千米

帕弗尼斯山
高度达14千米

△ 托边火山（碟形）

　　托边火山是位于火星表面的浅碟形隆起，如同山丘，它们也可能是掩埋的盾状火山的顶部。但是，火山喷口更大。

△ 无根火山（圆锥）

　　火山锥呈小的圆锥状，宽度小于250米，形成于新的熔岩流表面。之所以称这些火山为无根火山，是因为它们没有位于岩浆源区之上。

熔岩地带

　　当火星上的熔岩从火山喷出后，在穿过低洼地区之前，其沿着平缓的坡度，在蜿蜒起伏的河道里流淌。这样，就会形成各具特色的景观，如熔岩管和熔岩平原。

　　所谓的熔岩管，是指高温的熔岩如同地下河一样，在固化的地壳之下持续不断地流经时所形成的地质结构。当熔岩浆断流后，最终就会形成一条条中空的隧道，之后，隧道顶可能会塌陷。熔岩平原是指古老的熔岩洪流，在冷却和固化后所形成的地质结构。

塔尔西斯火山的侧面是火星上最陡的地区，其平均坡度为10°。

撞击坑

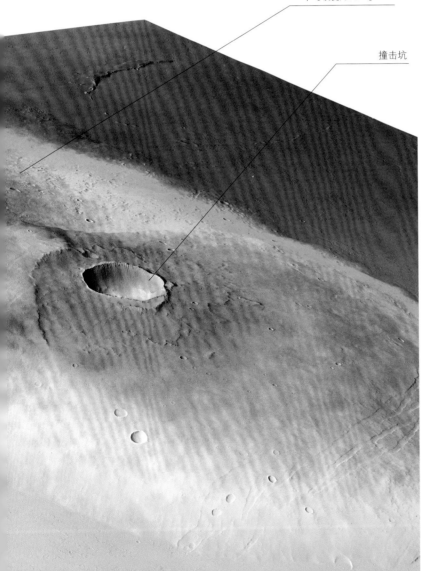

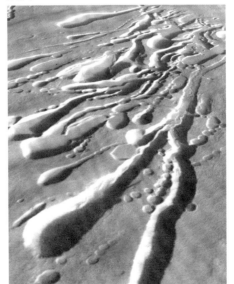

△ 熔岩管

　　在最大的盾状火山斜坡上，已经发现了远古时期形成的熔岩管，这些熔岩管出现在帕弗尼斯山的右侧——其中最长的达60千米。当一个空的熔岩管表面塌陷的时候，就会留下长长的凹陷。其特征表明，曾经有液态的熔岩流过。

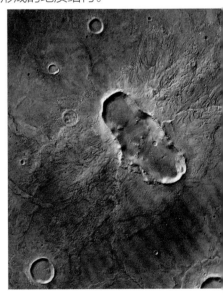

△ 熔岩平原

　　赫斯伯利亚是位于火星南部高地上的一个熔岩平原，宽1600千米。一大片熔岩流经该区域，填入了一个24千米长的撞击坑。低角度撞击形成的椭圆形边界仍十分明显。

奥林匹斯火山的高度约是
地球最高峰珠穆朗玛峰的三倍。

目的地——奥林匹斯火山

奥林匹斯火山是太阳系里最大的火山，像一块大伤疤一样坐落在火星平原上。它是火星上最高的山体，高达22千米，覆压极广，从山顶上远眺，甚至无法看到山脚的边界。

奥林匹斯火山的覆盖面积几乎和法国的面积差不多，其宽度达610千米。历经百万多年的时间，在数千次连续喷发的熔岩流逐层累积之下，形成了如今的规模。另外，和地球不同，火星上的地壳是静止的，因此，火山始终保持在火星地幔的热点之上。高原顶峰的四周环绕着陡峭的断崖，这些断崖高6千米，熔岩从断崖之上如瀑布般倾泻而下，流到四周的平原上。现在，奥林匹斯火山处于休眠期，但是很容易再次喷发。早在19世纪，就有天文学家发现了火星上的这个庞然大物，不过直到1971年，水手9号探测器进入火星轨道之后，才发现这原来是一座火山。

根据火星轨道激光测高仪（MOLA）获取的高程数据（其中含有精确的垂直地势起伏数据）完成的三维重建图。

位置

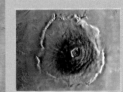

纬度19° N；经度226° E

地势剖面图

对于奥林匹斯火山来说，地球上最高的火山——位于夏威夷的莫纳克亚山就像个小矮人。两座火山都是盾状火山，形状也都是不对称的，火山的平均坡度为5°。

火山口

火山口的顶端大约有60千米宽。其中至少包括六个独立的坑，这些坑是在熔岩停止流动，岩浆房向下塌陷后形成的。图上的数据是坑的大概年龄。

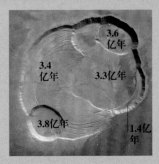

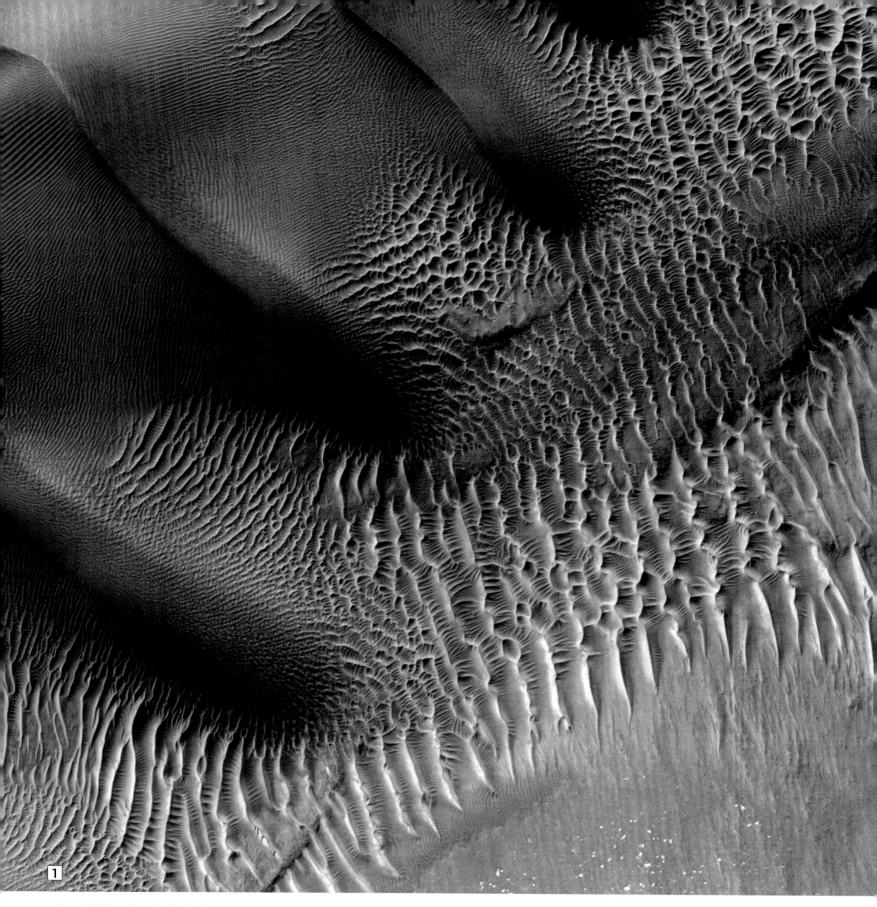

1

火星上的沙丘

1 诺亚台地

轨道卫星上的照相机已经拍摄了许多火星上极为美丽的沙丘世界，火星的表面物质在风吹之下，就会形成这些波纹状沙丘。上图这张假彩色图像上显示的是，在诺亚台地（火星南半球的一个区域）上的一个撞击坑里所呈现出的沙丘形态。

2 北极沙丘

这种奇异的雕刻沙丘，是由玄武岩和石膏的颗粒形成的，在北部高原上的冰冻平原上，能够看到这种景象。北极沙丘环绕在北极冰盖周围，在那里，存在着浩瀚的沙丘世界。当沙层相对较薄时，就会形成图中这种半月形态的沙丘。

3 季节性变化

在北极区域的沙丘世界，能看到一种从外形看很像树木的东西，这实际上是一种错觉。图中暗色只是黑色玄武岩砂的纹理，在冬天的时候，二氧化碳霜冻覆盖在这些玄武岩砂的间隙上。春天来临的时候，冰层变薄，风就会吹出下面的沙石，此时就会出现这种现象。

4 移动的沙丘

如地球上的沙丘一样，火星上的这些沙丘，在地方性风的作用下，也能够发生明显的移动。如图中所看到的，沙丘逐渐从左边移到右边。在右下方所出现的黑色弧光是新月形沙丘。这种在风的作用下所形成的新月形沙丘，在地球的沙漠中也可以观察到。

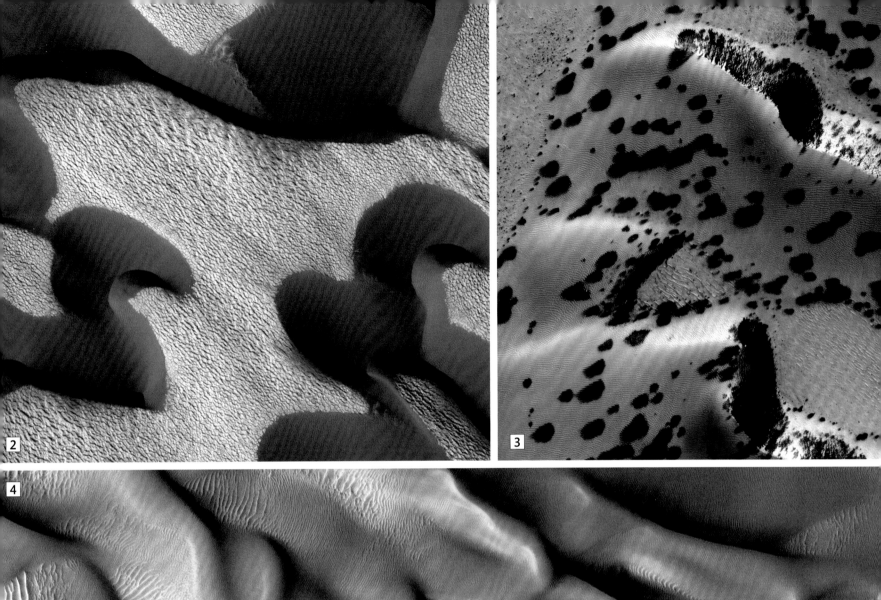

火星极盖

在火星的两极，绝大多数的区域都被白色的冰所覆盖。这些近似圆形的冰盖，已经成为火星两极上永恒的景观，但它们也都会随着季节的变迁而发生变化。

极盖是一个巨大的冰川，比周围的陆地高出很多。通过观察极盖边缘的峭壁，我们能够发现，它们是历经百万年，由一层层的冰、沙石和粉尘累积而成的。到了冬季，由于冰盖上覆盖了新的一层干冰，其面积就会扩大。随着夏季温度的升高，干冰成为气体回到大气中，冰盖的面积相应地就会缩减。

北极冰盖

北极冰盖、北极高原（北极平原），是两极中较大的一极，其宽度达1000千米，厚度达2千米。构成冰盖的90%都是水冰。利用美国航空航天局的火星勘测轨道卫星，能够收集到有关冰盖层的厚度和成分的相关数据，根据这些数据，可以研究火星上气候变化的历史。

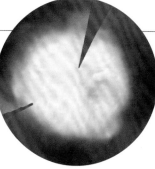

▷ 季节交替

这是两张从哈勃太空望远镜上观察到的北极图景，其中显示了从冬季到春季极冠所发生的变化。在冬季快要结束的时候，冰川所覆盖的面积扩展到接近北纬60°的地方——几乎到了其所能覆盖的最大限度。而三个月后，气温升高，北纬70°南部的二氧化碳干冰和霜冻已经消散。至初夏，只剩下冰盖的核心部位。

冬季末期

▽ 北极峡谷

通过该三维立体重建图，我们能够观察到北极峡谷的内部景观。该峡谷是北极冰盖中最大的峡谷，其长度约570千米，比地球上的科罗拉多大峡谷长一点，峡谷的深度达1.4千米，开口宽度达120千米，上宽下窄，一直延伸到冰盖深处。北极峡谷的表面是冰的堆积层，暗色的区域是冻土。

春季中期

北极峡谷，是深入北极冰盖的巨大峡谷，是由极地风切削而成的。

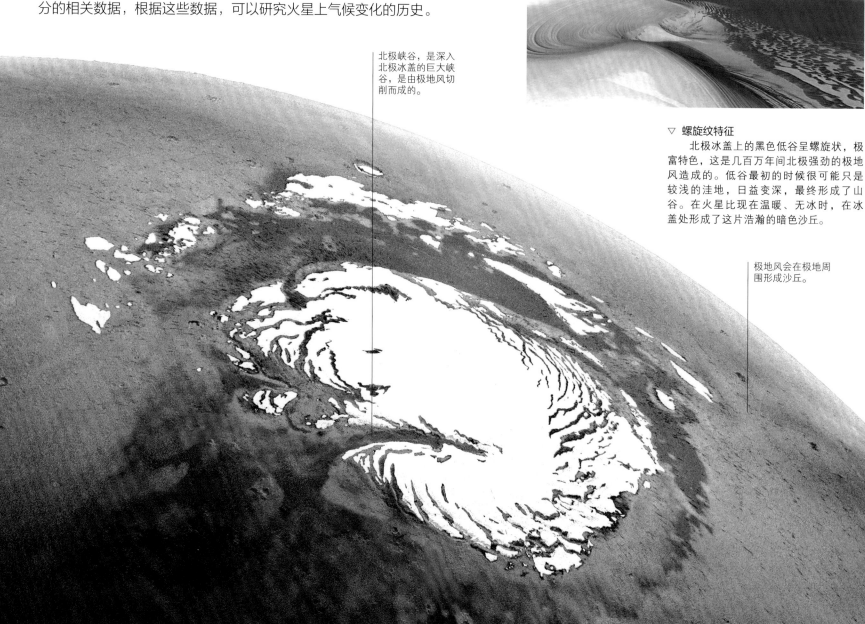

▽ 螺旋纹特征

北极冰盖上的黑色低谷呈螺旋状，极富特色，这是几百万年间北极强劲的极地风造成的。低谷最初的时候很可能只是较浅的洼地，日益变深，最终形成了山谷。在火星比现在温暖、无冰时，在冰盖处形成了这片浩瀚的暗色沙丘。

极地风会在极地周围形成沙丘。

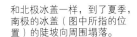

南极冰盖

南极冰盖、南极高原（南极平原），其底部是很厚的冰层，上面覆盖了一层8米厚的干冰。在夏季，其面积最小，宽度大约为420千米。当南极的冬季来临时，冰盖区域就进入了永久的黑暗，气温开始降低，二氧化碳像霜一样开始冻结，如同下雪一样落在冰盖上。

和北极冰盖一样，到了夏季，南极的冰盖（图中所指的位置）的陡坡向周围塌落。

△ 冻土层

在火星上，只有在南极冰盖的表面上，终年都覆盖有干冰（二氧化碳在大约零下125摄氏度的温度下开始凝结成固体）。另外，和北极一样，在南极地区的周围，也环绕了一个面积广阔的永久冻土层。所谓永久冻土层，是指土壤中的水冻结成岩石一般硬度的土层。

▷ 星放射状

在春季，季节性冰层下的二氧化碳气体开始通过缝隙回到地表，在这个过程中，地面上开始形成槽沟。这些槽沟呈枝条样的形状，人们通常称之为星放射状或蜘蛛状。在一些地方，气体所带出的粉尘落回冰层表面，形成扇状沉积物。

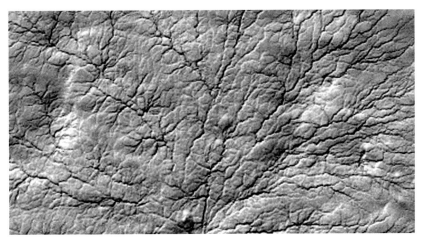

▽ 冰凹

图中所显示的是南极夏末时期出现的一种现象。此地的干冰厚度达3米，点缀着平底凹坑。在一年大多数的时间里，凹坑的表面被明亮的霜层所覆盖。但是，当冰的上层变成气体时，就会露出凹坑的边缘。最小的凹坑约有一个体育场的面积那么大，大概60米宽。

火星的卫星

火星有两颗卫星——火卫一（Phobos）和火卫二（Deimos）。它们的形状都不规则，表面布满了撞击坑。跟月球相比，它们的体积很小，围绕火星急速飞行，不到1天半的时间就环绕一周。

1877年，美国天文学家阿萨夫·霍尔在几天内连续发现了这两颗卫星，并分别以希腊神话中的人物命名，其中Phobos是畏惧之神，Deimos则是恐怖之神；这两兄弟陪伴他们的父亲战神Ares参加战斗。直到近些年，我们才给这两颗卫星拍了照。在2010年，火星快车号对其进行了一系列的近天体探测飞行。两颗卫星的起源尚不明确，一些天文学家认为，它们是火星依靠其重力捕获的，还有一些人认为，火卫一是在形成火星的过程中剩下的一些残片组成的。

在火卫一上，背阴处的温度达零下112摄氏度。

月球（直径）
3476千米

火卫一（平均宽度）
22.2千米

火卫二（平均宽度）
12.4千米

△ 火星卫星与月球对比

月球直径比火卫一长约155倍，比火卫二长280倍。但是，火星与其两个卫星之间的距离则要比地月距离近得多。因此，在火星上，火卫一看起来的大小超过了在地球上看到的月球大小的1/3。

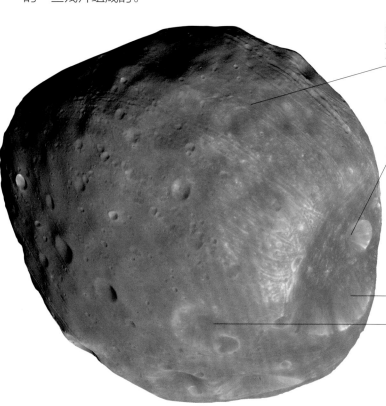

火卫一看起来很坚实，其实它主要是一堆碎石依靠引力聚集在一起的。

林托克（Limtoc）陨石坑有2千米宽，其名字来自斯威夫特的小说《格列佛游记》里利立普特小人国的一个人物。

通过斯蒂克尼陨石坑的内表面，我们能够观察到岩石和碎片组成的斜坡。

瑞颤沙（Reldresal）陨石坑宽2.9千米；同Limtoc一样，其名字也来自《格列佛游记》里的人物。

△ 火卫一

在火星的两颗卫星中，火卫一的体积更大，其长度大约为27千米，地表上满是孔洞。火卫一的表面遭受过严重的撞击，是一片不毛之地，上面覆盖着一层又厚又疏松的微尘。卫星地表上有20处已命名，几乎都是陨石坑，其中最大的是斯蒂克尼陨石坑，宽度大约为9千米。陨石坑周围的一排凹沟，可能是形成陨石坑时的撞击力导致的，或者是在流星体撞击火星表面时，所迸出的残片造成的。

这个尚未命名的撞击坑大约有1千米宽。

斯威夫特陨石坑是火卫二上两个得到命名的地方之一。

伏尔泰陨石坑的直径为1.9千米。

△ 火卫二

火卫二的长度为15千米，大概只有火卫一的一半大。同火卫一一样，其岩石体也覆盖了一层淡红色的土壤，该土壤由岩石碎片和尘埃组成。表面上的陨石坑较少，所有的陨石坑（除了最近形成的）里都含有土壤，所以表面更为光滑。另外，其地表的颜色各有不同，其中最新形成的陨石坑红色最浅，原因是土壤沿着斜坡滑落，从而暴露出里面的岩床。

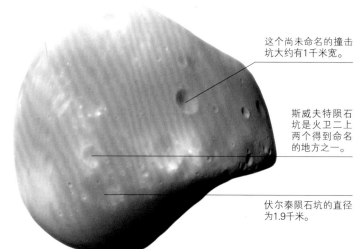

火星自转一周需24小时37分钟。

火卫二沿轨道绕火星一周需30小时18分钟。

火卫一沿轨道绕火星一周需7小时39分钟。

◁ 卫星轨道和旋转

火卫一和火卫二在火星的赤道上，沿近似圆形的轨道运行。火卫一离火星较近，其距离为9376千米，并且每年都会向火星靠近几厘米。因此，在5000万年后，它将撞向火星，但更可能的是，在火星引力的作用下发生分解碎裂。火卫二距火星23,458千米，超过火卫一与火星距离的两倍。两颗卫星都处于同步轨道上，与火星地面位置一直相对保持不变。

△ 火星上空的火卫一

1977年9月，当海盗1号轨道卫星围绕火星飞行拍摄火星地表时，拍下了一张火卫一的快照。当时火卫一正处于维京1号和火星表面之间，就是图中像黑球的那个天体。火卫一环绕火星的飞行速度，比火星绕轴自转的速度都要快，在火星地表上能够看到火卫一从西方升起，飞快地穿过天空，然后在东方落下，这种情景在一个火星日之内能够观察到两次。

红色星球

人们在古时候就已经知道火星的存在。那时的天文学家们注意到了它的颜色，以及其穿越天空时的飞行轨迹。后来，通过使用望远镜，人们对其地表有了更为详细的了解。

火星的颜色使古代的希腊人和罗马人将它与血和战争联系在一起。直到很久之后，通过望远镜，人们才对这个浅红色的光点有了更多了解。

由于人们误以为火星上的那些线条是运河，因此人们认为火星上可能有先进的文明。但是，当太空飞船抵达后，才发现这里是一片干燥、没有一丝生机的荒漠。尽管如此，有证据显示，火星上过去曾经存在水源。如今，已经有几代火星车勘测了火星地表，火星仍然是人们在将来最有可能到访的行星。

Mars（火星），古罗马的战神

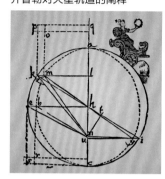

开普勒对火星轨道的阐释

公元前500年

红色星球

这颗红色的星球，其名字来自罗马神话中的战神。占星学上认为它与激情、战斗和欲望有关。在17世纪之前，天文学家一直困惑于火星运行轨迹和亮度的变化。

1609年

轨道计算

德国天文学家开普勒计算出了火星的运行轨道。开普勒认为，其轨迹应该是一个椭圆形，而非圆形。由此还引申出三大行星运行规律。这在后来促成了牛顿在重力学上开创性的工作。

水手4号拍下的陨石坑表面

在哥伦比亚广播公司无线电播音室里的奥森·韦尔斯

1965年

第一个火星探测器和第一张火星地表照片

美国航空航天局的水手4号第一次成功地进行了近天体探测飞行。该次飞行距火星表面9846千米，并拍摄了火星南半球的21张影像。所拍摄地区的历史达数十亿年之久，与月表一样，也有陨石坑。

1947年

火星大气

美国天文学家杰拉德·柯伊伯在美国威斯康星的叶凯士天文台工作时，发现火星稀薄的大气里主要成分是二氧化碳。这个发现颠覆了人们普遍的看法，即火星大气的成分和地球是相似的。

1938年

火星和科幻小说

在科幻小说里，人们普遍持有一种看法，认为火星上有人居住。10月30日，奥森·韦尔斯在播音室里播放H.G.威尔斯的科幻小说《世界大战》。由于这是以新闻稿的形式播送的，一部分听众误以为火星人入侵了。

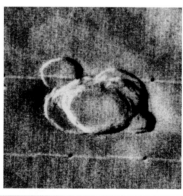

奥林匹斯火山的山顶

着陆在乌托邦平原的海盗2号

1971年

第一个轨道探测器

水手9号是第一个环绕地球之外行星飞行的探测器。通过它发现了巨大的休眠火山、连绵的峡谷群和液体冲蚀的迹象。另外还发现，火星上南半球的陨石坑比北半球更多。

1975年

火星上的着陆器

人们向火星发射了两个孪生探测器——海盗1号和2号。每一个都包括一个轨道卫星和一个着陆器。其中，海盗1号着陆器首先到达地表，在触地5分钟的时间内，从火星地表传回了第一张影像。发射这两个着陆器的目的都是搜寻生命的迹象（无论这些生命迹象是过去的还是现在的）。另外，轨道卫星发现了看似干涸的河床分支。

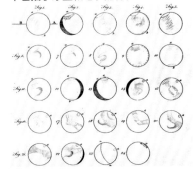

赫歇尔在1784年所绘制的火星图，其中包括了冰盖和地表的特征

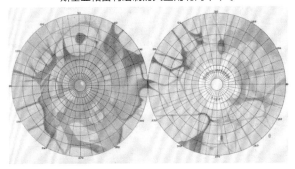

斯基亚帕雷利绘制的火星南北两个半球

1659年

一次火星地表观察

荷兰科学家克里斯蒂安·惠更斯使用望远镜察火星，并注意到了火星上的一些标志物，通计算该标志物消失以及再次出现的时间，发现星自转一周所需的时间为24小时40分钟。在2年，惠更斯发现了火星上的极冠。

1784年

火星上的季节

英国天文学家威廉·赫歇尔改进了测量火星自转周期的方法，并发现火星地轴倾斜了25.2°，由此证明火星上也存在季节交替的现象。赫歇尔还注意到火星冰盖的面积随着季节的交替而发生变化。

1863年

第一张图

意大利天文学家安杰洛·塞基绘制了第一张火星彩色地图。后来，在1879年，意大利天文学家吉乔瓦尼·斯基亚帕雷利绘制了更为详细的地图，其中的细线标记为"canali"——意大利语的意思是指"水道"，而在翻译成英语时则错误地翻译成"运河"。

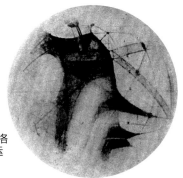

1896年，珀西瓦尔·洛厄尔绘制的火星上的运河

美国海军天文台66厘米折射望远镜

1924年

通过使用位于美国加利福尼亚州威尔逊山上镜望远镜，美国天文学家佩蒂特和尼科尔森了火星的表面温度。在赤道地区其温度为7度，极地地区为零下68摄氏度。随着季节迁，火星上的温度和气流都会发生改变。

1896年

火星上的智慧生物

在美国亚利桑那州的私人天文台，天文学家洛厄尔使用60厘米折射望远镜绘制了火星地图。由于受到斯基亚帕雷利"运河"的影响，其在所著的《生命住所——火星》中宣称，火星上居住有智慧生物。

1877年

发现火星的卫星

当火星处于适当位置的时候，美国天文学家阿萨夫·霍尔发现了火星的两颗卫星，火卫一和火卫二。他所使用的66厘米折射望远镜，位于华盛顿特区的美国海军天文台，是当时世界上最大的折射望远镜。

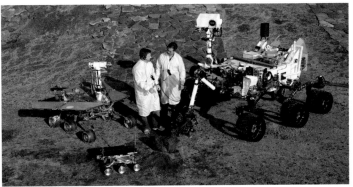

三代火星车：旅居者号（前）、机遇号（左）和好奇号（右）

1984年

星陨石

在地球南极洲上的艾伦丘，发现了H84001号陨石。它是1600万年前从火上喷射出来的，大约在1.3万年前到达。其中有一些结构看起来很像微生物。

2012年

火星车

好奇号，在火星上行走的最新、最大的火星车，抵达了盖尔陨石坑。1996年，第一台火星车旅居者号抵达火星上的克律塞平原，对母舱附近的洪泛区进行了勘探。勇气号和机遇号在2004年抵达，在火星上勘探了很远的距离。

发射　　　　**地球轨道**　　　　**前往火星的旅程**

1960	火星 1M1号
1960	火星 1M2号
1962	人造卫星22号
1962	火星 1号
1962	人造卫星24号
1964	水手3号
1964	水手4号
1964	探测2号
1969	水手6号
1969	火星 1969A号
1969	水手7号
1969	火星 1969B号
1971	水手8号
1971	宇宙 419号
1971	火星 2号
1971	火星 3号
1971	水手9号
1973	火星 4号
1973	火星 5号
1973	火星 6号
1973	火星 7号
1975	海盗 1号
1975	海盗 2号
1988	火卫一 1号
1988	火卫一 2号
1992	火星观测者号
1996	火星环球勘测者号
1996	火星 96号
1996	火星探路者号及旅居者火星车
1998	希望号
1998	环火星气候探测器
1999	火星极地着陆器及深空2号
2001	火星奥德赛号
2003	火星快车号及猎兔犬2号火星着陆器
2003	勇气号
2003	机遇号
2005	火星勘测轨道飞行器
2007	凤凰号
2011	火卫一—土壤号和萤火1号
2011	好奇号
2013	火星轨道飞行器任务
2013	火星大气与挥发物演化任务
计划中	火星生命探测计划探测器（欧俄联合项目，2016年10月19日成功进入火星轨道，但向火星发射的试验性着陆器着陆失败，译者注）
计划中	洞察火星任务（2018年11月26日，"洞察号"成功登陆火星，译者注）
计划中	火星生命探测计划火星车
计划中	火星2020火星车任务

关键词

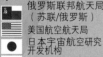

- 俄罗斯联邦航天局（苏联/俄罗斯）
- 美国航空航天局
- 日本宇宙航空研究开发机构
- esa 欧洲空间局
- 中国国家航天局
- 印度空间研究组织
- 目的地
- 成功
- 失败

▷ **着陆点**

已经有七个探测器在火星上成功着陆（此处未计入2018年登陆火星的洞察号，下文叙述均不涉及洞察号，译者注）。三个留在着陆的地方并调查它们直接接触的周边环境，分别是1976年抵达的海盗1号和海盗2号，及2008年抵达的凤凰号。其他的四个最初被设计用来在火星大陆行走，并进行调查工作。

▷ **第一张火星表面照片**

美国的海盗1号是首个从火星表面传回图片的探测器。虽然苏联的火星3号带有一台电视摄像机，但在着陆后几秒钟内就停止传输了，没能看到任何周围的环境。海盗1号摄取的第一个影像（如右图），是在1976年7月20日它刚刚抵达时拍摄的，照片中还可以看到它的一条履带印。

飞掠　　　　　　　　入轨　　　　　　　　　　　　　　　　　　　着陆器

火星车

火星探测任务

在过去的60年中，共进行了40多次从地球飞往火星的任务。人类发射的飞行器，有的飞掠火星，有的绕其飞行，有的实现了着陆，还有的在火星表面上实现了行走。火星也是第一颗被近距离拍摄的行星。

21世纪发射的火星任务非常成功，有的甚至远远超过预期。但是，成功是建立在早期失败的基础上的，之前有一半以上的火星任务失败了，要么没能离开地球，要么在接近目标时与地面失去联系。美国和苏联在20世纪60年代和70年代进行了火星探测的第一次尝试，在那之后，直至20世纪90年代中期之前的很长时间里，人们对探索火星都没什么兴趣，现在，已有六个国家向火星发射了探测器，更多的探测任务也在计划之中，一个私人资助的项目正在开发太空飞行系统，以实现将人送上火星的目标。

▷ **具有里程碑意义的任务**
　　美国水手系列探测器第一个成功地完成了火星任务。水手4号第一个飞掠火星并拍摄了近距离的照片。水手9号是第一个环绕火星轨道运行的探测器。第一次在火星软着陆的是苏联制造的火星3号，但未传回任何数据。

水手9号
水手9号是第一个环绕行星轨道运行的探测器，它在1971年抵达火星并提供了第一张火星全貌影像图。

海盗1号和2号
这是两个孪生探测器，每个都由一个轨道卫星和一个着陆器组成，它们在1976年抵达火星，并对火星的土壤进行了化验。

旅居者号
旅居者号只有微波炉大小，是首个漫游火星的火星车，从1997年7月开始，工作了近三个月。

火星快车号
作为欧洲的第一个行星际任务，火星快车号轨道飞行器自2003年12月以来，在火星轨道上进行探测工作。

火星漫游

到目前为止，火星是唯一一颗漫游机器人探测过的行星。其中，共有四个成功到访火星：旅居者号、勇气号、机遇号和好奇号。通过上述火星登陆计划，我们对火星的地表，相比地球之外的其他任何行星，有着更为深入的了解。

漫游机器人能够穿越异域空间，同时，它还是一台移动科学实验室。利用它，人们可以对感兴趣的地点进行搜寻，并实施现场勘察。在这些探测器上，配备了自供电系统，并可通过车载电脑来控制探测器的运行，另外还配置了科学仪器，包括摄像头和岩石分析仪器。地面控制人员可以发出指令，指示其移动到哪个位置，以及所需进行的操作，不过指令需要几分钟才能到达。可将收集到的数据通过中继传输直接传回地球，或者通过轨道卫星（如火星轨道勘测卫星）中转。

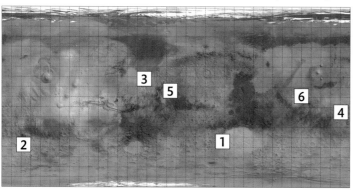

图注
1. 火星2号(1971)
2. 火星3号 (1971)
3. 旅居者号 (1997)
4. 勇气号 (2004)
5. 机遇号 (2004)
6. 好奇号 (2012)

这一块平整的裸露岩石叫约翰克莱因，是好奇号钻的第一块岩石。

△ 漫游机器人的位置

漫游机器人的最初两次发射，在降落至火星表面时，都遭到了失败。其中，苏联的火星2号着陆器，用绳索将漫步者捆绑在着陆器上，并配备有滑板急降装置。同系列的火星3号，也在触地后几秒钟就失败了。在这之后，成功着陆了四个漫游机器人，它们已经探索了各种各样的地形，它们选择的都是容易降落的低矮区域，并且较为平坦，便于行走。

▽ 火星车

第一台火星车旅居者号只有微波炉大小。它停留在着陆区域附近工作了大约三个月。勇气号及其孪生姐妹机遇号，于2004年到达火星的两个相对面。勇气号已不再工作，但是机遇号仍在火星上探索。好奇号的大小相当于一辆小型汽车，它配备了激光工具，可以在几秒内检测出岩石里的成分。

旅居者号 1997年7月至9月
行走距离：100米

勇气号 2004年1月至2010年3月
7.7千米

▽ 机遇号

机遇号于2004年在子午线高原着陆，已经探索过的区域包括四个撞击坑——坚忍撞击坑、厄瑞玻斯撞击坑、维多利亚撞击坑和奋进号撞击坑。每秒能够前进1厘米，并传回了相应区域的图像和对岩石的分析结果。尽管当时的设计使用寿命仅为3个月，但是机遇号至今仍在工作。

全景照相机由两台数码相机组成，可以360°成像。

低增益天线可以通过中继的方式，将图像发送至轨道卫星，再传回地球。

高增益天线可以接收指令，向地球传回数据。

火星车到达位置后，铰链式的太阳能板才开始打开。

位于摇臂末端的岩石分析工具。

摇臂悬架能够使车轮与地面保持接触。

机遇号 2004年1月至2013年11月
（仍在运行）
38.7千米

好奇号 2012年至2013年11月（仍在运行）
4.89千米

▷ 好奇号传回的自拍照片

好奇号正在探测盖尔陨石坑，该陨石坑宽154千米，至少在30亿年前就已形成。这张自拍照显示，当时好奇号正在陨石坑的耶洛奈夫地区，这里所存在的沉积岩（即所谓的"泥岩"）表明，在远古时期这里曾经是湖底。这张照片是由拍摄于2013年2月的十几张照片合成的，拍摄仪器是好奇号的17个摄像头之一—MAHLI（火星手持式透镜成像仪）。

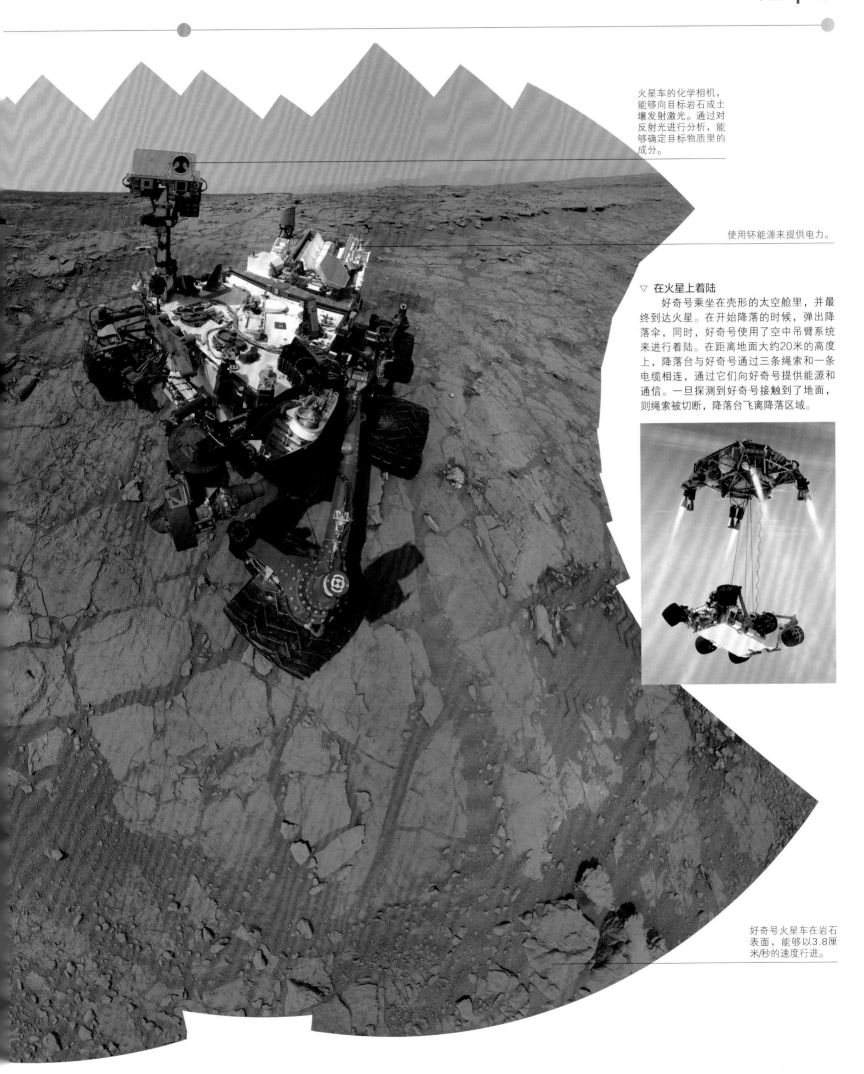

火星车的化学相机，能够向目标岩石或土壤发射激光。通过对反射光进行分析，能够确定目标物质里的成分。

使用钚能源来提供电力。

▽ **在火星上着陆**

好奇号乘坐在壳形的太空舱里，并最终到达火星。在开始降落的时候，弹出降落伞，同时，好奇号使用了空中吊臂系统来进行着陆。在距离地面大约20米的高度上，降落台与好奇号通过三条绳索和一条电缆相连，通过它们向好奇号提供能源和通信。一旦探测到好奇号接触到了地面，则绳索被切断，降落台飞离降落区域。

好奇号火星车在岩石表面，能够以3.8厘米/秒的速度行进。

1

2

探测火星

1 坚忍撞击坑

这是一幅坚忍撞击坑内风吹过沙丘的景象。机遇号是迄今为止运行时间最长的火星车，发回了许多不可思议的景象，坚忍撞击坑是其中之一。机遇号不能在沙丘上行走，因为有被卡住的危险，它的姊妹探测器勇气号在2009年就遭遇了被卡的命运。

2 圣玛丽亚撞击坑

这张合成图像来自机遇号，呈现的是坚忍撞击坑东边的圣玛丽亚撞击坑的景象，它有90米宽，远远地还可以看见坚忍撞击坑的边缘。用相机滤镜将图片处理成假彩色，主要是为了凸显不同的岩石和土壤。若人眼观看的话，这个撞击坑应该是呈红褐色的。

3 盖尔撞击坑

这张图像来自好奇号探测器，这些地平线上起伏的群山是盖尔撞击坑边缘的一部分。2012年好奇号在这个154千米宽的古老撞击坑里着陆。选择这个地方是因为这里可能曾经有过流水，甚至，在遥远的过去或许有过微生物。

4 本垒板高原

勇气号探测器在2006年到访了这座红锈色的高原。它因与棒球场中的本垒板形似而得名。这座高原被认为是远古时代火山爆发后，岩浆和水接触形成的。在这张图片的右侧我们可以看见勇气号的一根无线电天线。

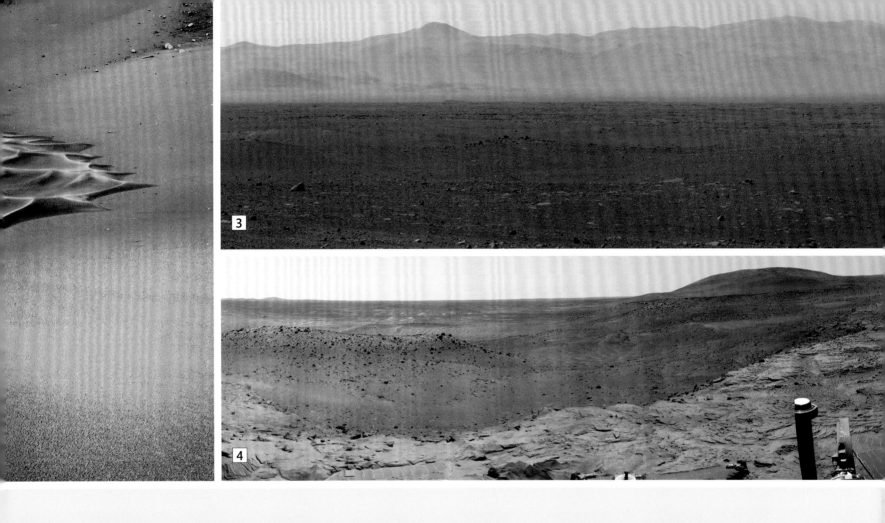

5 佩森露头

这是机遇号的全景相机拍到的，图上
呈现的是佩森露头——厄瑞玻斯撞击坑的那
些已被侵蚀坍塌的坑壁。图片的假彩色是
为了突出强调岩石和土壤层的细微差别。
该露头约深1米，长25米。

小行星

小行星是岩质天体，尺寸不一，小的直径只有几毫米，大的可以达到几千米。它们遍布整个太阳系，不过主要还是集中在火星和木星之间的小行星带。

小行星环绕太阳运动的方向和行星一样，因此有时也被称为"小号行星"。不过，只有那些体积质量相当大的小行星，才有足够的引力使自己形成规则的球形。

在太阳系形成早期，小行星的数量比现在庞大。围绕太阳做圆周轨道运动的过程中，它们相互碰撞，有时通过引力结合到一起，形成更大的天体。有些注定要成为今天的类地行星，而有些靠近木星轨道的则受到其强大引力影响，激烈碰撞，裂成碎片。这些碎片从此以后就停留在火星和木星之间的轨道上，形成了小行星带。

如今，小行星带分布稀疏，主小行星带的总质量仅为月球的4%。太阳系的这部分地区充满了各种碰撞，大多数小行星都是大的天体撞毁后形成的碎片。

▷ **各种规格的小行星**
小行星带中最大的天体是谷神星，直径达950千米，因呈球形而被归为矮行星。尽管小行星带中少有大体积的小行星，但据估计仍有2亿颗的直径超过1千米，还有数十亿颗更小的。它们的形状不规则，还带有反复受撞留下的撞击痕迹。最小的小行星直径才几毫米，还有更小的——无数小行星星尘。

最大的小行星
（按直径大小排列）

谷神星

智神星

灶神星

健神星

英特利亚星

欧罗巴星

月球

玛蒂尔德星
（ NEAR–舒梅克号拍摄）

△ **碳质小行星（C型）**
小行星可以按成分分类。含碳小行星约占已知小行星的75%。富含碳元素的小行星表面暗淡，反射率只有3%~10%。C型小行星主要出现在主带外缘。

在灶神星赤道上有很多同心槽，这是大的撞击坑形成时溅出的碎片造成的。

爱神星
（NEAR-舒梅克号拍摄）

艳后星
（阿雷西沃射电望远镜摄）

△ **灰色硅质小行星（S型）**

这些岩石体表面主要成分为金属铁和硅酸镁，和地球地幔成分相同。它们的表面反射率可以达到10%~22%。该类天体占整个小行星带的17%，在2000年，小行星探测器NEAR-舒梅克号探测器探访和绕行的爱神星就是一颗S型小行星。

△ **金属质小行星（M型）**

这些天体看起来是金属铁和镍的混合物，和地球的地核成分类似。曾经这些物质熔化混合到了一起，随后逐渐冷却。5万年前，一颗直径50米的M型小行星以50,000千米/时的速度撞击地球后，就形成了今天美国亚利桑那州直径1.2千米的巴林杰陨石坑。

◁ **灶神星**

小行星带中质量第二大的小行星就是灶神星，它的自转周期5.3小时，直径525千米，表面遍布撞击坑，溅射出的残片掉落到地球上就形成了1200多块陨石。因为体积很大，灶神星能在热辐射的作用下完全熔化，具有分离的岩质地幔和金属内核。2011年7月到2012年9月，美国航空航天局的曙光号探测器就探访了该小行星。

▽ **小行星的演化**

当一颗小行星积聚到足够大，内部的放射性元素衰变所释放的热量会导致其熔化。随后，熔化物质按重力大小分离开。诸如铁这样质量大的成分下沉形成地核，而质量较轻的岩石矿物则在表面成为地幔和地壳。一颗小行星在与其他小行星相互碰撞的过程中会不断演化。体积小的，在碰撞后碎裂，形成新的小行星；体积大的则会粉碎体积小的，碎石四散，剩下的部分在引力作用下，相互吸引，再次慢慢聚集起来形成一个松散的碎石堆。

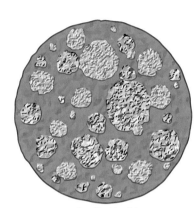

小天体吸积过程

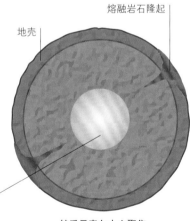

熔融岩石隆起

地壳

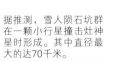

据推测，雪人陨石坑群在一颗小行星撞击灶神星时形成。其中直径最大的达70千米。

铁-镍核

较重元素向中心聚集

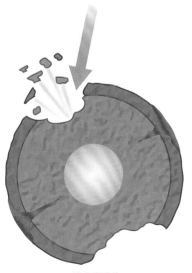

撞击出残片

小行星带

小行星有成千上万颗，大多数位于小行星带——火星和木星之间类似于甜甜圈的圆环中。虽然在各自不同的轨道上绕太阳运转，但它们却有着共同的起源。

小行星带也叫主带，处于距离太阳3.15~4.8亿千米的空间区域。频繁的撞击使一些小行星飞出主带，因此它的总体质量随着时间流逝不断减少，现在只相当于月球质量的4%。其中最大的小行星——谷神星位于主带内侧，它占主带质量的30%。仅有八颗小行星的直径超过了300千米，谷神星即是其中之一，而且是球形的。其余小行星都不规则而且比较小。

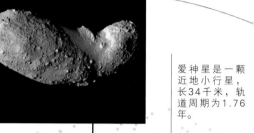

丝川星
这是一颗近地小行星，位于主带内侧。长5.4千米，轨道周期为1.52年。

爱神星是一颗近地小行星，长34千米，轨道周期为1.76年。

小行星带到太阳的距离大约是日地距离的2.8倍。

加斯普拉星
长18千米，靠近主带内缘，每3.29年公转一周。其表面布满和其他小行星撞击形成的撞击坑。

托塔蒂斯是长4.3千米的近地小行星。其轨道位于主带外侧，轨道周期为4.03年。

主带简况

大约有20万颗主带小行星的直径大于10千米，2亿颗大于1千米宽，还有数十亿颗更小的。它们和行星沿同一方向绕太阳运转，也就是说，从上方看逆时针运行。它们的轨道都是非圆形的，且倾向于行星轨道平面，这样一来，就使小行星带呈环形（类似于甜甜圈）而非扁平形。一般需要4~5年才能绕太阳一周。木星的万有引力可以改变小行星的轨道，使它靠近或远离主带。主带外侧小行星包括近地小行星和几千颗特洛伊小行星（轨道与木星轨道类似的两群小行星）。

这些特洛伊小行星在木星后方60°。

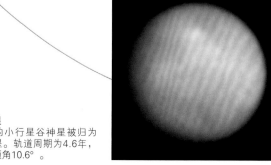

谷神星
最大的小行星谷神星被归为矮行星。轨道周期为4.6年，轨道倾角10.6°。

起源和撞击

天文学家认为主带小行星是太阳系形成初期，在火星和木星之间形成行星过程中的残留物。那时，火星和木星之间的物质是现在的1000倍，或者说是地球物质的4倍。岩石和金属碎片开始集聚成大块物质，但是年轻的木星的引力改变了这些物质的轨道，从而打断了这一进程，导致它们相互之间碰撞解体。当它们撞击到行星和卫星时，小行星被抛出主带，毁于一旦。现在主带内仍然有碰撞发生，在小行星表面形成撞击坑，有时小行星内部会破碎；偶尔，小行星可能粉碎消散，但这种情况很少。大多数撞击在一小时内会绵延几千千米。撞击的后果主要取决于各涉事方的大小。

特洛伊小行星的轨道周期和木星的大致相同，即11.8年。这一群在木星前方60°运行。

艾达星，长60千米，轨道周期为4.84年。

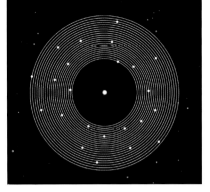

△ 木星形成前的轨道

火星和木星之间的大块物质起初绕近圆轨道运转。它们之间的撞击速度相对较低，所以直到一些主体物质发展成火星那么大时才聚集在一起。

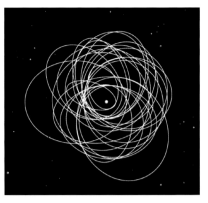

△ 木星形成后的轨道

木星的引力拖拽小行星，将其轨道改变成椭圆轨道。这导致它们以较高速度撞击。结果撞击成碎片，产生了小行星带。

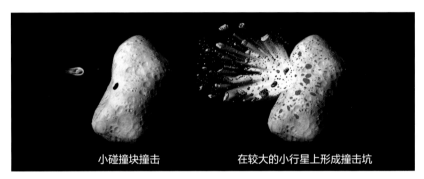

小碰撞块撞击　　　　　在较大的小行星上形成撞击坑

△ 撞击坑的形成

大多数撞击是较小的小行星撞击较大的。小的小行星被摧毁，在较大的小行星表面形成撞击坑，其大小约是碰撞块大小的10倍。溅射出的大多数物质沿各自轨道绕太阳运行。

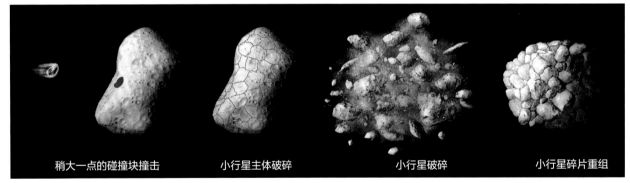

稍大一点的碰撞块撞击　　小行星主体破碎　　　　小行星破碎　　　　小行星碎片重组

△ 碎石球

当撞击小行星的天体大小达到较大小行星的1/50,000时，撞击力更大，较大的小行星主体就会破碎。碎片之间的引力很快又使它们重组在一起，结果形成的小行星不再是一个实心体，而是一个碎石球。

▽ 小行星族

更大的碰撞块（大小超过较大小行星的1/50,000）更具摧毁性。较大的小行星粉碎，但是碎片结合引力不能将它们重组在一起，它们形成一个小行星族，散布在原小行星轨道周围。

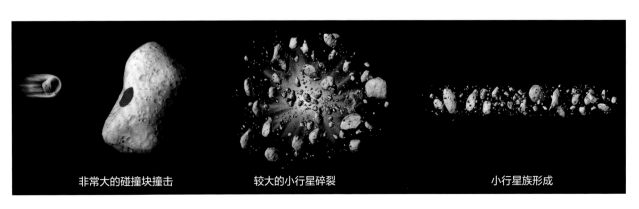

非常大的碰撞块撞击　　　较大的小行星碎裂　　　　小行星族形成

近地小行星

成千上万的小行星在围绕太阳运行的过程中会经过地球附近，其中有一些会对地球构成实实在在的威胁。地球表面巨大的陨石坑就是小行星闯入地球所留下的痕迹。

近地小行星(NEAs)诞生于小行星带。在某些地方，受到木星的引力影响或者与其他小行星碰撞，一些小行星进入新的轨道。如果它们与太阳的距离不超过1.945亿千米，则称之为"近地小行星"，而如果小行星距离地球小于750万千米(约地月平均距离的20倍)，并且直径超过150米，则这种小行星被称为潜在威胁小行星(PHAs)。这种大小（或更大）的小行星会对地球产生毁灭性的影响，如果落在海洋上将产生巨大的海啸；如果落在地面上将足以使美国曼哈顿大小的土地化为乌有。

爱神星

△ 近地小行星

小行星"爱神"是一颗近地小行星，属于阿莫尔型小行星群（见右图）。2012年1月，它在距地球2670万千米的距离内经过。同月，2012 BX34，一颗8米宽的阿登型小行星，在距地球65,000千米（地月距离的1/6）处飞经地球，从而创造了距离地球最近的飞行纪录。

▷ 小行星绘图

在这张太阳系的侧面视图中，天文学家们认为，其中微小的亮点就是近地小行星。绘图所使用的数据来自2010—2011年广域红外巡天探测者NEOWISE巡天项目。天文学家已经发现了1万颗直径超过1千米的小行星——这可能占总数的90%。天文学家认为，潜在威胁小行星大约有5000颗。在2014年初，对其中约1500颗实现了监测。

图例

— 地球的轨道
● 潜在威胁小行星
● 近地小行星

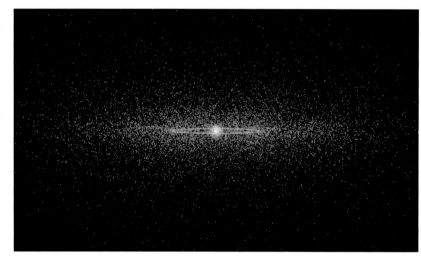

▽ 轨道类型

通过轨道对近地小行星分类。阿波罗型小行星的数量有5200颗，它们的轨道穿过地球的轨道。阿登型小行星大约有750颗，它们的轨道基本保持在地球轨道之内。阿迪娜小行星是阿登型小行星的一个小子群，它们完全在地球轨道内运行。阿莫尔小行星的轨道大都在地球和火星之间。

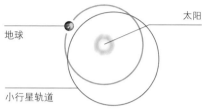

太阳
地球
小行星轨道

阿波罗小行星群

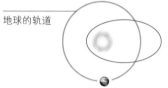

地球的轨道

阿登小行星群

阿迪娜小行星子群

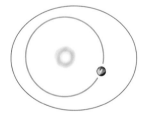

阿莫尔小行星群

◁ 车里雅宾斯克陨石

2013年2月的一个清晨，一颗闪耀的火球划过俄罗斯车里雅宾斯克市的上空。这是一颗之前未发现的小行星，直径18米，重11,000吨。它快速地穿越地球大气层，在距地面23千米处爆炸，产生的陨石碎片如雨点般落到地面。自1908年在西伯利亚通古斯发生的类似事件以来，此次是进入地球大气层的最大物体。

▽ 探测和监控

天文学家使用光学望远镜来探测和追踪近地小行星和潜在威胁小行星，并用射电望远镜对所有足够靠近地球的潜在威胁小行星照相。一旦探测到，美国马萨诸塞州的国际小行星中心即对该物体进行核查并收录。不断更新针对该小行星的轨道路径数据，同时，对该小行星未来接近地球的预测，也进行不断的修正。

对地球的影响

每年有成千上万吨的小行星物质进入地球大气层。大多数是小块的，它们在到达地面之前已经被烧毁。能够到达地面的就是所谓的陨石。在地球形成的初期，小行星曾经严重撞击过地球。如今，撞击的次数已经减少，但是并未停止。大约每隔1万年，就会有一颗宽度至少150米的小行星撞击地球。每隔75万年，就会有一颗直径超过1000米的小行星撞击地球。

望远镜发出无线电波，圆盘则接收空间物体（如小行星）反弹的"回波"。

未知天体袭击地球的概率是已知天体的两倍。

▽ 地球上的陨石坑

美国亚利桑那州的巴林杰陨石坑（下图），其直径为1200米，是由一块50米宽的陨石造成的。地球上已知的180个陨石坑中，最大的一个是南非的弗里德堡陨石坑，其宽度为300千米，是在20亿年前形成的。其他许多陨石坑因火山或地壳构造重组或侵蚀等原因已经消失了。

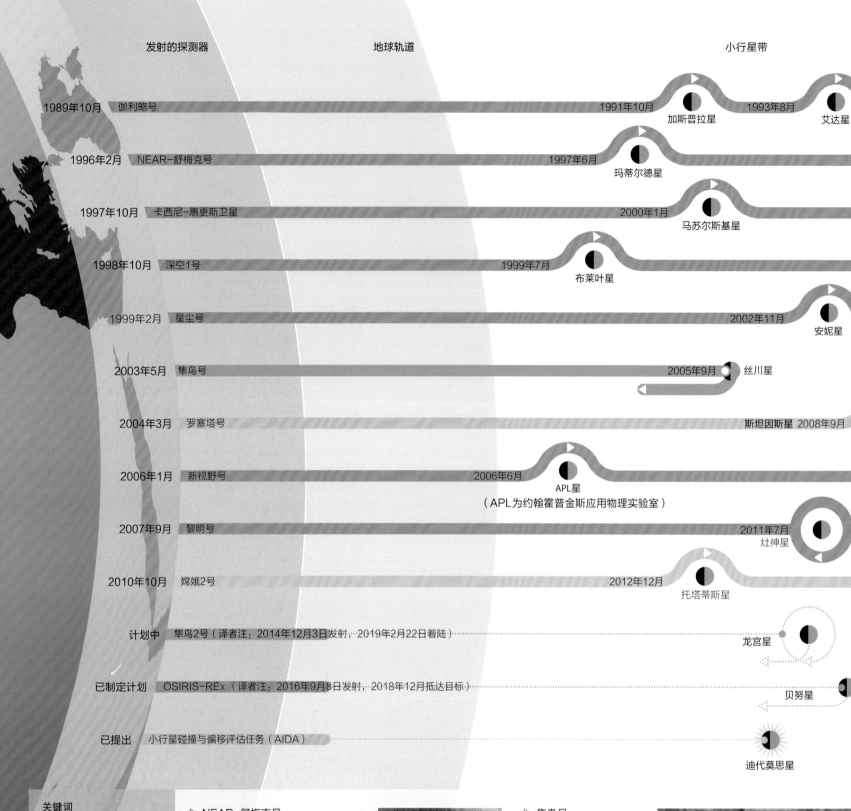

发射的探测器　　　　　　　地球轨道　　　　　　　　　　　　　　小行星带

1989年10月　伽利略号　　　　　　　　　　　　　　　　　　　1991年10月　加斯普拉星　　1993年8月　艾达星

1996年2月　NEAR-舒梅克号　　　　　　　　　　　　　　　1997年6月　玛蒂尔德星

1997年10月　卡西尼-惠更斯卫星　　　　　　　　　　　　　2000年1月　马苏尔斯基星

1998年10月　深空1号　　　　　　　　　　　　　　　　　1999年7月　布莱叶星

1999年2月　星尘号　　　　　　　　　　　　　　　　　　2002年11月　安妮星

2003年5月　隼鸟号　　　　　　　　　　　　　　　　2005年9月　丝川星

2004年3月　罗塞塔号　　　　　　　　　　　　　　　　斯坦因斯星 2008年9月

2006年1月　新视野号　　　　　　　　　　　　　2006年6月　APL星
（APL为约翰霍普金斯应用物理实验室）

2007年9月　黎明号　　　　　　　　　　　　　　　　　2011年7月　灶神星

2010年10月　嫦娥2号　　　　　　　　　　　　　2012年12月　托塔蒂斯星

计划中　隼鸟2号（译者注：2014年12月3日发射，2019年2月22日着陆）　　龙宫星

已制定计划　OSIRIS-REx（译者注：2016年9月8日发射，2018年12月抵达目标）　贝努星

已提出　小行星碰撞与偏移评估任务（AIDA）　　　　　　　　　　　迪代莫思星

关键词
美国航空航天局
日本宇宙航空研究开发机构
欧洲航天局
中国国家航天局
目标
近天体探测飞行
轨道
采样返回
着陆器
相撞

▷ NEAR-舒梅克号
　　NEAR是Near Earth Asteroid Rendezvous的缩写，是指近地小行星探测器，经过四年的飞行，NEAR-舒梅克号于2001年2月到达爱神星，并且进入环绕小行星的轨道。在之后的12个月里，与爱神星越来越近，拍摄到的影像也越来越清晰。本来NEAR-舒梅克号是作为轨道卫星来设计和建造的，但是，后来任务发生了变动，它软着陆到爱神星上——这是第一次在小行星上进行着陆。

NEAR-舒梅克号拍摄的爱神星表面

▷ 隼鸟号
　　日本的隼鸟号宇宙飞船于2005年到达丝川星。它先是从数千米之外对小行星进行了勘测，然后着陆收集其表面的成分。在2010年6月13日，当飞行器返回地球大气层时，遭到了破坏，但是在解体之前，弹出了样品仓，并打开了降落伞，最终降落在澳大利亚南部的内陆地区。

正在搜寻样品仓

小行星探测任务

人类的探测器已经到访过12颗以上的小行星，但是仅有四次发射任务是专门为研究这些小行星而设计的，其中在最近的一次任务中，成功地带回了小行星的样品。

在1991年，人们通过探测器第一次近距离拍摄到小行星的照片。当时，伽利略探测器正在飞往木星的旅途中，其间发回了一张惊人的照片——加斯普拉小行星的照片，这颗小行星长18千米，表面布满陨石坑。

第一个执行小行星任务的是NEAR-舒梅克号，其在2001年降落在爱神星上。五年后，日本的探测器隼鸟号降落在丝川星上，这颗小行星宽度为1千米。隼鸟号在这颗小行星上收集了样品，并最终将其带回地球。黎明号在环绕灶神星飞行后，将在2015年前往谷神星（已在北京时间2015年3月6日进入谷神星轨道，译者注），这是最大也是最先被发现的小行星。除此之外，人们也正在讨论更多的激动人心的计划，其中包括美国航空航天局计划捕捉一颗小行星，并将其拽入绕月轨道，从而使宇航员可以到访。

隼鸟号带回了小行星上的大约1500粒尘埃物质。

爱神星 2001年2月

010年7月 司琴星

2015年飞掠 冥王星

2015年进入谷神星轨道 谷神星

△ 丝川星尘埃样本
经检测，隼鸟号太空舱所带回的小行星尘埃样品，在丝川星地表已经存在了大约800万年之久。检测还揭示，这颗小行星可能是由一颗较大的小行星受撞解体后的碎片组成的。

这个小的透明容器内，储存着宽度小于0.1毫米的尘埃颗粒。

▽ 黎明号
黎明号的任务是环绕两颗质量最大的小行星——灶神星和谷神星飞行。在2011年7月飞过火星之后，它进入灶神星的环绕轨道，向地球发回了数千张照片，从而使科学家能够详细地研究灶神星的地貌。黎明号在2012年9月前往谷神星，并给它的所有表面拍照。

黎明号展开太阳能电池帆板时宽度为20米。

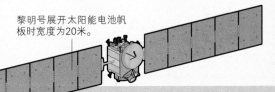

◁ 捕捉小行星
美国航空航天局正在考虑一项计划，捕捉一颗靠近地球的小行星，其重量应该在500吨左右，8米宽。将该小行星推入绕月轨道，然后使猎户座载人密封太空舱与该小行星进行对接，如此一来，宇航员便可以对这些岩石进行实地研究。绕月轨道比绕地轨道安全得多，因为这样小行星撞到地球的风险会更小。

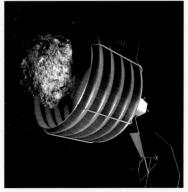

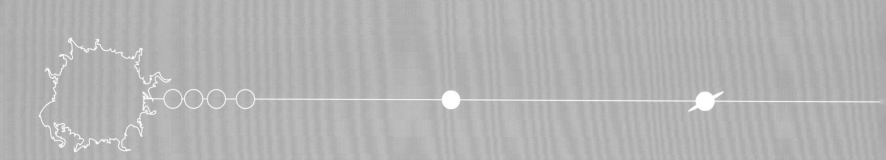

气态巨行星

还没有一个探测器曾登陆过位于太阳系寒冷外层空间的行星。木星、土星、天王星和海王星，统称为气态巨行星，充满了大量的氢气和氦气，只有核心部位才有些固态物质。这些气态巨行星是在旋涡星云的边缘处由尘埃形成的，这也是太阳诞生之处。起初它们只是成块的岩石和冰块，后来变得足够大，通过万有引力吸引一层一层气体，最后膨胀成巨大的行星。

巨行星王国

太阳包含了太阳系中98%的物质，而剩下的几乎为四大气态巨行星中最大的木星所有。外层行星的公转周期：木星的约为12个地球年，海王星的约为165个地球年。气态巨行星上的世界极为活跃，其内部的热量会产生惊人的宇宙气象。例如，在木星的许多照片中都能看到的大红斑，它是一个巨大的风暴系统，其大小是地球的3倍。另外，在海王星上，产生了有记录以来太阳系中最快的风速，超过2000千米/小时。所有的气态巨行星都有环状的碎片环绕，其中最著名的是土星环。这些环形成一个闪闪发光的圆盘，通过双筒望远镜就可以观察到。如果把这些环系统绕地球摆放，几乎将延伸至月球。每一颗外层行星的周围都有卫星环绕飞行，这些卫星大小不一，形状各异。

◁ 遥远的世界
在太阳系的外层空间，有"小世界"也有"大世界"。这张引人注目的照片是由美国航空航天局（NASA）的卡西尼号探测器拍摄的，照片中，木星的主要卫星中位于最内层的木卫一（Io），在木星生成的螺旋云带中看起来像一个不起眼的小点。

木星

木星是太阳系中体积仅次于太阳的第二大天体，它是一颗看起来带有条纹的庞大气态行星，上空飘有多种颜色的云层。这个快速旋转的星球，被永不停歇的气流和风暴所环绕。

木星是小行星带外的第一颗大行星，它与太阳的距离，大约是地球与太阳之间距离的五倍。木星由气体组成，离中心核越近，压力越大。就像一个缩小版的恒星一样，木星具有强大的引力，从而能够捕获一大群卫星。在夜晚的星空里，即便只用肉眼，我们也能够轻易地观察到木星，它是最亮的天体之一。

木星自转一周只需不到10小时，是太阳系里所有天体中最短的，因自转速度太快而呈现扁球体状。可以通过云层的不同颜色辨识覆盖在木星周围的高气压带和低气压带，这两个气压带同样受到木星高速自转的影响向外凸起。在木星上，各个方向永不停歇的气流搅起强大的风暴。这类风暴若在地球上，足以把地球彻底破坏。大红斑是木星上最为壮观的景象，这个风暴已经持续了300多年之久。

木星赤道区域的风速可超过400千米/小时。

数说木星

木星的直径	142,984千米
质量(地球= 1)	318
在赤道地区的重力（地球=1）	2.36
距离太阳的平均距离（地球=1）	5.20
轴倾角	3.1°
自转周期（天）	9.93小时
轨道周期（年）	11.86年
云顶温度	零下108摄氏度
卫星数量	67+

▷ **北半球**

直到2003年之前，在木星的北极区域仍有个不为人所知的秘密。这里有一个暗斑，其大小是大红斑（木星上最广为人知的特征）的两倍。暗斑只能间歇性地观察到，其位置可能处于木星大气层的最高处。

▷ **倾斜度**

因为木星的自转轴几乎没有发生倾斜，因此在木星上没有季节更替的现象。相比两极地带，赤道附近总是能够从太阳辐射中吸收到多得多的热量。这些因素可能是木星上大范围的气候系统很稳定的原因。

木星上有一个很难看清的薄薄的环状系统，其中分为四个不同的区域。

▷ **南半球**

由于放射线使木星大气里的气体发生化学变化，导致木星的两极都有一部分湮没在薄雾中。在木星的两极，巨大的电能产生出极光，其数量是我们在地球的极地地区所能观察到的数千倍。

由于木星的旋转，在北方的温带地区，沿着木星的自转方向产生了一股强劲的喷射气流。

大红斑是一个巨大的风暴系统，位于南赤道带和南热带区之间。

南热带区是木星上天气活动最活跃的地区，伴有一股强劲的喷射气流沿行星自转的反方向喷出。

在大气带与大气区之间的紊流边界里，呈现出一种复杂的丝带状特征，人们称之为花彩结构。

北赤道带的大气中有一块空区，从此处能够观察到深处颜色更暗的云层。

赤道区有高海拔的明亮云层。

南赤道带通常聚集着木星上最宽广、颜色最暗的云层。

◁ 风暴

木星湍流云带和云区能够维持很长时间，但是它们的密度会随天气情况以及化合物组成的变化而变化（这些化学物质来自木星内部）。

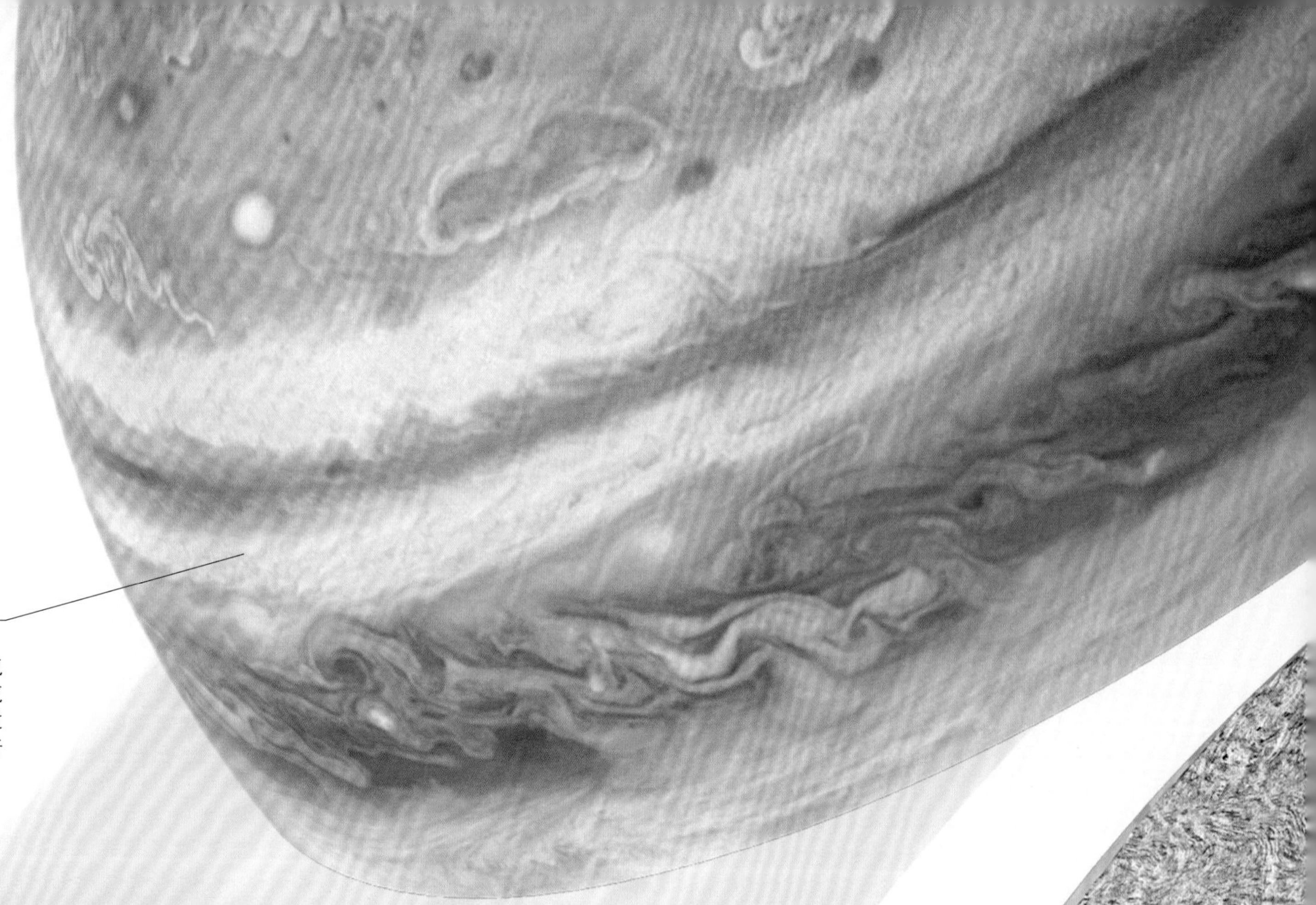

大气层

木星的大气层主要由氢气组成，另外还包括一些氦气。大气层的厚度超过5000千米，一直延展到行星际空间。

木星的结构

虽然木星十分巨大，但是组成木星的物质却相对较轻。尽管如此，木星深处的引力收缩仍使其内部成为木星的能量之源。

尽管木星内部几乎完全由纯净的氢气组成，但是其上层大气中却富含各种更为复杂的气体，从而形成分界明显的条纹状大气层。在"地表"下大约1000千米，其压力就已经足以将氢气变成液体。而在大约20,000千米的深处，压力是地球大气压的数百万倍，足以使氢原子发生裂解，并使其带负荷的电子游离出来，最终使氢气具有液态金属的特性。

在木星里，密度较高的物质下沉，而较轻的物质上升，这种作用所产生的能量，能够使木星释放出的能量比它从太阳接收到的更多，能量的主要形式是热和电磁波。在金属氢层里有巨大的电流，产生了强大的磁场，其强度在整个太阳系所有的行星里是最大的。

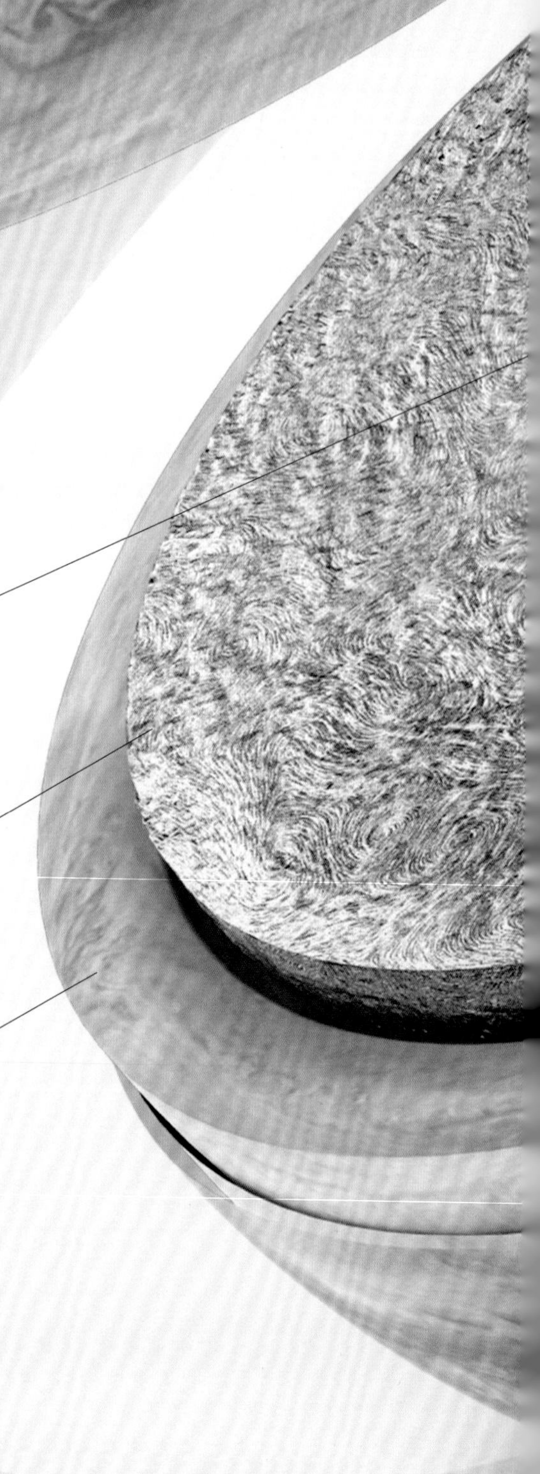

核心区

木星固态核心区的存在尚未得到证实，但是其存在的可能性很大。核心区可能是整个木星聚合在一起的原初所在，也可能是木星的引力使核心区不断增大。

液态的金属氢层

氢原子在高热和高压下发生裂变，从而产生一个液态金属氢层。这种液体是在极端的条件下产生的，在地球上从未在自然条件下出现过。

液态层

在木星云层下，升高的压力逐渐使星球里的氢气变成液体，而不再是气体。

木星的质量是太阳系其他所有行星质量总和的2.5倍。

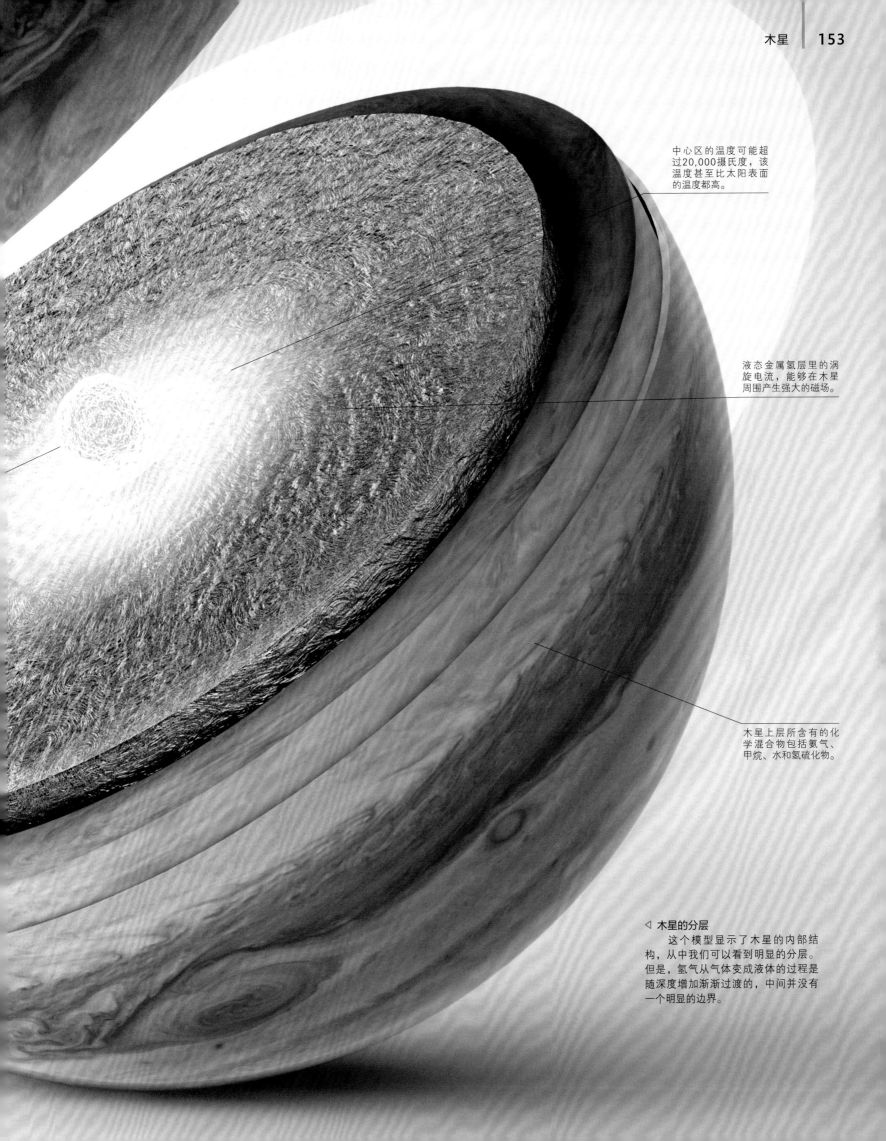

中心区的温度可能超过20,000摄氏度，该温度甚至比太阳表面的温度都高。

液态金属氢层里的涡旋电流，能够在木星周围产生强大的磁场。

木星上层所含有的化学混合物包括氢气、甲烷、水和氢硫化物。

◁ **木星的分层**

这个模型显示了木星的内部结构，从中我们可以看到明显的分层。但是，氢气从气体变成液体的过程是随深度增加渐渐过渡的，中间并没有一个明显的边界。

近观木星

尽管木星没有固态地表，但是湍流云密实地覆盖在它表面。在旋动的大气里，单独的气象系统能够持续数年，甚至几个世纪。

木星上最显著的特征就是环绕星球的云带，它与赤道平行。天文学家将其分成两类，一类是亮区，另一类是暗带。亮区是一种高压区域，在该区域，云层在高海拔的地方堆积；而暗带是低压的区域，在此处，空气下沉，晴朗无云，因此可以通过这一区域观察到下面颜色更暗的云层。风暴，如大红斑，属于高压地区，那里的云层高于周围所有的地方。

在木星上，如下的几个不同因素决定了这个巨大星球上的气候：从木星的内部深处升起的热能；较差自转现象引起的赤道地区转速比极地纬度地区快的现象；上层大气的对流，它将温暖的赤道地区和较为寒冷的两极之间的热量进行再分配。

围绕着木星，强劲的喷射气流以相反的速度流动，由此形成了暗带和亮区之间复杂的边界。这些气流能够使亮区向东移动（顺着木星的自转方向），而暗带则相反，它向西移动。长期来看，暗带和亮区所形成的大气系统是稳定的，尽管某些亮区的宽度可能出现明显的变化，而暗带中云层的色调和多少也可能发生变化。

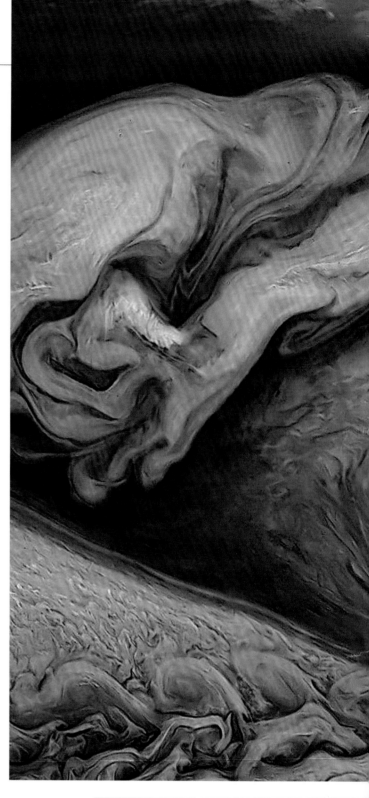

▽ 条纹行星

根据暗带和亮区的地理位置，我们对其分别进行命名，如北温带和赤道区。木星的自转速度大致可以通过监测暗色云带来进行测量，但是科学家们可以通过木星磁层的旋转，来更精确地计算出该数据。

▷ 大红斑

木星上最壮观的景象就是大红斑，很可能在17世纪——最晚在1830年，人们就已经观察到大红斑的存在。这是一个逆旋风（即逆时针转动），是一种如同飓风的天气现象，它有两个地球那么大，并且具有很高的内部压力。大红斑颜色的形成原因尚不明确，其亮度可以发生显著的变化，这可能与相邻的南赤道带的出现有关。

北极区域

北温区
北热区
赤道区
南热区
南温区
南南温区

北北温带
北温带
北赤道带

移动的方向

南赤道带
南温带
南南温带

南极区域

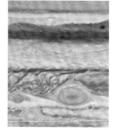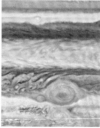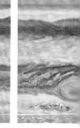

△ 小红斑

在2008年夏天，当木星的大红斑和两个较小的风暴近距离相遇时，哈勃太空望远镜拍下了如上图的一系列连续影像。较大的风暴（底部）在数次经过大红斑之后，完好地保留下来，但是小的风暴（最小的斑点）却被大红斑捕捉、破坏。

◁ 云层温度和高度

左图中的红外线影像是双子座天文台拍摄的，其中不同的颜色分别代表了不同的温度。暗带呈淡红色，由于亮区比暗带高度更高，温度更低，因此其看起来是蓝色的。大红斑顶部的云层以及其他高海拔的风暴，比亮区的高度更高，温度也就更低，因此它们是白色的。

高海拔、低温度的亮色云层在亮区形成。

喷射气流向相反的方向流动。

从木星的内部向上升起的温暖气流。

▷ 对流循环

气体的对流维持了亮区和暗带这种结构。当云层涌出并冷却时，形成亮区；而当上述云层开始下降并再次开始变热时，形成暗带。在亮区顶部，明亮的氨冰云层遮盖了下面的云层。在大气的更深处，氢硫化铵和水组成了那里的云层。

低海拔、温暖的暗色云层在暗带形成。

气体冷却并下沉。

木星系统

　　木星不仅是太阳系中最大的行星，它还有太阳系中数一数二的卫星群——截至2017年底，确认的木星卫星有67颗。其中只有四颗达到了行星大小，它们是木星系统的主要组成部分。

　　木星的卫星分为三个主要群组：四颗小的内层卫星，有时人们称之为木卫五群；第二个群组是四颗巨大的伽利略卫星（由意大利天文学家伽利略于1610年发现）；第三个群组由59颗或者更多的小型外层卫星组成，大部分的直径仅仅有几千米，当然，其中有些卫星相对而言要大很多。人们将木卫五群组和伽利略卫星统称为规则卫星，这是因为它们环绕木星轨道的运动方向与木星的自转方向相同，并且都在大致相同的平面上。外层的不规则卫星，是木星自形成以来依靠引力所俘获的小天体。

卫星的大小
　　四颗伽利略卫星的质量占了木星系统的绝大部分；另外，还有一些不规则卫星，如被俘获的小行星、半人马型小行星和彗星。它们大多数是冰块或岩石，但其中有几个卫星的直径达数十千米，甚至更大。

木卫三
木卫四
木卫一
木卫二

木卫六
木卫五
木卫十四
木卫七
木卫八
木卫十一
木卫十六
木卫九
木卫十
木卫十二
木卫十五
木卫十三
木卫十七
木卫十八
木卫二十七
木卫二十四
木卫二十
木卫二十三
木卫十九
S/2000 J11
木卫四十五
木卫二十二
木卫三十
木卫二十九
木卫二十一
木卫四十一
木卫四十七
木卫二十六
S/2003 J5
木卫二十八
木卫四十六
木卫三十三
木卫三十一
木卫三十五
木卫三十二
木卫三十九
木卫四十三
木卫三十四
S/2003 J3
S/2003 J18
木卫四十二
木卫三十五
S/2003 J16
木卫四十
木卫五十
木卫三十七
S/2003 J19
S/2003 J15
S/2003 J10
S/2003 J23
木卫四十四
木卫三十八
S/2010 J1
木卫四十九
木卫四十八
S/2003 J2
木卫三十六
S/2003 J2
S/2003 J12
S/2001 J1
S/2010 J2
S/2011 J2
S/2003 J9

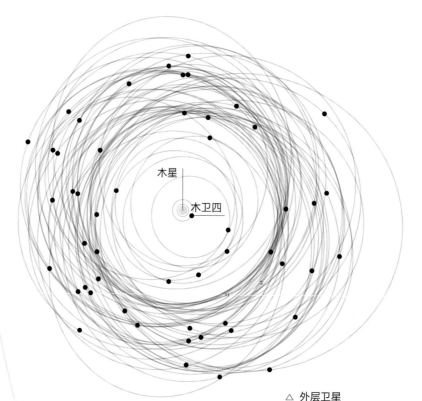

木星
木卫四

△ 外层卫星
　　不规则卫星的轨道环绕木星形成了一个混沌图形，其中一些卫星与木星的自转方向相同，而其他的则与之相反。在其中有几个明显的群组，比如木卫六群组、木卫十一群组、木卫十二群组、木卫八群组，这些群组中都有一颗大型卫星以及这颗卫星附近轨道上的一些小型卫星。每个群组可能是在一个大型天体解体后形成的。

木卫四
　　这是最外层的伽利略卫星，与木星的距离为190万千米，环绕木星的公转周期为16天零16.5小时。木卫四的地表有严重撞击的痕迹，这表明这颗卫星上从来没有发生过潮汐热的现象，因为在其他存在潮汐热的伽利略卫星上，很可能因此而发生大范围的地貌更新现象。

木卫三
　　木卫三是太阳系中最大的卫星，它与其他的卫星形成轨道共振，每隔7天零3.7个小时就环绕木星一周，其公转周期分别是木卫一的四倍、木卫二的两倍。

木卫二
木卫二是伽利略卫星中最小
的一个，它与木卫一形成轨
道共振，其轨道周期恰好是
木卫一的两倍。和木卫一一
样，它也受到木星强大的潮
汐引力的作用。人们认为，
在木卫二的冰壳下面，火山
活动持续加热着一个隐蔽的
海洋。

木卫一
木卫一是伽利略卫星中最内层的
卫星，与木星中心的距离为
421,700千米，比地球和月亮间的
距离稍大。因此，它受到强大的
潮汐引力作用，内部受热，导致
地表的火山活动十分活跃。

木卫十四薄纱光环
是十卫十四上面飘
起的尘埃形成的。

木卫十五
在木星的规则卫星中，最小的就是
木卫十五，它的外形奇特，平均直
径为16千米。木卫十五环绕着木星
的主环外缘运动，人们认为，和其
他的内层卫星一样，微小的陨石对
其表面撞击，扬起的尘埃产生了轨
道光环。

木卫五
木卫五是内层卫星中最大的。
它呈椭圆形，大约250千米长，
表面通红。它起源的地方距现
在环绕木星的轨道非常远，受
木卫一的引力作用，其轨道形
状偏椭圆形（非圆形）。

木星

木卫十四
木卫十四卫星的形状很怪，
在内层卫星中，它的大小排
第二、距离木星最远。同木
卫五一样，它的表面颜色也
非常红。木卫十四很可能由
松散的多孔碎石组成，也可
能由水冰和其他化学物质组
成。

木卫十六
目前已知的木星最内层卫星
是木卫十八，该卫星是旅行
者1号在1979年进行近天体
探测飞行时发现的。它在木
星主环内的一个空旷间隙内运
行，绕轨道一周用时仅7小时4
分钟（少于一个木星天）。木
卫十六的轨道大致呈椭圆
形，木星内环的尘埃物质主
要来自于这里。

相对来说，木星的主
环较窄，主要集中在
约1.8个木星半径
内。

木卫五薄纱环是一
个宽广的圆盘，由
来自木卫五的尘埃
组成。

**木卫三的个头比水星都大，和
火星差不多。如果它不是环木
星而是环太阳运行，它可以算
得上是一颗行星了。**

△ 内层卫星
木星的内层卫星，包括伴着稀薄环系
统的四颗小卫星，以及四颗巨型的伽利略
卫星——木卫三、木卫四、木卫一和木卫
二。伽利略卫星体型巨大，所以容易受到
潮汐力的影响。木卫一、木卫二和木卫三
各自所处的轨道形成谐振，它们之间的引
力有助于木卫一和木卫二轨道的稳定。

木卫一

木卫一是木星的大型伽利略卫星中最靠近木星的一颗，它饱受潮汐力和强火山喷发的摧残，是一个地狱般的世界。

木卫一是木星的第三大卫星。它靠近木星系统的中心，在木星与大型卫星木卫二、木卫三的中间，受两方万有引力的拉拽作用。强大的潮汐力从不同方向拉伸木卫一，使它的表面上下起伏可达100米。相比之下，地球上大海的最大的潮差仅18米。木卫一通过潮汐活动加热内部，其内部是由硫黄岩组成的，熔点比地球上的硅酸盐岩低得多。因此，木卫一是太阳系中火山活动最活跃的星球。从不计其数的火山中喷发出的富含硫黄的岩浆倾泻到卫星表面，硫化物烟柱像喷泉一样喷射到300千米的高空。硫元素可以通过不同形式组合成物理性质各异的同素异形体中。正因为硫元素的这一特性，木卫一的外观像比萨一样，看起来五颜六色。木卫一上没有浓厚大气层包围，只有稀薄的一层气体，主要是二氧化硫。

黑色区域含有被辐射影响的硫。

黄绿色的区域可能是纯硫。

表面白灰色的斑块是结霜的二氧化硫。

活火山周围的红色扇形是由近期火山喷发产生的短链硫分子组成的。

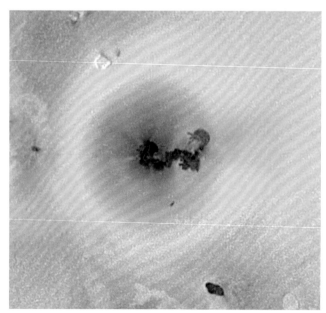

△ 火山烟柱

普罗米修斯火山因其有规律的喷发而得到绰号"老实泉（Old Faithful，这是美国黄石公园一口间歇热喷泉的名字）"。普罗米修斯火山像喷泉一样把羽状熔硫喷射到上空，放射性尘埃在火山口周围形成不断变色的光环。

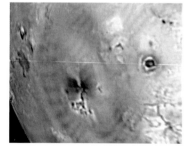

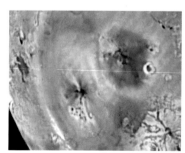

△ 新的喷发

木卫一上的地形是动态的。这两张图片是伽利略人造卫星拍摄的，间隔五个月，向我们展示了皮兰（Pillan）托边火山上直径400千米的黑斑的生长过程。

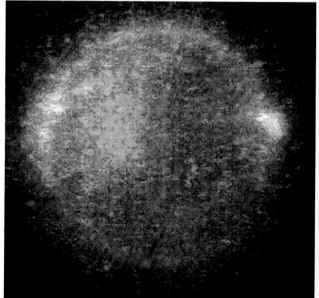

△ 木卫一上的极光

木卫一位于木星磁场内，因此会不断被木星辐射带中的高能粒子轰击。当粒子和木卫一稀薄大气层的气体碰撞时，会产生鲜艳的红色和绿色极光。

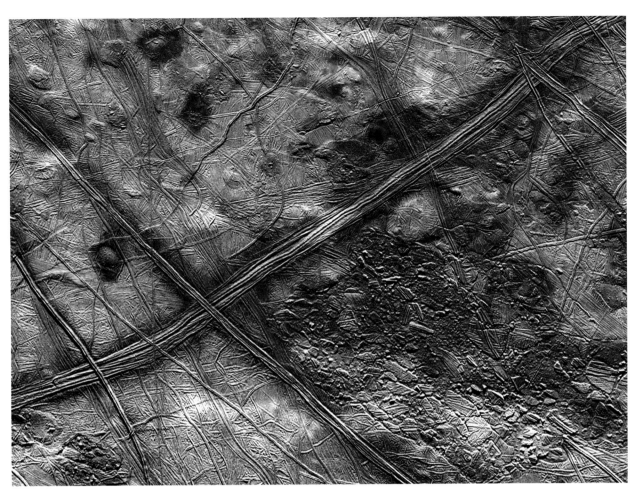

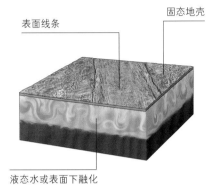

◁ 碎冰

线条两侧的地形特征是对称的，由此能够看出不断变化的潮汐力使卫星表面运动，从而导致木卫二的冰壳被撕裂，盐和硫黄染红的融冰从下方涌出，又使裂缝闭合。有时也有液态水剧烈地喷射出来，形成超过200千米高的巨大水柱。

表面线条　　　　　　　固态地壳

液态水或表面下融化
的对流冰层

△ 水世界

木卫二冰壳下方的海水约100千米深，但被几十千米厚的坚冰地壳覆盖着。近来研究发现液态水会喷发，这表明可能某些地方的冰壳较薄，但目前还未弄清喷射出来的水是来自冰壳下方的海水还是冰壳内部的小水包。

木卫二

和满是火山的邻居木卫一一样，木星的伽利略卫星中最小的木卫二，在平静的冰层表面下也隐藏着活跃的火山。

由于木卫二的地壳是冰层，因此它的表面是太阳系大型星球中最平滑的。卫星表面上因撞击坑等原因产生的地貌特征已逐渐变得平坦，与地表的平均高度持平。调深图片的颜色后，可以看到表面的交叉线是由变色的线条纵横交错在一起形成的，这表明木卫二未处于静止的状态。像木卫一一样，木卫二被其两侧相互作用的潮汐力挤压和拉伸，一侧是木卫一和木星，另一侧是和行星一般大小的木卫三。由此产生的火山活动可以加热冰层地壳下方的海水。这片隐藏于地下的海可能是太阳系中为数不多的适合生物生存的场所之一。

**木卫二是探索
地外生命的一个
主要目标。**

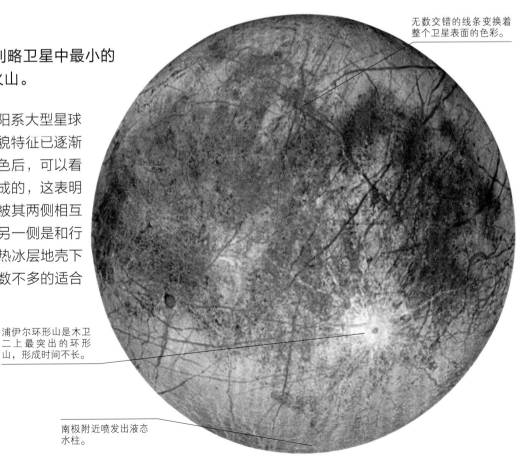

无数交错的线条变换着整个卫星表面的色彩。

浦伊尔环形山是木卫二上最突出的环形山，形成时间不长。

南极附近喷发出液态水柱。

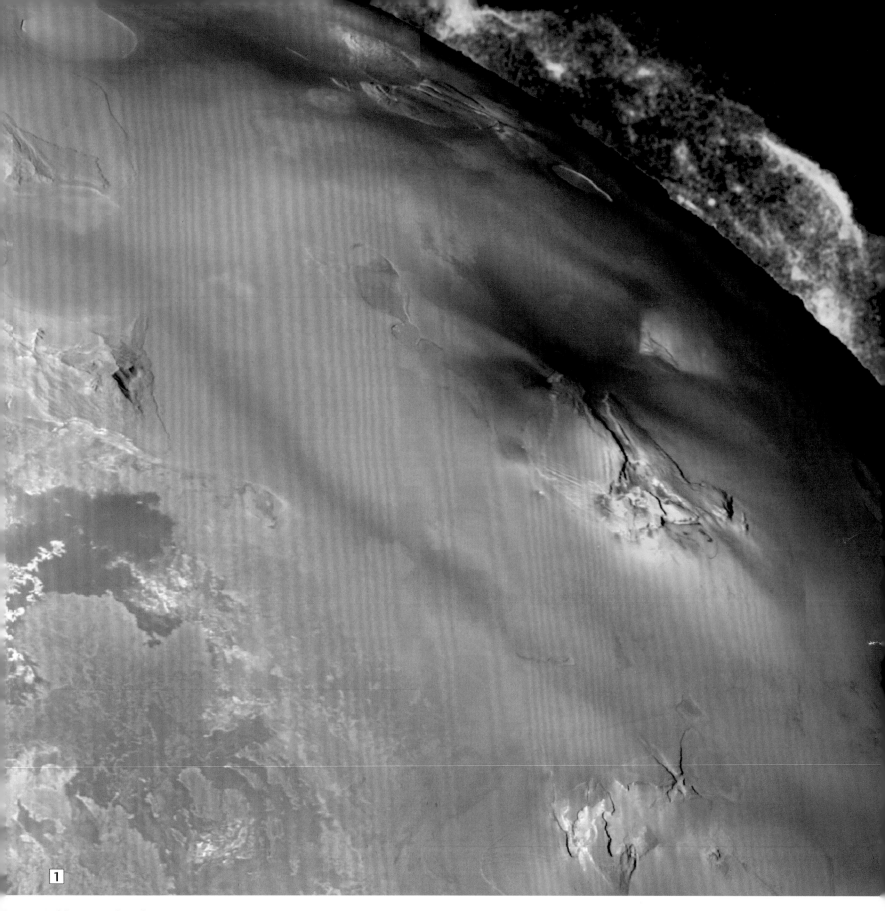

1

伽利略卫星

1 在木卫一上爆发的佩莱火山

上图是旅行者1号拍摄的，图中是木卫一上的巨大火山——佩莱火山喷发时的场景。气体和尘埃组成的烟柱从火山喷口处上升到300千米的高度。我们无法看到地表的喷射情况，但在黑暗天空的背景下，可以看到明亮的伞状结构。喷发物质的坠尘覆盖在火山的周围，形成一片心形区域，面积大约与美国的阿拉斯加州相当。

2 木卫二

从伽利略探测器拍摄的木卫二照片上能看到，在闪亮的广袤冰面上，蜿蜒曲折的裂缝纵横交错，暗色的斑块可能是混杂了冰和尘埃。很少看到高原或大的撞击坑。曾经看到过从表面喷出高达200千米的水蒸气，同时，在冰冷的外壳下面，可能存在咸水海洋，或许还有生命。

3 木卫三

在这张旅行者2号在30万千米高空拍摄的图片中，右上角有一片古老的黑暗区域，叫伽利略区。在中心的下面，有一个较新的撞击坑，四面环绕着一层白光，是由冰水碎片组成的。较亮的区域——表面更新的地方——是构造活动形成的槽和脊。就像木卫二和木卫四一样，木卫三可能有地下咸水。

4 木卫四

尽管在木卫一形成的同时就形成了木卫四，但是，这两颗卫星存在显著的区别。木卫一上火山活动频繁，所以表面较新，而木卫四的表面较古老，散布着太阳系中密度最高的撞击坑，火山和大型的山脉却很少。事实上，木卫四是一个巨大的冰原，数十亿年间行星际碎片的碰撞，使得星球地表布满了裂纹和撞击坑。

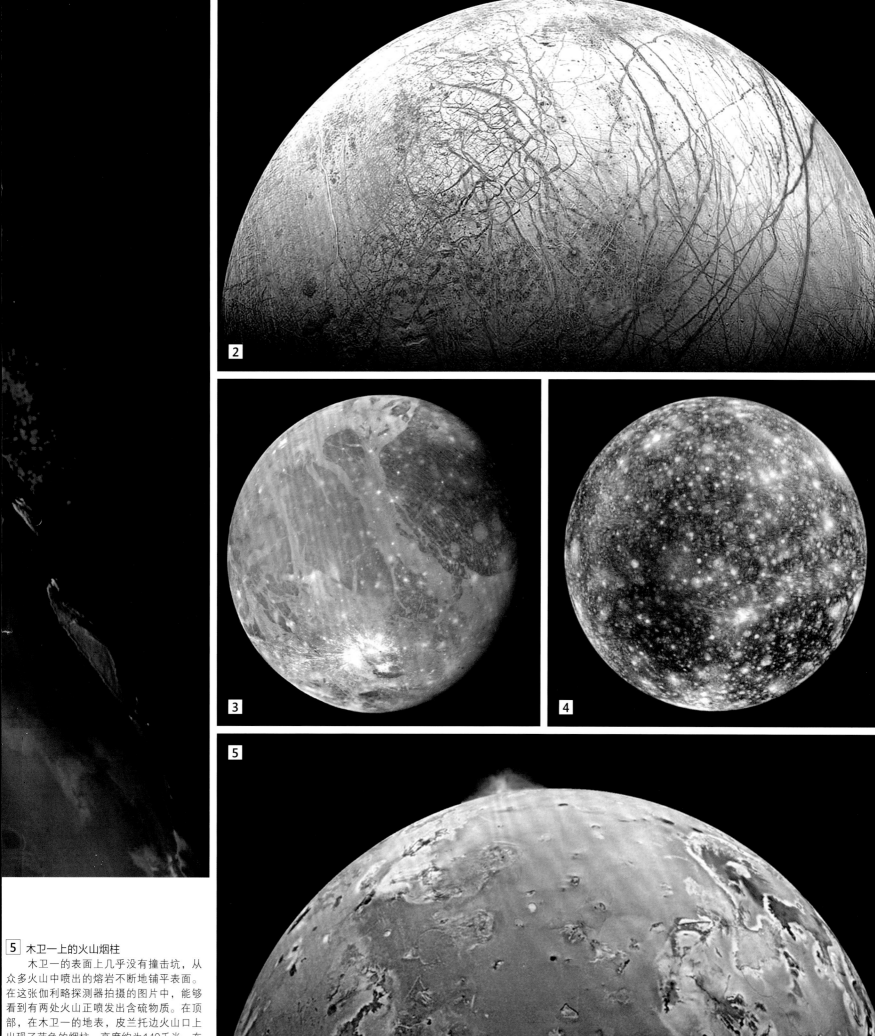

木卫三

在太阳系里，木卫三是最大的卫星，它比水星这颗行星都大。如今，它已经很少显示出活动的迹象，但其多种地形拼合的表面，表明这里曾经存在过复杂的构造活动。

木卫三的直径为5268千米，比水星大8%，体积比水星大25%。然而，木卫三的密度相当低，这说明它是由岩石和冰的混合物组成的，这一点类似于它的邻居——木卫二。木卫三稀薄的大气层，主要由氧气组成，在它的地表亮暗区域杂陈，跟暗区相比，在明亮的区域里，撞击坑的数量少得多。这表明，暗区遭受的来自太空陨石的撞击时间要明显比亮区长。亮区是由平行的沟槽和山脊构成的，这是这里曾经存在构造活动的证据。

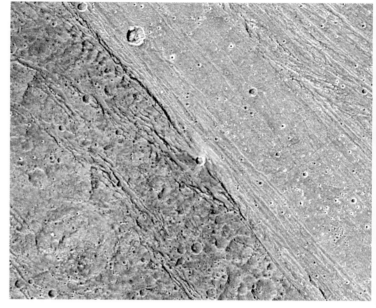

△ 冰冻构造

由于木星的潮汐引力，木卫三的内部处于融化状态，但是，它的表面可能在其形成的早期就已经固化。如同地球一样，木卫三的地壳也是构造板块组成的，岩石和冰的混合物从地下涌出，填补了移动板块之间的缝隙，从而形成沟槽地形，这种地形和地球上的年轻地壳类似。

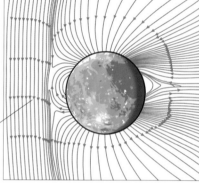

木卫三的磁场与木星的磁场相互作用。

△ 磁性卫星

木卫三是太阳系中已知的唯一具有强大磁场的卫星，由此表明，其内部具有各不相同的分层，并且其核心很可能含有液态铁。在2002年，科学家通过检测木卫三磁场的特征，认为在地表下大约200千米的冰层之间存在一个海洋层。

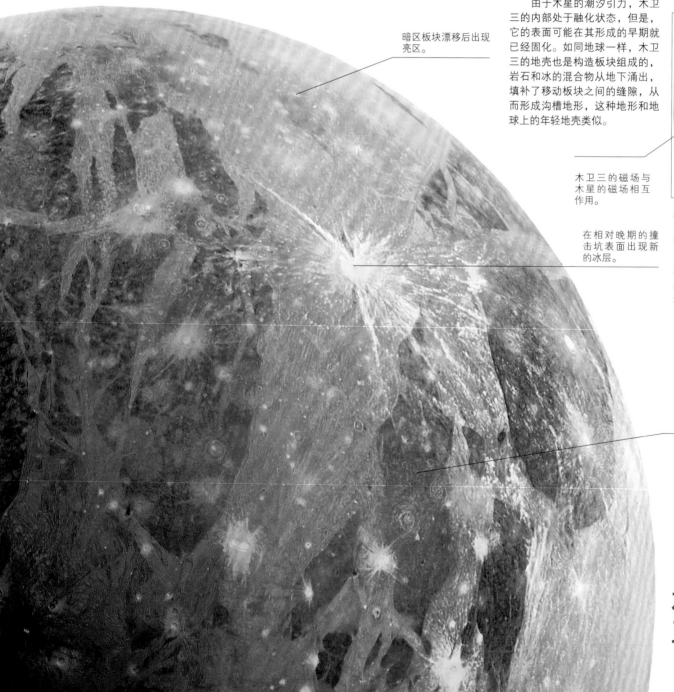

暗区板块漂移后出现亮区。

在相对晚期的撞击坑表面出现新的冰层。

坑洼的暗区是木卫三上的最古老区域。

水冰覆盖了木卫三90%的表面。

由于最近发生的撞击，显露出明亮的新冰层。

木卫四

木卫四是最外层的伽利略卫星，它是由冰和岩石组成的黑暗球体，曾经遭受过严重的撞击，在结构与地貌上与内层卫星形成了鲜明的对比。

木卫四自形成以来，看起来几乎没有什么变化，探测器所拍摄的照片显示，其地表上密布的撞击坑历史超过45亿年。它的最大特点是拥有像阿斯加德和瓦哈拉这样的巨型环形撞击坑盆地。受太阳辐射的影响，随时间的推移，木卫四的表面颜色逐渐变深，在这种暗淡的背景映衬下，最新形成的撞击坑看起来就如同明亮的星爆。

在伽利略卫星中，木卫四是密度最低的，这表明，与它周围的卫星相比，木卫四中冰的占比较大，岩石的占比较小。人们认为，木卫四是由混合相对均匀的岩石和冰组成的，这种结构可能在所有伽利略卫星中都出现过。但是，其他的卫星在潮汐热的作用下，其内部熔化并分层。

在主要的撞击盆地的四周，环绕着一圈圈的同心环。

瓦哈拉是木卫四上最大的撞击坑。

新的冰从地下涌出，填补了盆地的中心。

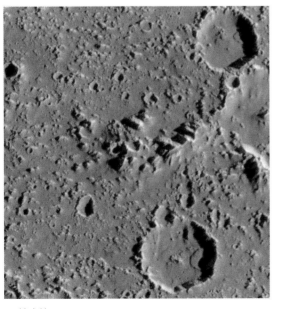

△ 撞击坑

木卫四的位置靠近木星，因此，当一些彗星和小行星受到木星的引力而撞击过来时，它首当其冲。所以，木卫四是太阳系中遭受撞击最为严重的星球。

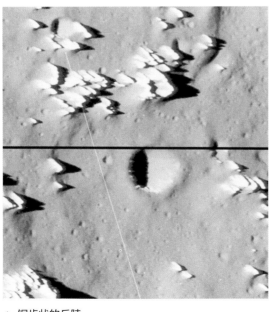

△ 锯齿状的丘陵

受太阳辐射的影响，在凸起的火山口边缘位置，大量的冰从岩石和冰的混合物中蒸发，从而使地形结构发生改变，最终在这片土地上留下锯齿链和旋钮状的丘陵。在冰蒸发后，就会经常发生滑坡。

△ 悬崖

木卫四上最大的撞击盆地边缘是长长的悬崖峭壁，它是不同海拔地区的分界线。悬崖的出现，是因为木卫四受撞击后，地壳断裂，一些大块的地表之间垂直移动、错位。

木星的引力使彗星和小行星飞向木星，并最终与它的卫星剧烈碰撞变成碎片。

艺术家根据美国航空航天局的影像制作的效果图。

位置

纬度 39°N；经度 14°W

形成

　　造成恩基坑链的彗星或小行星，其很可能在撞击、破碎之前，就被木星的引力吸引到其轨道上了。过程可能是：

（1）天体距离木星太近。
（2）天体解体，碎片沿着轨道分布。
（3）与木卫三发生碰撞。

木星　　　　　　　　木卫三

1.

2.

3.

坑链

　　撞击时抛出的冰碎片环绕着恩基坑链的一端，这一端的地表较新，而在较老的区域里，颜色更暗的物质可能掩盖了抛出物。

在较老的、颜色较暗的区域，没有抛出物。

在年轻的、颜色较亮的区域出现的明亮抛出物。

目的地——恩基坑链

在木卫三的表面，有一道壮观的陨石坑链，长达160千米。这是木卫三相对近期受到一系列撞击形成的。

恩基坑链至少包括13个交叠的坑，每个的直径大约10千米，或者更长，坑链斜着穿过木卫三暗区和亮区的交界处（参见第 162 页）。在木卫三和木卫四上，该坑链是类似结构中最为显著的。几乎可以肯定，它是由于彗星或小行星的碎片连续撞击而形成的，而这些彗星或小行星，都是在木星的引力作用下而破碎的。在1994年，舒梅克-列维9号彗星通过相同的方式，在木星的引力作用下，最终撞向木星。

行星之王

在地球的上空，木星的亮度和它那不紧不慢的运行状态，使得早期的星相学家都将木星放在神话故事中非常显著的位置上。自从有了天文学，它就在许多发现里都发挥着关键性的作用。

由于木星体型巨大，即便通过一个简易的望远镜，我们也能够观察到如盘子大小的木星，而不再仅仅是一个光点，另外，我们也能够轻易地观察到木星周围的四大卫星。但是，木星不断变换的表面却让早期的天文学家困惑不解，直到20世纪，人们才广泛地接受了这种观点，即木星的本质是气体。到了20世纪70年代，伽利略探测器等揭示出了更多有关木星系统的秘密。

宙斯

伽利略有关木星卫星的记录

约公元前500年

守护星

古希腊人和罗马人将木星分别与他们各自的众神之王联系在一起（希腊人称之为"宙斯"，罗马人称之为"朱庇特"）。在这之前，巴比伦的天文学家将木星与马杜克——巴比伦神殿的主神——联系在一起。

1610年

伽利略卫星

意大利科学家伽利略使用他的望远镜来研究木星，并发现了其附近四颗隐约的"星体"，证明它们是木星的卫星。当时的主流观点认为，宇宙中的所有天体都围绕地球运转，因此，伽利略的发现与主流观点相矛盾。

木卫一上的火山喷发

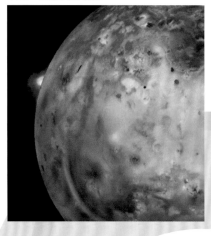

旅行者号拍摄的伽利略卫星，分别是木卫一、木卫二、木卫三和木卫四（由左及右，由上到下）

纪念先驱者10号的邮票

1979年

木卫一上的火山

旅行者2号拍摄到一缕巨大的物质，其高高地拱起在木卫一的地表。木卫一是太阳系中火山活动最活跃的星球，在木星潮汐力作用下所产生的热量能够使火山爆发，喷出硫黄。

1979年

旅行者1号和2号

旅行者1号和2号拍摄下了伽利略卫星的精细影像。从中人们看到了四个复杂的世界，每个卫星的大小都相当于一颗小行星。旅行者1号还发现一个稀薄的光环体系，它是由稀疏的颗粒组成的，环绕在木星周围。

1972年

飞掠木星

1972年发射了先驱者10号，在之后的数年间它抵达了木星附近，并且传回了该星球的首张近距离影像。在通过木星的磁赤道时，受到了辐射损伤，这也确认了木星磁场的巨大力量。

舒梅克-列维9号彗星撞击后的景象

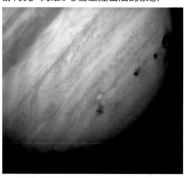

木卫二地表的近距离影像

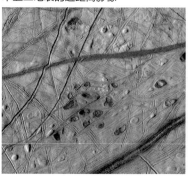

1994年

彗星撞击

舒梅克-列维9号彗星的碎片撞向木星，形成了比地球都大的火球，并激起了其深处的物质。撞击对木星表面造成了损伤，但为我们提供了洞察木星内部化学物质的机会。

1995年

探测大气

美国航空航天局的伽利略号太空飞船释放出一个探测器，并将其投入了木星的云层中。之后，它发回了有关天气情况和大气化学物质的数据。探测器在穿过上层大气下降了156千米后失去联系。

1995—2003年

环木星飞行

在对木星系统八年多的研究中，伽利略探测器详细地探查了木星和它的主要卫星的情况，并取得了无数发现。它发现的相关证据表明，在伽利略卫星中木卫二冰冷的表面深处存在着含有液态水的海洋。

卡西尼绘制的木星草图

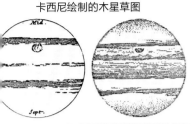

奥勒·罗默正在观测木星

1665—1690年

木星的天气

在意大利出生的法国天文学家卡西尼绘制了木星大气结构草图，并标识出木星上的云带和斑点，利用这些云带和斑点来测量木星的旋转情况。到1690年，他已得出结论，木星的不同部分以不同的速度旋转。

1676年

测量光的速度

丹麦天文学家奥勒·罗默注意到，由于光线到达地球的时间发生变化，导致木星的卫星所发生的食和凌并不总是发生在预期的时间内。由此，他第一个对光的速度做出估算。

1733年

木星直径的计算

英国天文学家詹姆斯·布拉得雷使用望远镜测量木星盘面的大小，然后根据观察的结果，计算出了木星的巨大直径。布拉得雷还观察了木星的卫星的运行轨迹，并研究它们的影和食。

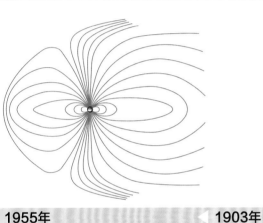

19世纪描绘木星的图片

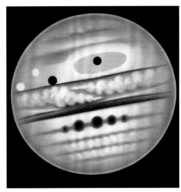

1955年

木星的磁场

在美国，肯尼思·富兰克林和伯纳德·伯克探测到了来自木星的无线电脉冲，即所谓的同步辐射。由于这种类型的辐射是电子在磁场中高速旋转发出的，因此这表明木星上存在磁场。

1903年

木星是一颗气态巨行星

美国天文学家乔治·W·霍夫指出，木星由气体笼罩，在深度大、压强高的地方，这些气体变为液体。这是第一次有人提出，木星是一颗气态巨行星，而并非是具有稀薄大气的固态星球。

1830年

大红斑

可能在17世纪60年代，卡西尼和英国科学家胡克就发现了被人们称为大红斑的巨大风暴，但是，直到1830年才由德国天文学家施瓦布对该现象予以确认。现在，人们可以经常观察到这个大红斑。

从卡西尼号观察到的木卫一和木星

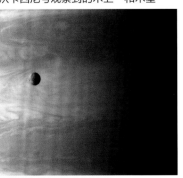

三个红斑（左下方还有一个小红斑）

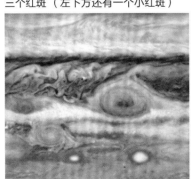

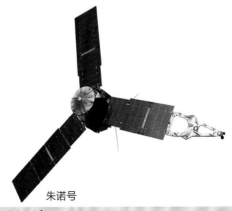

朱诺号

2000年

卡西尼号飞掠木星

卡西尼号在飞往土星的旅途中飞掠木星，在距木星1000万千米处拍摄了26,000张图像。结合伽利略号的近距离拍摄，卡西尼号拍摄的图像使得人们对这颗巨行星的天气系统有了新的发现。

2006年

小红斑

在1998—2000年，三个较小的白色风暴合并形成一个大风暴，天文学家注意到，它开始变红。在之后的几年里，"小红斑"的大小已经超过大红斑的一半。

2011年

朱诺号的发射

预计在2016年抵达后（2016年7月5日，美国航空航天局宣布，朱诺号进入木星轨道。译者注），朱诺号将绘制木星的磁场，并测量大气中的水和氨的含量，观察木星上的极光，调查木星是否有一个固体核。人们希望朱诺号的调查结果，能够揭示更多关于这颗巨型行星形成的信息。

发射	地球轨道	木星之旅

1972	先驱者 10 号
1973	先驱者 11 号
1977	旅行者 1 号
1977	旅行者 2 号
1989	伽利略号
1997	卡西尼号
2006	新视野号
2011	朱诺号
已列入计划	冰质木卫探测器

木星探测任务

大部分到访过木星的探测器都是在前往另一个星球的旅途中，借助引力助推法，在木星上做了短时间的近地飞行，只有一个进入了木星的轨道。

首次飞出内太阳系的太空飞船是先驱者10号和11号。在证明了小行星带可以安全地越过之后，它们于1973年和1974年发回了木星的第一个近距离镜头。在它们之后是装备更为精良的旅行者1号和2号，它们发回了木星的卫星照片，这些照片美得令人窒息。伽利略号于1995年进入轨道飞行，用时八年，对木星系统进行了非常详细的勘测。分别前往土星的卡西尼号和前往冥王星的新视野号，也将对木星进行探测（卡西尼号在2000年飞掠木星，新视野号在2016年进入木星轨道，译者注）。

图例

🇺🇸	美国航空航天局
esa	欧洲空间局
	美国航空航天局/欧空局联合任务
	目的地
○	成功

从旅行者 2 号看到的木星环

△ **旅行者 1 号 和 2 号**

两个旅行者探测器在对木星进行近天体探测飞行时，首次提供了关于这颗巨大行星和其主要卫星的图像。这两次飞行任务证实了木星周围环绕着稀薄的环系统（上图），并且发现，在圆环之间存在三颗新的内层卫星。旅行者号飞船发回了木卫一上的活火山和木卫二上破碎冰盖的美丽影像。通过延时动态影像技术拍摄的木星照片，展现了木星上的旋涡云带以及旋转的大红斑。

放射性同位素能量装置

主射电抛物面

在这个11米的吊杆上安装有磁强计

遮阳板

◁ **伽利略号**

伽利略号轨道卫星用时八年，对木星的气候和卫星进行监测。发现在木星上有氨云，并发回了证明在木卫二、木卫三和木卫四（有可能）的地表下存在水的相关证据。在2003年，它的任务结束，并撞向木星自毁，以消除地球的微生物污染伽利略卫星的风险。

▽ **大气探测**

在伽利略号抵达轨道后很短的时间内，就释放了一个带有降落伞的探测器进入木星的大气层。探测器穿越厚达150千米的上部云层。酷热和高压很快就毁坏了探测器，但是在78分钟的下降时间内，它成功地搜集有关气温、风、闪电、云以及气体的数据。

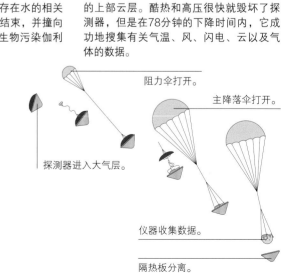

阻力伞打开。

主降落伞打开。

探测器进入大气层。

仪器收集数据。

隔热板分离。

飞掠　　　　　木星轨道　　　　　探测器

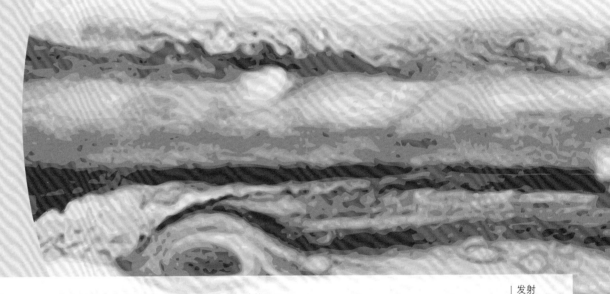

卡西尼号绘制的木星南半球地图

△ **卡西尼号**

　　驶往土星的卡西尼号探测器在2000年12月飞越木星，并对它进行了探测。在比伽利略号更高的高度上，对木星的两个半球进行了观测，从而绘制了至今为止有关木星的最为详细的地图。其他的关键性发现还包括暗云带里的白色风暴，以及北极的黑色椭圆形风暴。

▽ **朱诺号**

　　在距太阳如此遥远的地方，朱诺号是第一个以太阳能为动力飞行的飞行器。它绕木星轨道飞行33圈，并且使用搭载的9套科学仪器来探测木星云盖下方被遮蔽区域的情况。朱诺号的一个目标就是测量木星中水的含量。木星的"湿润"程度，将表征年轻时的木星捕获的冰质星子多少；而如果木星上是干燥的，将对现有的木星形成理论构成挑战。

▷ **朱诺号的运行路线**

　　朱诺号于2011年8月发射，利用引力加速，在2013年再次飞掠地球。在2016年，围绕木星极地轨道飞行（即环绕行星的两个极点），从而使其太阳能电池板始终得到太阳的照耀。为了能够精确测量磁场和引力场，朱诺号必须非常接近行星：与木星云顶的距离在5000千米以内。

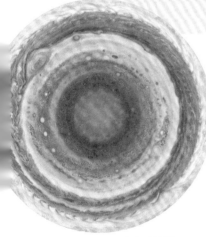

无线电天线

由于在木星上，太阳光照强度只是地球上的1/27，因此探测器需要大型的太阳能电池板。

磁强计

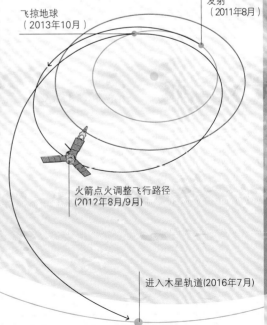

发射
（2011年8月）

飞掠地球
（2013年10月）

火箭点火调整飞行路径
（2012年8月/9月）

进入木星轨道（2016年7月）

土星

土星距离太阳很远。在地球的夜空中，它比木星和金星要暗一些。但是从太空看，土星可以说是所有行星中最美丽的一颗。

数说土星	
赤道直径	120,536千米
质量 (地球= 1)	95.2
赤道引力 (地球 = 1)	1.02
平均太阳距离 (地球 = 1)	9.58
轴倾角	26.7°
自转周期	10.66 小时
公转周期	29.46 年
云顶温度	零下140摄氏度
卫星数量	62+

高空中裹着一层乳白色的氨云，薄雾中颜色柔和的色带若隐若现，看起来，土星似乎很平静。实际上，在这些表面现象的下方是狂暴的大气。土星旋转速度极快，在周围制造了无休止的狂风。超级雷暴频发，而且可以持续数月之久，产生的闪电强度比地球上的高上千倍。所有的巨行星都有光环结构，但是土星光环是太阳系中最耀眼的。这些同心圆盘是由无数个小环组成的，每个小环又包含了千百万个不同大小、成分各异的冰碎片。

土星的密度比水的密度还小，也就是说，如果把它放在足够大的海洋里，它会漂起来。

土星快速旋转迫使其气体向外运动，导致赤道上有一个明显凸出部分。

▽ **北半球**

土星北极地区的六角形云层结构很显眼，它的直径超过了27,000千米，中心有一个巨大风暴。目前看来，这种天气系统在太阳系中是独一无二的，人们认为这是由环极急流造成的。

▽ **倾斜的旋转轴**

土星的旋转轴倾斜26.7°，所以我们可以在29.5个地球年里，从不同角度看遍整个土星和它的环，与此同时，它的南极或北极会冲着太阳。当光环侧向地球的时候，在地球上的是观察不到它的。

▽ **南半球**

土星南极地区由类似飓风的风暴控制，直径差不多与地球的直径等同，旋转速度为550千米/小时，比土星的旋转速度还快。暴风眼的云层厚度达75千米。

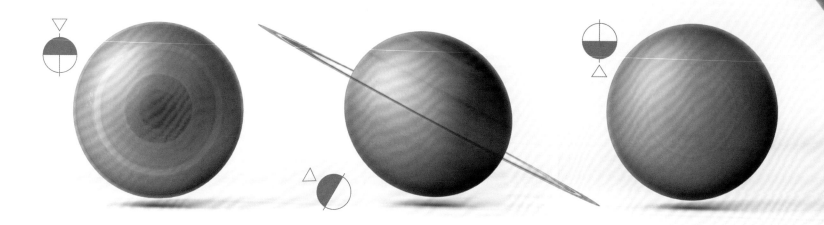

极地地区在冬天呈现淡蓝色。

土星周围被平行于赤道的大片云带所环绕。

主环的直径很大，但只有几十米厚。

◁ 光环和光带

像木星一样，土星也有与众不同的带状外观，只是颜色更淡。巨大的光环结构延伸到土星外很远；其主要物质集中在直径超过270,000千米的范围内。

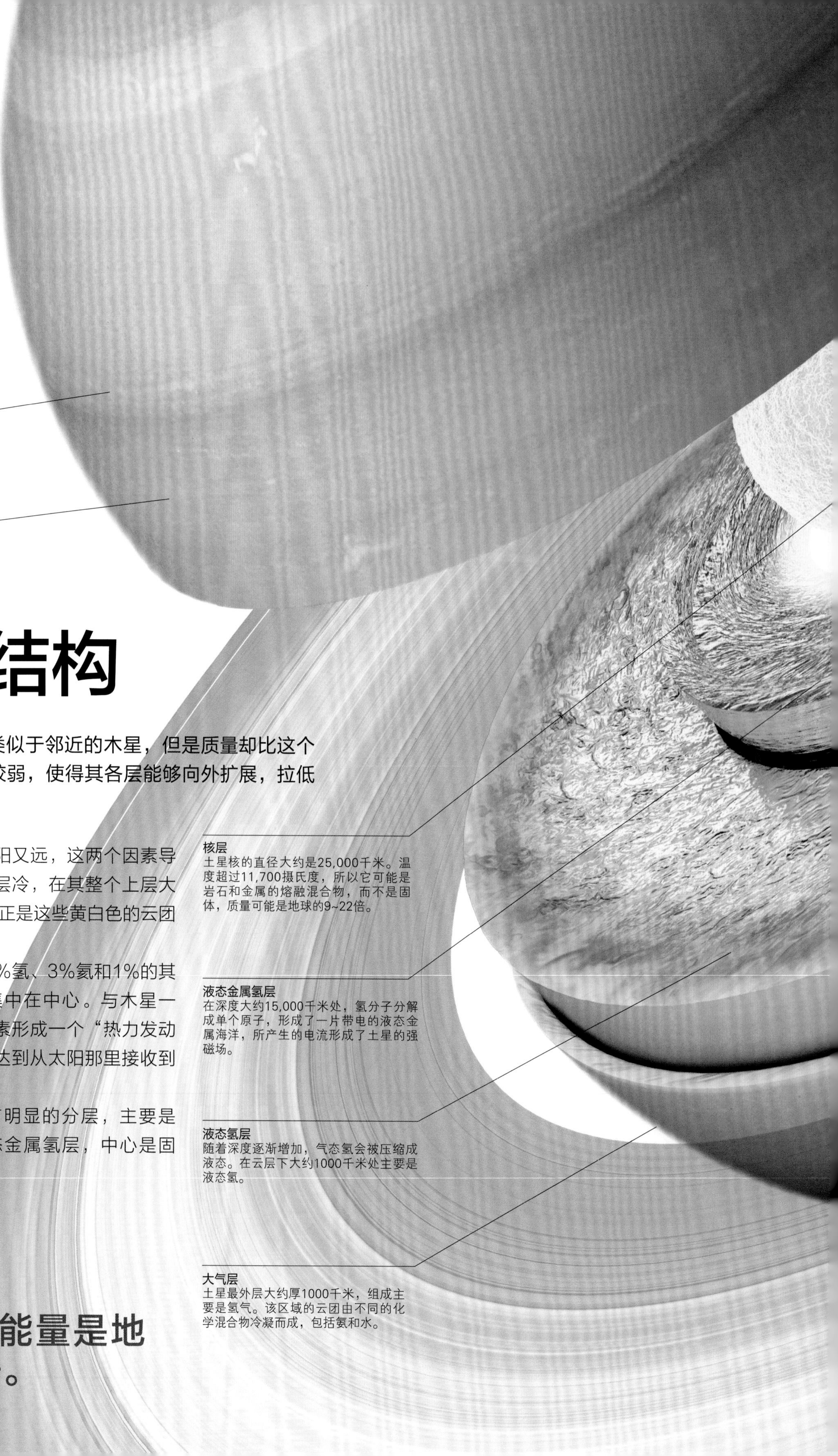

上层大气形成带状环绕着土星。云团和暴风就是在其中产生的。

狂风速度达到每小时1800千米。

土星的结构

土星在组成和结构上类似于邻近的木星，但是质量却比这个邻居小得多。它的引力比较弱，使得其各层能够向外扩展，拉低了总体密度。

土星密度很低，距离太阳又远，这两个因素导致它的外层明显比木星的外层冷，在其整个上层大气形成的氨–冰云即是明证。正是这些黄白色的云团代表了土星的色彩。

在云层下方，大约含96%氢、3%氦和1%的其他成分，其中较重的元素集中在中心。与木星一样，根据密度逐层排列的元素形成一个"热力发动机"，使得土星输出的能量达到从太阳那里接收到的能量的2.5倍之多。

再往下，土星内部具有明显的分层，主要是气态氢层、液态氢层、液态金属氢层，中心是固体核。

核层
土星核的直径大约是25,000千米。温度超过11,700摄氏度，所以它可能是岩石和金属的熔融混合物，而不是固体，质量可能是地球的9~22倍。

液态金属氢层
在深度大约15,000千米处，氢分子分解成单个原子，形成了一片带电的液态金属海洋，所产生的电流形成了土星的强磁场。

液态氢层
随着深度逐渐增加，气态氢会被压缩成液态。在云层下大约1000千米处主要是液态氢。

大气层
土星最外层大约厚1000千米，组成主要是氢气。该区域的云团由不同的化学混合物冷凝而成，包括氨和水。

土星上闪电的能量是地球上的1000倍。

层。这些云层在高海拔处主要是硫氢化铵，在低海拔处则主要由水冰组成。

在100万个地球大气压力的作用下，氢分子分解成金属态。

液态氢层的底部温度达到6000摄氏度。

光环结构包含很多个独立的光环，光环之间是有缝隙的。

◁ **复杂的大气层**

土星平静的表面掩盖了其活跃的内部以及多风暴的大气层。探测器拍摄的增强色图片揭示了在外部氨雾下方是混乱云层。这些云层在高海拔处主要是硫氢化铵，在低海拔处则主要由水冰组成。

土星环

土星外环绕着太阳系中最大的光环结构。这个在地球上可见的壮观光环，几乎囊括了在同心环上绕土星运行的全部冰碎片。

土星环包含数十亿个冰块，大若房子，小如水晶。在土星引力的束缚下，这些微粒在土星赤道上方绕土星运行。光环的结构复杂，每个较大的光环都由许多狭窄的小环组成。受土星卫星的拉拽作用，以及环内物质的聚集影响，光环之间形成了空隙。颗粒主要是由水冰组成，自然这样可以反光。随着时间的流逝，这些颗粒的表面会布满尘埃，但光环内物质间的不断碰撞导致颗粒破裂，重露光亮的新表面。

光环的起源是一个谜。它们可能主要是很小的冰卫星残余，这些冰卫星或被土星的强引力撕碎，或因和另一个碰撞而毁掉。

← 哥伦布环缝

D 环 →
距离土星中心74,700千米

在某些地方，土星的主光环仅10米厚。

▷ 环内环

天文学家已经识别出至少九个主要的光环。A环和B环是最明亮的，而且包含最大的冰粒；在假色图像上白色和紫色代表冰粒颗粒大于5厘米。分隔开A环和B环的大缝隙叫作卡西尼环缝。由B开始向内延伸的是较暗的C环和D环，它们包含的颗粒尺寸小于5厘米（颜色由绿色和蓝色代表）。

▷ 光环侧视图

与从地球上观察相比，空间探测器可以看到光环的更多细节，即便如此，最好的图像也还不能显示清楚单个的光环微粒。在卡西尼号飞船发回的土星外部C环（左）和内部B环（右）的紫外图像中，化学和物理特性以颜色突出显示。布满尘埃的冰粒呈现红色，纯净的水冰是蓝绿色。密度更大的B环似乎更加干净、纯粹，这说明此处冰粒之间的碰撞更加频繁，在冰块碎裂之处，重新露出新的表面。

▽ 牧羊犬卫星

一些小型卫星在环内部或边缘绕行星运行，它们被称为牧羊犬卫星。这些天体的引力会在环形平面内制造出复杂的结构，包括组织细密的小环、狭窄的缝隙，甚至垂直隆起。在土星昼夜平分点，这些内部卫星在光环上投射出狭长的阴影，如下图的土卫三十五，它就在A环内造成了基勒环缝。

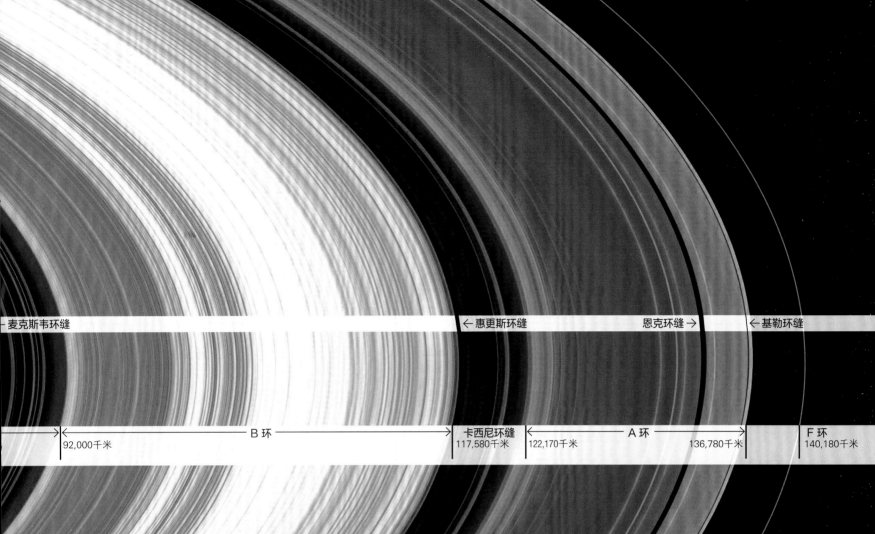

麦克斯韦环缝 | ←惠更斯环缝 | 恩克环缝→ | ←基勒环缝

| →|← | B 环 | →|← | 卡西尼环缝 | →|← | A 环 | →|← | F 环 |
| 92,000千米 | | | 117,580千米 | 122,170千米 | | 136,780千米 | | 140,180千米 |

▽ 外环

　　在土星主环之外还有一些外环，它们比较模糊、暗淡，看起来不是特别清晰。这些稀薄的尘埃冰粒光环仅在使用特殊成像技术时可见。在下方中，太阳被土星圆盘遮蔽，显示出了土星的背光视图，我们能看到模糊的E环。其中的微颗粒云是由从土卫二（Enceladus，这是土星之中最令人关注的卫星之一）表面喷发出的羽状冰粒形成的。与纤细的主环不同，E环的厚度超过了2000千米。

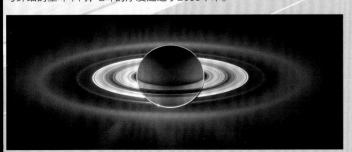

◁ 菲比环

　　2009年，天文学家使用美国航空航天局斯皮策空间红外望远镜发现了巨大的尘埃环，被认为是由于土星外部卫星之一土卫九（Phoebe）受陨石撞击而产生的。相对于其他光环，它要倾斜27°，菲比环距离土星大约400万千米，而且又向外延伸了3倍之多。

目的地——土星环

土星光环中B环是最大最亮最密集的。在这里，巨大的岩石随着冰体不可思议地舞动着，像"太空芭蕾"。高密度的圆盘碎片似乎可以拦截穿过其轨道的任何天体。

当绕土星轨道运行的微粒平面扩展到土星本身直径很多倍的时候，此处数万亿的微粒个体的路径出奇地一致——每个都沿着与土星赤道同平面的近乎正圆的椭圆形轨道运行。那些误入椭圆轨道或试图穿过这个平面的天体会很快和其邻近的天体相撞，并且被推入更有序的轨道内。因碰撞而产生的碎片到处可见，在其本身引力作用下，它们慢慢地重新组合，在阳光的照耀下闪着明亮的光。

艺术家对B环的想象

主环位于土星的洛希瓣内，在这里受土星引力的影响，它们合并不成独立的土星卫星。

位置

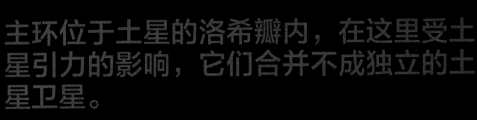

B环，土星云顶50,000千米处

螺旋波

B环内的物质是不均匀的，由内到外形成密度波。这是土星的引力变化造成的（当土星因内部颤动时，土星震动，导致引力变化）。

30,000亿吨
——土星环的总质量

簇聚

根据卡西尼号的观测结果，用电脑仿真技术演示环粒子是如何逐渐结合的。它们先是慢慢簇聚在一起形成超小卫星，随后又在碰撞中破碎，如此循环往复。

近观土星

在外侧明亮的氨云的笼罩下，整个土星呈现深褐色，和近邻木星的大气层一样，土星大气层深处也很活跃、混乱。

土星到太阳的距离是木星的2倍，接收到的太阳热量也仅有后者的1/4，因此土星大气层上方更冷，大约平均零下140摄氏度。在如此低的温度下，大气层的氨冻结成冰晶，将整个星球隐匿在一层薄薄的如雾般的云层中。然而，在外侧云层下方，土星饱受风暴、狂风和闪电的摧残，这些现象的驱动力不仅有来自太阳的热量，还包括土星本身的内部能量。

多风暴的天空

土星大气层呈带状，和木星有些类似，只是更宽一些，明暗部分的对比也没那么明显。隐藏在这些云带内的是经久不息的风暴和强闪电。通过探测它们发出的无线电信号可以找到它们，但是风暴也偶尔爆发成土星表面上周期性可见的"大白斑"。

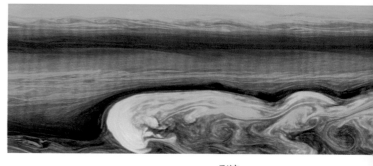

△ 彩流
卡西尼号空间探测器发回的这张红外图像，向我们展示了大白斑在2010年出现并在2011年迅速扩展的完整过程。风暴系统（左）上端的高云显示从行星内侧上涌的温暖物质形成了原始斑点，这也许和季节变换有关。

▽ 白色风暴
土星最突出的天气特点是在北半球周期性出现的大白斑。白斑大约每隔29年出现一次，通常与北方的夏天同时出现，这表明它是由于来自太阳的热量的增加而产生的。随着白斑的发展，它可以在行星周围环绕形成苍白色的不稳定云带。

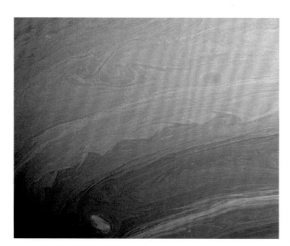

△ 云带
浅蓝色的云带通常由水蒸气组成，上层更亮的橘红色云团主要含氢硫化铵。在卡西尼号发回的这张红外图像中颜色和温度的区别被过于夸张了。暗的和亮的云带似乎以相反的方向运动，但这是由于它们的不同旋转速度而产生的假象。

土星上的风速
在太阳系中位列第二。

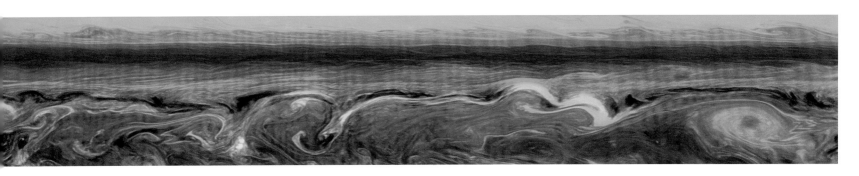

极区

土星自转轴的倾斜角度与地球类似，所以也一样有四季的变化，在漫长的土星年中，极区有半年处于极夜之中。这使极区天气不同于土星的其他地方。极点上主要是盘旋的飓风状旋涡，其中心是无云的"风眼"。

▷ **南极光**

土星的强磁场吸引着太阳风中的带电微粒，并将其输送到极点周围大气层上方。在那它们和气体分子相互碰撞，导致分子发光，产生美丽的电晕，正如哈勃太空望远镜拍到的这些图像。

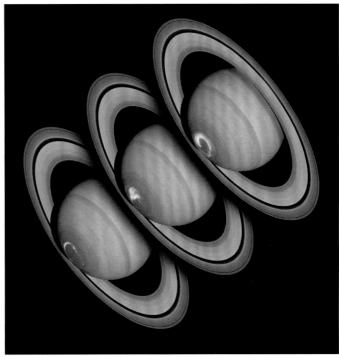

▷ **南方热点**

从卡西尼号发回的这张红外图像中可以看到，热量正从土星内部深处往外散发，温度较低的云带投下的影子将其覆盖。土星内部收缩产生能量，使其辐射的能量是从太阳接收的能量的2.5倍，但是天文学家还不能确定为什么会有如此多的能量从南极逃逸。

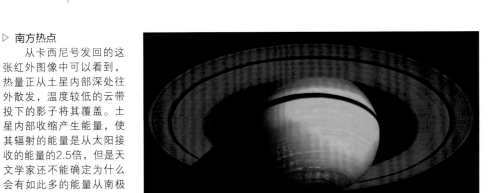

▽ **六角形飓风**

土星北极中心由明显的六角形云团所围绕，至少在20世纪80年代早期旅行者号飞掠时它就存在了。六角形几何图案出现在速度差较大的不同大气层的边界处。六角形每一边的长度都比地球直径大。

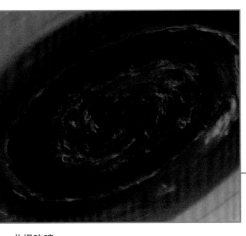

△ **北极玫瑰**

卡西尼号拍摄的土星北极旋涡中心的特写镜头，显示高空环绕的云团（绿色）和中心云团（红色）之间形成明显的环缝。中心直径竟达2000千米，周围风速达到530千米/小时，十分震撼。

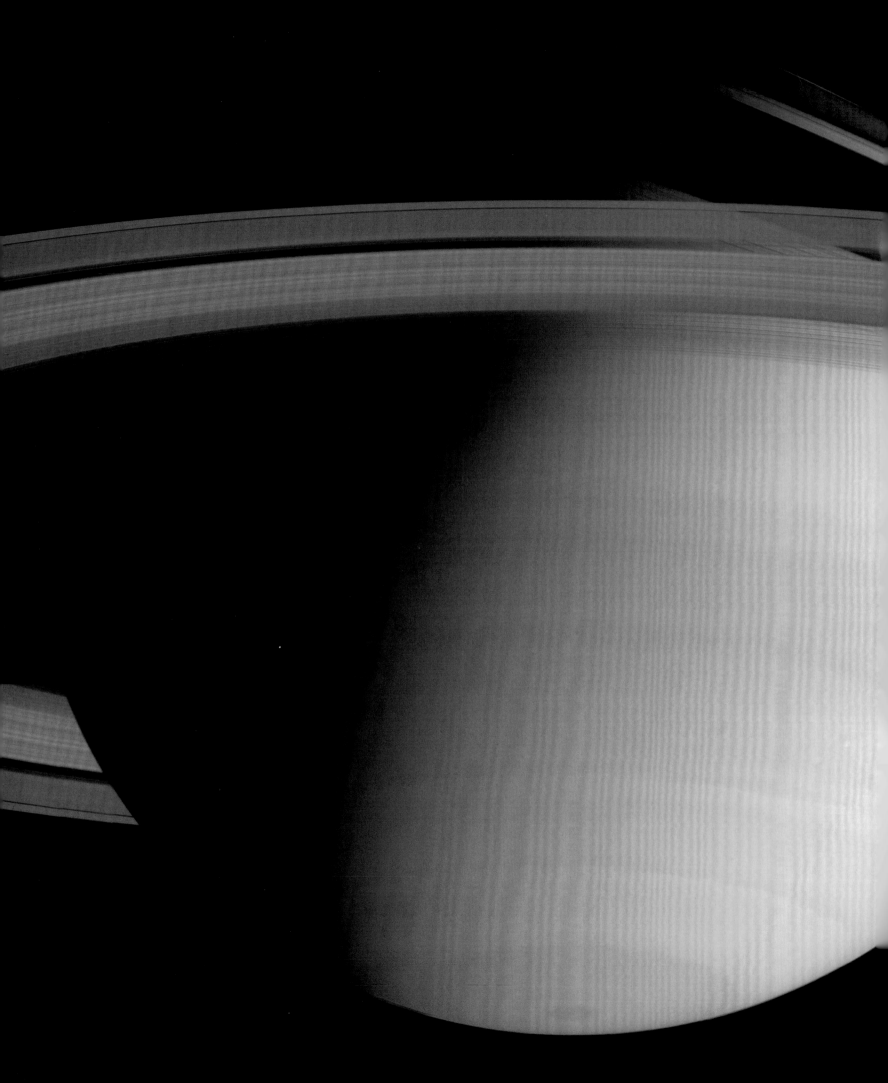

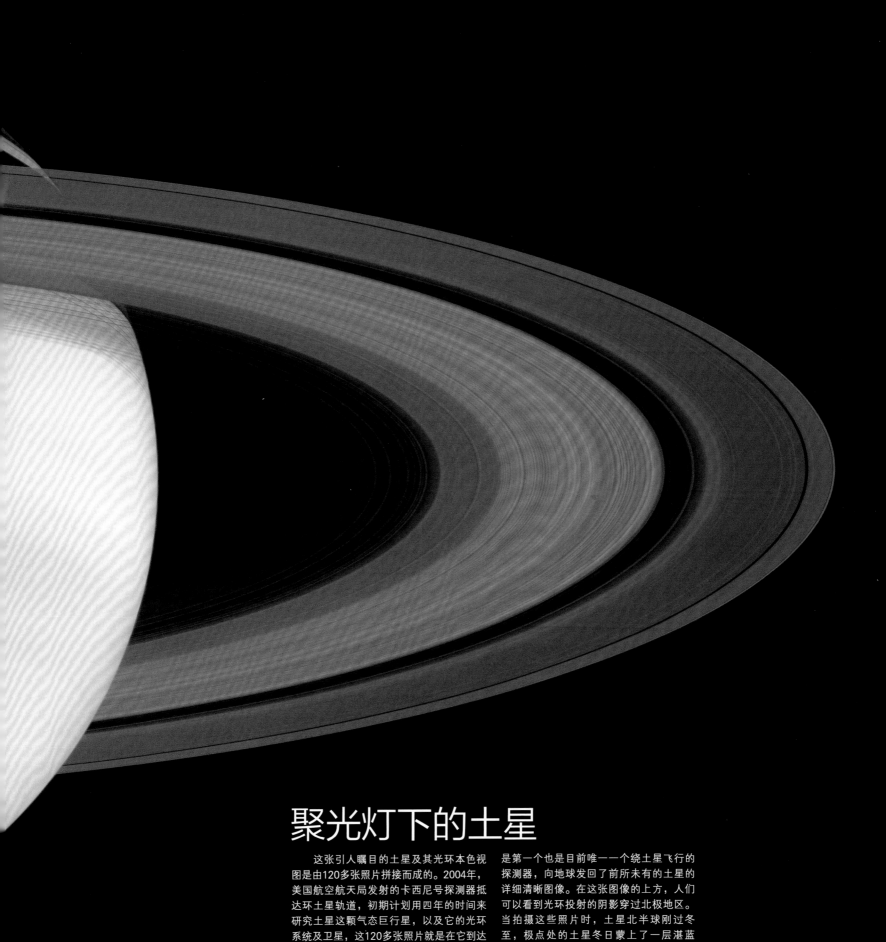

聚光灯下的土星

　　这张引人瞩目的土星及其光环本色视图是由120多张照片拼接而成的。2004年，美国航空航天局发射的卡西尼号探测器抵达环土星轨道，初期计划用四年的时间来研究土星这颗气态巨行星，以及它的光环系统及卫星，这120多张照片就是在它到达之后几个月之内拍摄的。

　　现在卡西尼号仍然在轨道内运行，它是第一个也是目前唯一一个绕土星飞行的探测器，向地球发回了前所未有的土星的详细清晰图像。在这张图像的上方，人们可以看到光环投射的阴影穿过北极地区。当拍摄这些照片时，土星北半球刚过冬至，极点处的土星冬日蒙上了一层湛蓝色。淡蓝色椭圆斑点仅在南半球带状周围可见，这些斑点是土星大气层中的风暴。

土星系统

环绕着土星运行的卫星是个大家族。既有行星般大小、大气层复杂和表面活跃的大个卫星，也有受土星引力影响落入轨道运行的小块岩石和冰。

截至2018年，土星拥有62颗正式认可的卫星，其中53颗已经被命名。划分卫星、超小卫星和环内较大物质微粒之间的分界线并不是很明显，所以也许永远都不能确定土星到底有多少颗卫星。土星环系统最内侧有一些被土星引力"清理"干净的环内间隙，这是牧羊犬卫星的栖息之地。最外侧的卫星粗放地沿着偏心轨道运行，轨道甚至距土星数千万千米。相比之下，土星的主要卫星离土星较近（但也都在主环之外），轨道也近似圆形。

土星卫星的大小
土星卫星大部分是泰坦族成员。除土卫六以外的其他卫星都较小，科学家推断土卫六的形成阻碍了其邻近卫星的发展。

土卫六
土卫五
土卫八
土卫四
土卫三
土卫二
土卫一
土卫七
土卫九
土卫十
土卫十一
土卫十六
土卫十七
土卫二十九
土卫十二
土卫二十六
土卫十五
土卫十八
土卫十三
土卫二十
土卫十四
土卫十九
土卫二十四
土卫二十二
土卫二十八
土卫二十七
土卫四十四
土卫三十五
土卫二十五
土卫三十一
土卫三十三
土卫三十
土卫三十九
土卫四十五
S/2007 S 2
土卫三十七
土卫四十七
S/2004 S 13
土卫五十一
土卫五十
S/2006 S 1
土卫三十八
土卫四十三
土卫三十六
S/2004 S 7
S/2006 S 3
土卫四十八
土卫四十六
土卫四十二
土卫二十三
S/2004 S 12
土卫四十
S/2007 S 3
S/2004 S 17
土卫四十一
土卫三十二
土卫三十四
土卫四十九
土卫五十三
S/2009 S 1

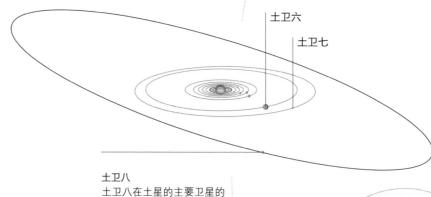

土卫六
土卫七

土卫八
土卫八在土星的主要卫星的最外层运行，距土星平均距离360万千米。

◁ **奇怪的轨道**
不像土星其他较大的卫星，土卫八的轨道与土星系统轨道的夹角很不寻常。倾斜角度从6°至24°变化，但是原因不明。一个可能的原因就是它受到遥远的木星的万有引力的影响。

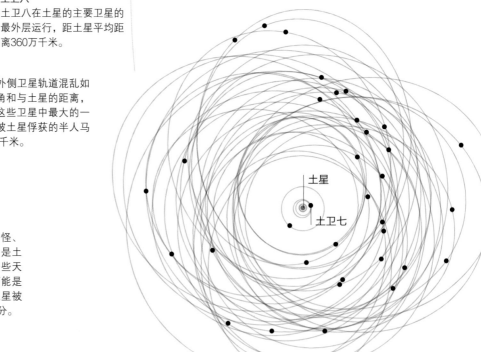

土星
土卫七

▷ **外部卫星**
土星的38颗不规则外侧卫星轨道混乱如麻，但可以根据轨道倾角和与土星的距离，分成三个群体。目前，这些卫星中最大的一个是土卫九，它是一颗被土星俘获的半人马型小行星，直径大约212千米。

土卫七
这是一颗形状奇怪、密度不均匀的卫星，是土卫六最近的邻居。一些天文学家认为该卫星可能是远古时期一颗较大卫星被撞击后遗存的核心部分。

土卫六
在距离土星120万千米的轨道上运行，巨大的土卫六通过土星系统大间隙。每隔15天22个小时运行一周，在相同周期内绕其轴自转——土星的其他主要卫星也是遵循这种同步自转的模式。

已经在土星环内探测到150多颗小卫星。

▽ 内部卫星

土星内部的24颗卫星沿规则轨道运行，和土星旋转方向一致，与土星光环在同一平面上。这些规则卫星可能是由土星形成过程中的剩余物质形成的，而不规则外部卫星是土星后来俘获到的。内部卫星包括七大卫星，其中最大的卫星土卫六比水星还要大。

土卫十三
土卫十三的表面异常光滑明亮，这是因为它飞过E环冰粒时表面被不停地"摩擦"擦亮。

土卫三十三

土卫三十二

土卫一

土卫十

土卫十八

土卫二
和木卫二一样，这个冰冷世界被认为是太阳系中可能藏匿外星生命的少数几个地方之一。南极附近的间歇泉喷射出组成土星朦胧的E环的冰物质。

E 环

土卫三十四

土卫十五

土卫三
土卫三有一对特洛伊卫星：土卫十三和土卫十四，分别在其前后60°共轨运行。

土卫十六

G 环

土星

土卫十七
小卫星土卫十七是狭窄的F环的外缘牧羊犬卫星，它的孪生兄弟土卫十六则是F环内缘牧羊犬卫星。混乱的变轨使它们之间的距离在1400千米之内变化。

土卫三十五

土卫五十一
小卫星土卫五十一和土卫十有非常相似的轨道，在引力相互作用下它们每四年互换一次轨道，不然它们将会相撞。

土卫四
土卫四和其他两颗卫星共用一个轨道：土卫十二在其前方60°运行，土卫三十四在其后方60°运行。后两者就是所谓的特洛伊卫星——它们位于土卫四和土星的引力平衡点上（也就是拉格朗日点）。

C 环 | D 环

土卫十四
尾随土卫三运行，宽22千米。

土卫五
这颗冰质卫星上面很冷，从地质学上说属于冰和岩石的惰性球体。运行轨道距离土星太远，因此不能被行星潮汐能加热。

B 环

土卫十二

A 环 | F 环

土星的主要卫星

土星有7颗卫星体型巨大，产生了足够的引力将其自身塑造成近似球体。其中一些亿万年来死气沉沉，但从地质学上来说，有一些却相当活跃。

土星上主要的卫星以希腊神话中的巨人族名字命名。与土星由近到远，分别是土卫一（Mimas）、土卫二（Enceladus）、土卫三（Tethys）、土卫四（Dione）、土卫五（Rhea）、土卫六（Titan）和土卫八（Iapetus）。其中最小的是仅396千米宽的土卫一，最大的是直径5150千米的土卫六，它的直径比月球的还大50%。土卫六是第一个被发现的土星卫星（1655年）。截至1789年，土星的七大卫星全部被定位并且命名。

浓密的大气层。

土卫六表面黑暗的地区可能是干涸的海底。

▷ 土卫六
比水星和冥王星还要大的土卫六是太阳系中唯一拥有明显大气层的卫星，也是除地球以外唯一一个大气中富含氮的天体。土卫六由岩石和冰组成，平均表面温度大约零下180摄氏度。尽管寒冷，但其浓密的大气层也能保持足够的热量来维持复杂的天气循环，表面的液态甲烷蒸发，然后再像地球上的降雨一样，再落回地面。土卫六还存在"冰火山"，喷发出融化的冰。

浅色区域是地势比较高的地方。

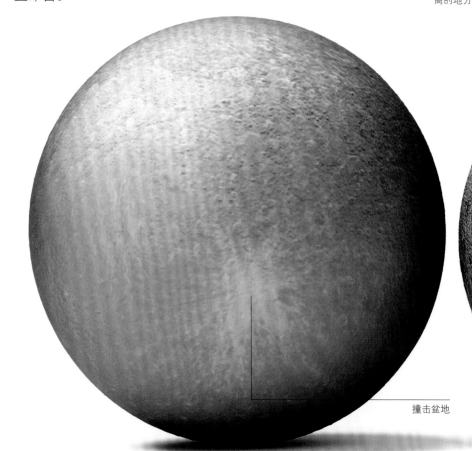

撞击盆地

恩格里尔环形山

△ 土卫五
土卫五是土星第二大卫星，但是比月球要小得多。它是一个由冰和岩石组成的球体，引力压缩使得冰的密度异常大。土卫五表面多坑，有两大撞击盆地，地质学上显示亿万年来它处于不活跃状态。

△ 土卫八
土星最外层的主要卫星之一，具有奇怪的外观，前导半球呈现暗色，后随半球比较明亮。暗色部分可能是由于土卫九碳尘的沉积而造成的。乌黑的尘埃吸收太阳热辐射，造成表面冰升华，然后使其受影响的区域更加黑暗。

伊萨卡深谷长2000千米

长长的断裂（皱沟）穿过土卫二表面

赫歇尔环形山

△ **土卫四**

　　这颗中型冰质卫星表面上布满坑洞，其中包含大量密集的岩石。土卫四表面上环形山频繁地大规模变化表明一些区域过去被冰火山的喷出物填平了。土卫四半球上的断层网从远处看像是明亮的条纹。

△ **土卫三**

　　看起来类似于土卫四，但土卫三的密度较低，表明它几乎都是由纯粹的水冰组成的。尽管布满坑洞，近来似乎比起它的邻星更加活跃。有因冰火山活动形成的平坦大平原。伊萨卡深谷可能因土卫三内部的冻结而形成。

△ **土卫二**

　　在土星和土卫四之间的这场万有引力争夺战中，这颗小卫星被牵引，导致内部摩擦、加热。融化的冰通过表面喷发出蒸气和水，在南极周围形成壮观的间歇泉。这些喷泉喷出的物质是土星巨大E环物质的来源。

△ **土卫一**

　　土卫一是太阳系中依靠自身引力变为球形的最小天体。其有凹痕的表面主要是巨大的赫歇尔环形山，宽130千米。形成这座环形山的撞击差点将土卫一毁于一旦。

目的地——丽姬娅海

　　土星最大的卫星土卫六北部有一片湖，一望无际，这就是丽姬娅海。不过湖里波光粼粼的不是水而是甲烷——由于土卫六表面极冷，甲烷液化。

　　土卫六表面几片海或较大的湖中充满着液态碳氢化合物，例如土卫六极点附近发现的乙烷和甲烷。丽姬娅海是其中最大的，比地球上任何一个淡水湖都大。美国航空航天局卡西尼号探测器利用雷达回波测量了其深度，同时揭示它是由单一的甲烷组成。尽管表面平滑，但是季节性气候变化可能会造成紊流。丽姬娅海参差不齐的海岸线上是大大小小的海湾。一些海岸区域变成平滑的海滩，或者说是甲烷滩；其他区域高抬，形成冰丘。

据估计，丽姬娅海的甲烷量是地球全球液态燃料储量的40倍。

艺术家根据卡西尼号雷达数据绘制

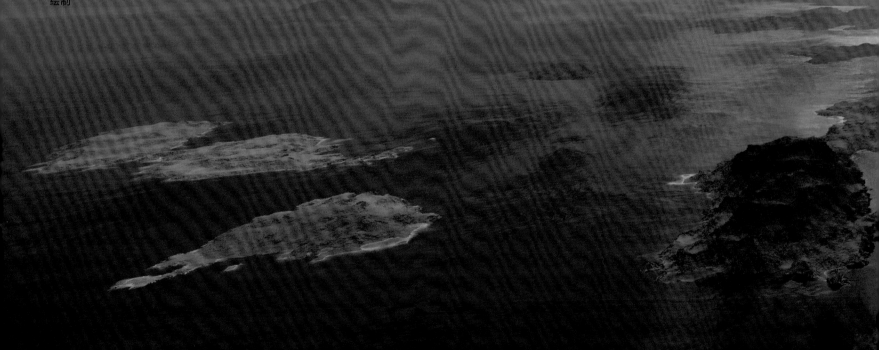

位置

纬度80°N；经度248°W

170米 卡西尼号雷达探测的
丽姬娅海的深度

湖泊简况

丽姬娅海和土卫六的大多数湖一样都靠近北极，覆盖区域大约12.6万平方千米。湖泊海岸线长度大约2000千米，没有因为化学物的蒸发而收缩，这一点与湖泊较少的南极区域不一样，可能和另一个半球的季节性循环有关。

卡西尼号发回的丽姬娅海雷达图像。平滑的液态区域用蓝色显示。　北美的苏必利尔湖（上方）卫星视图与丽姬亚海的对比。　美国航空航天局对其湖底扫描显示，中心最大深度是210米。

巨大的河流

令人激动的是，卡西尼号发回的图片显示土卫六上有甲烷雨和液体流动，有条400千米长的河流流入丽姬娅海。这条河流被命名为Vid Flumina，这是挪威神话中有毒河流的名字。

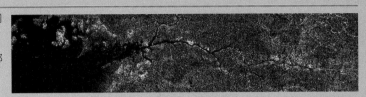

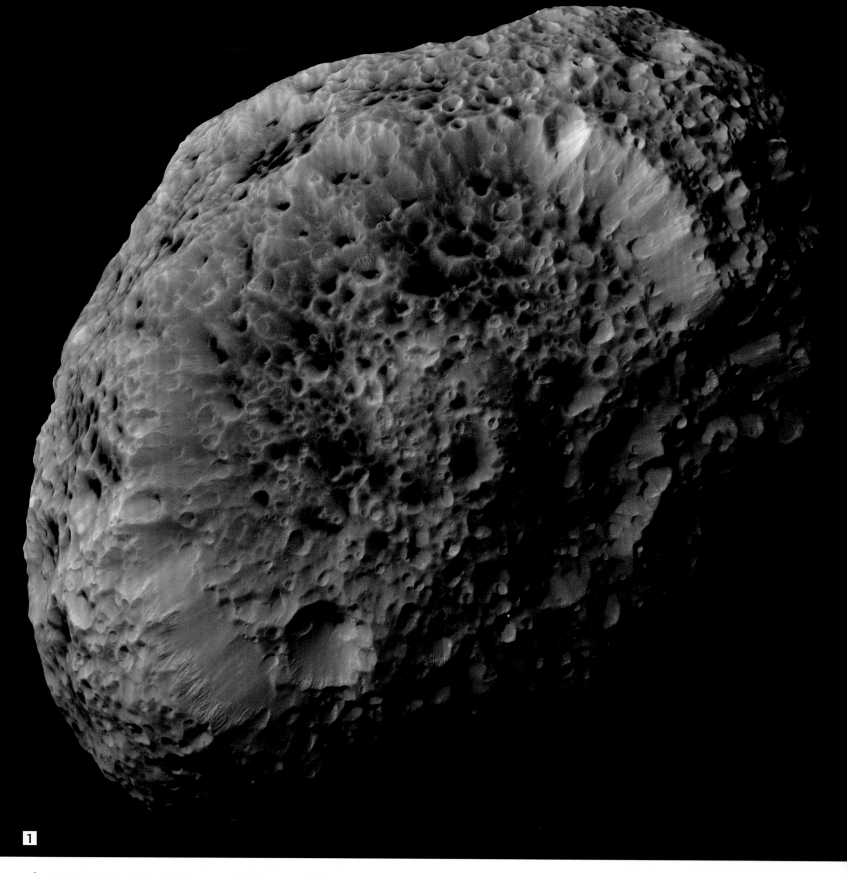

1

卡西尼号传回的图像

1 土卫七

美国航空航天局的卡西尼号空间探测器在土星系统旅行期间抓拍了很多惊人的图像，包括土星最古怪卫星土卫七的特写镜头。因没有足够大的引力，土卫七无法将自身塑造成一个球体。其古怪的形状、无规则的旋转和海绵似的多孔表面都表明，它是一颗较大卫星被撞后的碎块。

2 土卫四

在近距离接触土星的小型冰质卫星土卫四期间，卡西尼号抓拍了它在阳光照耀下的新月状图像。深处阴影凸显了土卫四伤痕累累的表面。卫星表面布满撞击坑，最大的直径超过100千米。

3 土卫一

在土星北半球的映衬下，土卫一，这颗最内侧的卫星显得特别小。黑色的条带是土星环在冬季半球云带上的投影。太阳光透过相对无云的北半球大气层，光散射作用将大气层染成蓝色。

4 土卫六

这张放大后的图片中，浓雾中的土卫六和庞大的土星之间的巨大差异已没那么明显了。土卫六的轨道和土星光环在同一平面上。浓密的A环和B环在土星南半球上投射出宽阔黑暗的阴影带，在卡西尼环缝中透过一道亮光。

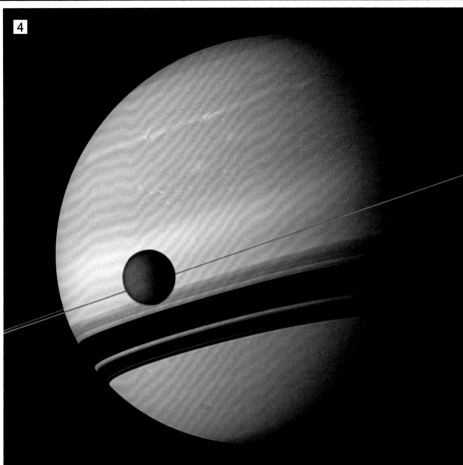

5 土卫二

这张土星最亮卫星的增强色彩图像揭示了其地形之中显著的差异。最古老的地形位于多撞击坑的北方，南方无撞击坑的区域看起来像被重新修复过一样。蓝色的冰标记了最近的形貌特征，包括与众不同的"虎纹"，显示仍然有地下水继续向外喷出。

据探测，土卫二上的间歇泉正喷出冰粒，速度达63,000千米/小时。

根据卡西尼号发回的照片，艺术家的想像作品

位置

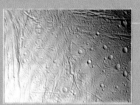

纬度4° N; 经度209° W

寒冷的间歇泉

潮汐力产生的热量在土卫二内部制造了融水，在压力作用下，以水蒸气和冰粒的形式从表面喷出。

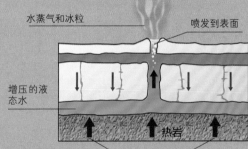

水蒸气和冰粒　　喷发到表面

增压的液态水

热岩

潮汐加热

惊艳的羽状物

美国航空航天局卡西尼号探测器发回的图像显示了土卫二的间歇泉羽状冰向高处射入太空的情景。这张颜色增强图片更加清晰地显示出了羽状物的密度。

指环王

自第一次通过望远镜发现土星光环之后，美丽的土星就令天文学家着迷不已。近几十年来，空间探测器又为我们呈现了同样迷人的土星卫星。

在空间探测器发现其他行星环之前，人们一直认为土星环是独一无二的。尽管在17世纪就发现了土星环，但是在接下来的将近250年间，这些光环对人类来说一直是个谜，直到后来物理学家詹姆斯·克拉克·麦克斯韦阐明了它们的实质。在19世纪中期之前，对土星具体特征的观察很少，后来随着望远镜技术的提高，人们观察到了土星环的结构、环缝以及许多卫星。不过直到第一次行星际空间探测任务，天文学家才开始真正理解土星系统的复杂性。

托勒密观察土星

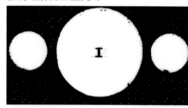
伽利略解释土星光环

127年
最外层的世界

对于早期天文学家来说，作为5颗已知行星中运行最慢的土星，有其特殊意义。希腊学者托勒密认为土星处于以地球为中心的水晶球体系的最外层，再往外就是恒星组成的壳了。

1610年
土星形状奇怪

伽利略利用简陋的望远镜揭示了土星有奇怪的形状，引发意大利科学推测土星有一个水壶一样的把手或两大卫星绕其运行。伽利略不知道的是，他已经看到扭曲的土星光环视图。

土星外侧的较大卫星，土卫九

精细的光环结构

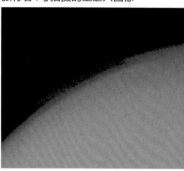
旅行者1号拍摄的土卫六图像

2004年
飞掠土卫九

经过长距离飞行之后，美国航空航天局发射的卡西尼号空间探测器到达土星，并绕其轨道运行。在入轨之前，飞近神秘的外侧卫星土卫九。发回的照片显示，土卫九表面多坑，说明它是一颗被俘获的彗星或小行星。

1981年
环内结构

旅行者2号在其兄弟探测器到达土星八个月后到达。旅行者绘制了所有土星主要卫星的图像，揭示了环内细节，包括单个小环和光环结构内较暗物质形成的径向波纹。

1980年
首次看到土卫六

美国航空航天局发射的旅行者1号探测器到达土星。调整了它的轨道，使其能够更加靠近巨大的土卫六，发回了土卫六的第一张特写图像。但由于它的大气层很厚，看不到下方的世界。

卡西尼号拍摄的土卫六图像

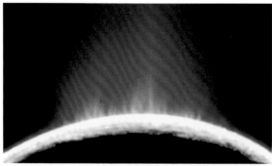
土卫二上的羽状冰

2005年
揭开面纱

卡西尼号红外探测仪透过土卫六浓密的大气层，拍摄了其表面。土卫六的表面因侵蚀作用（如流动的液态甲烷）而变得平滑。

2005年
活跃的土卫二

在近距离观测明亮的小卫星土卫二期间，卡西尼号看到向太空喷发的羽状冰状物质达数百千米。进一步研究揭示，在靠近南极的表面断层区域出现了活跃的间歇喷泉，动力来源是卫星内部的潮汐力。

惠更斯的草图展现了土星外观的变化

巴黎天文台

土卫八的两面对比图

1655年

光环的发现

荷兰天文学家和天文仪器制造者克里斯蒂安·惠更斯利用他设计的强大的望远镜研究土星。他通过观察总结出土星周围总围绕着一层又薄又平的光环。同年，他还发现了土星最大的卫星土卫六。

1675年

分裂的光环

在巴黎天文台，法国天文学家卡西尼看到土星环内有黑圈——A环和B环之间的边界，现在叫作卡西尼环缝。这是第一次有迹象表明土星光环有复杂的内部结构。

1705年

双面卫星

1671年，卡西尼观测了土星一侧的土卫八，1705年又对对面方向的土卫八进行了观测，他发现这一侧更暗淡，由此他得出一个正确的结论：土卫八有一个黑暗的前导半球和一个明亮的后随半球。

先驱者11号拍摄的土星图像

威尔·海

1979年

先驱者11号

访问土星的第一枚探测器飞掠时距离土星21,000千米，发回了迄今为止最详细的土星光环和大气层天气图片。先驱者11号还为之后的旅行者任务调查了飞行路径。

1933年

大白斑

英国喜剧演员和业余天文爱好者威尔发现土星上巨大的白色爆发，后来确认是类似于1876年和1903年看到的白斑状的风暴。现代研究认为，大白斑是土星上最主要的常态化天气特征。

1859年

光环的实质

詹姆斯·克拉克·麦克斯韦第一次解释土星光环的实质，通过数学运算揭示它们不是固态平面或细环，而是由无数微粒组成的，这些微粒有各自独立的圆形轨道。

土卫六上的安大略湖

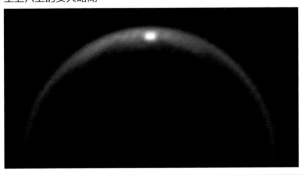

2011年的风暴爆发

2005—2007年

土卫六上的湖泊

卡西尼号的后续探测器惠更斯号于2005年在土卫六的干燥赤道区着陆。后来，卡西尼号上的雷达在极地周围发现了湖泊。2007年卡西尼号利用红外相机拍摄到了南极地区泛着太阳光的安大略湖。

2010年

精细的光环结构

从卡西尼号发回来的B环在平面上的投影照片来看，它的外缘上有波浪状的结构。这些昙花一现的垂直结构可能是由光环内小卫星的引力作用形成的。

2011年

风暴来临

卡西尼号记录了在土星的北半球，一个巨大的白斑状风暴发展成为8个地球那么大的风暴的全过程。风暴似乎生成于北半球变暖之时。

发射　　　　　　　　　地球轨道　　　　　　　　　　　　开始土星之旅

1973年　先驱者11号
1977年　旅行者1号
1977年　旅行者2号
1997年　卡西尼号
计划中　土卫六-土星系统任务（TSSM）

土星探测任务

自20世纪70年代以来，有若干枚探测器访问过土星及其卫星。第一次任务是飞掠，最近几十年的探测任务是由美国航空航天局的卡西尼号探测器完成的。

土星是先驱者号系列任务的重要一站，为太阳系外层的探索铺平了道路。先驱者10号仅仅飞掠木星，1979年9月先驱者11号利用巨行星"引力弹弓效应"向土星推进。两架旅行者号探测器分别在1980年11月和1981年8月先后抵达，发回了土星卫星群的第一张详细图像。后来直到2004年，卡西尼号（及其同伴：惠更斯泰坦探测器）成为第一个环绕土星轨道运行的轨道飞行器，人类才得以重游土星。

关键词
🇺🇸 美国航空航天局
esa 欧洲空间局
美国/欧洲联合任务
● 目的地
○ 成功

探测平台保持照相机和仪器指向期望目标。

◁ 旅行者号
两个完全相同的旅行者号：每个重约773千克，携带105千克的科学仪器。较大的射电天线（高增益天线）用来与地球保持联系。探测器不再使用太阳能板，而是依靠核能供电。两个探测器都携带了一张金唱片，上面记录了地球的一些信息。

▷ 发现
旅行者号确认了土星主环内存在无数个独立的小环，还有短期存在的结构，例如径向结构。由于土卫六的大气层较厚，未能对它进行详细考查，不过第一次发现了其他几颗卫星的地表特征，以及土星天气系统的详细信息。

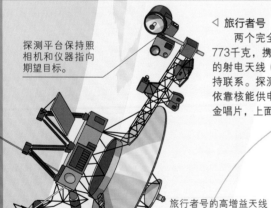

旅行者号的高增益天线直径3.7米。

旅行者号

▷ 任务概述
旅行者1号比旅行者2号飞得更快，1979年在去木星的路上实现反超。到达土星系统后，旅行者1号就开始靠近土卫六。旅行者2号继续前往天王星和海王星。

旅行者1号
1977年9月5日发射

旅行者2号
1977年8月20日发射

木星
1979年3月5日

海王星
1989年8月25日

旅行者2号

天王星
1986年1月24日

木星
1979年7月9日

旅行者1号

土星
1980年11月12日

土星
1981年8月25日

旅行者2号拍摄的光环的色彩增强照片

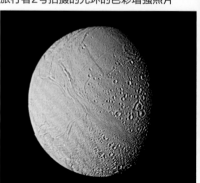

旅行者2号拍摄的土卫二假色照片

飞掠

入轨

土卫六和土卫二是未来探测任务的重要目标。

◁ 卡西尼号

巨大的卡西尼号大小如一辆公共汽车，重2150千克，是迄今为止发射到太空的最大和最复杂的行星际探测器。载荷仪器包括先进雷达、可见光及红外测绘相机、磁力仪和粒子谱仪。卡西尼号还搭载了惠更斯号土卫六探测器，这使得整体负载进一步增加了350千克。

卡西尼号高6.8米，配有14千米长的线缆。

2004年12月发射惠更斯探测器到土卫六。

▷ 发射

1997年10月，卡西尼号搭乘泰坦IVB／半人马座运载火箭从美国卡纳维拉尔角发射升空。它的运行路径很复杂，包括两次飞掠金星、一次飞掠地球以及一次飞掠木星，每次飞掠时均加快速度，使得卡西尼号只用了不到7年的时间就到达了土星。

▽ 发现

卡西尼号在轨道上运行了20年，它的发现已经彻底改变了我们对土星及其卫星的认识。重要的突破包括：验证了土卫六上的湖泊和土卫二上的羽状冰。除此之外，它还揭示了土星环内的精细结构，丰富了我们对土星复杂天气系统的理解。

土卫八上因冰消失而留下黑斑点。

惠更斯号在土卫六表面的着陆地点。

天王星

神秘的天王星将其秘密隐藏在晴朗无云的面容之下。天王星是唯一一颗几乎横躺着绕太阳公转的行星。尽管它不是所有行星中离太阳最远的，但却是最寒冷的一颗。

1781年3月13日，出生在德国的英国音乐家和业余天文学家威廉·赫歇尔曾写道："一团奇怪的云星，又或许是颗彗星。"事实上，赫歇尔是在土星以外的远方新发现了一颗行星，这一下子就把已知太阳系的范围扩大了一倍。

天王星是一颗巨行星，但是由于相距甚远，所以凭肉眼几乎观察不到。即使利用望远镜，也只是看到：有一群卫星，它们的轨道表明这颗行星是倾斜的，而且还可能有一些暗环。1986年，旅行者2号探测器飞掠过天王星，但是再仔细看传回的图像也毫无特别之处，非常令人失望。

在之后的数十年中，随着天王星的公转将其不同部分面朝太阳，这颗行星才从"冬眠"中苏醒。如今，功能强大的望远镜发现了这颗蓝绿色星球上旋转的云层。

与土星的水冰环不同，天王星周围的环由尘埃和深色的岩石物质构成。

数说天王星

赤道直径	51,118千米
质量（地球=1）	14.5
赤道引力（地球=1）	0.89
离太阳的平均距离（地球=1）	19.2
轴倾角	82.2°
自转周期	17.2小时（自东向西）
公转周期	84.3个地球年
云顶温度	零下197摄氏度
卫星数量	27

天王星接收的日照量仅为地球接收到的0.25%。

▽ 北半球

两极的黑夜和白天各长达42年。随着天王星围绕太阳公转，现在北极逐渐明亮起来；该地区接收的阳光越来越强烈，天王星也开始出现季节更替。

▽ 倾斜

天王星的轴与其公转轨道几乎成直角，而且其自转方向与其他所有行星均相反（金星除外）。这很可能是由于天王星在形成之后受到的一次巨大撞击所致。

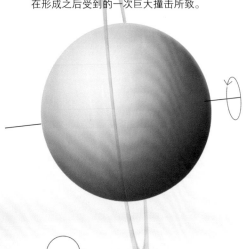

▽ 南半球

旅行者2号直接向着这颗倾斜行星的南极全速前进，当时正值中午（一天为42个地球年）。这正是其最明亮的区域，而现在，该地区已近日暮。

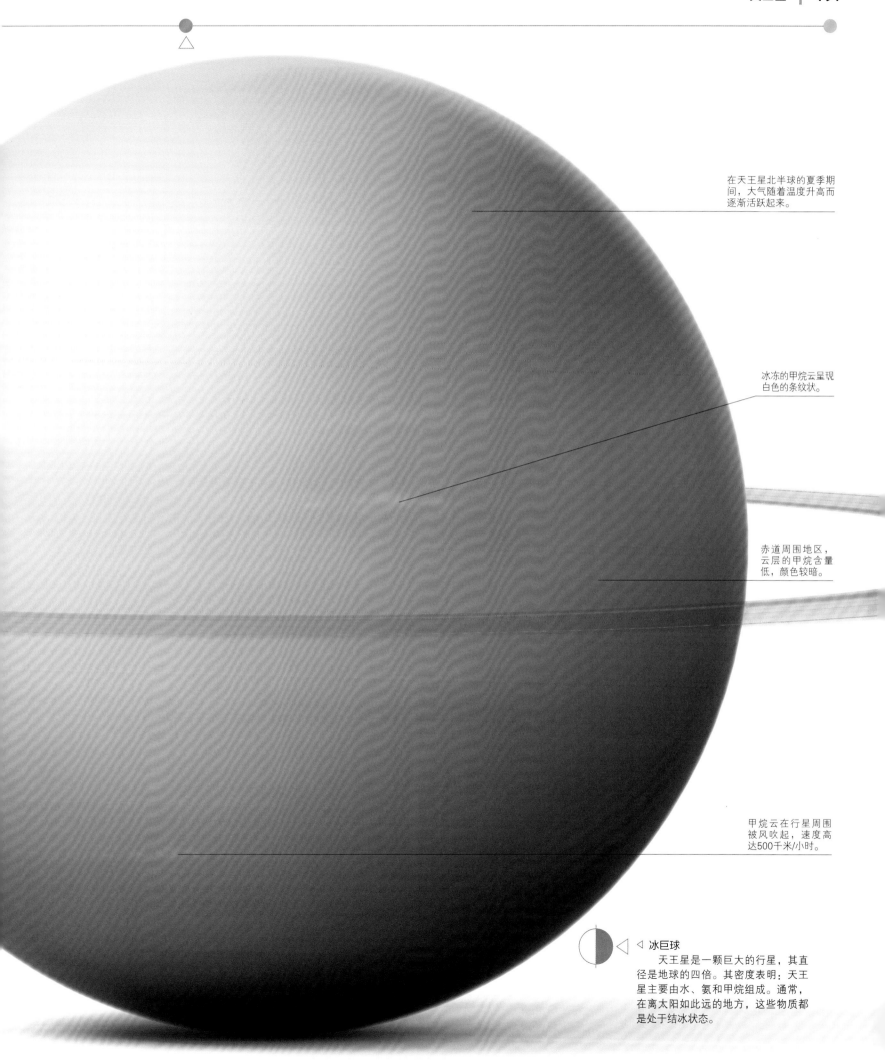

在天王星北半球的夏季期间，大气随着温度升高而逐渐活跃起来。

冰冻的甲烷云呈现白色的条纹状。

赤道周围地区，云层的甲烷含量低，颜色较暗。

甲烷云在行星周围被风吹起，速度高达500千米/小时。

◁ 冰巨球
　　天王星是一颗巨大的行星，其直径是地球的四倍。其密度表明：天王星主要由水、氨和甲烷组成。通常，在离太阳如此远的地方，这些物质都是处于结冰状态。

甲烷云

像海王星一样，在天王星内核周围可能有一片钻石海洋，钻石块不断向内核降落。

天王星的结构

天王星的大气层因含甲烷而呈现蓝绿色，在大气层下面，有一片广阔的融雪海洋，而且很可能还有一个岩石内核。天王星的磁场不平衡，这很可能是因其神秘的带电水海洋所致。

如果进入天王星的蓝绿色大气中，首先可能会穿越连绵不断的云盖，空气会变得越来越浓厚，直到触及无边无际的温暖海洋。这颗行星的大部分表面均由这种流体海洋覆盖。

在天王星神秘的大海深处，水分子分解形成富含氢离子和氧离子的浓液。人们推测，这片富含带电离子的海洋中的电流产生了天王星的磁场，这种磁场并不平衡，且偏离中心。如果地球具有这种磁场，那么，其两极可能会靠近赤道，像埃及的开罗或澳大利亚的布里斯班那样。

与其他巨行星不同，天王星散发到太空中的热量比从太阳接收的热量要少。其原因很可能是：在天王星形成初期，其侧面受到剧烈冲击而突然冷却。

大多数行星像陀螺一样旋转，而天王星是侧卧滚动。

内核
天王星的内核比地球略轻，是一种铁和岩浆的熔融混合物，温度超过5000摄氏度，同时受到巨大压力的挤压，其压力是地球表面大气压力的1000多万倍。

地幔
天文学家称天王星为冰巨星的原因是：这颗行星的主要成分是水、氨和甲烷，这些物质在离太阳如此远的地方通常为冰冻状态。但是，在天王星内部，高温又将这些物质融化，形成一片深15,000千米的液态海洋。

大气层
天王星的"空气"主要由氢气和氦气组成。随着高度的不同，云层分几个层次。天王星的外层大气比较稀薄，但比这颗行星本身还要大几倍，这在巨行星中是比较特别的。

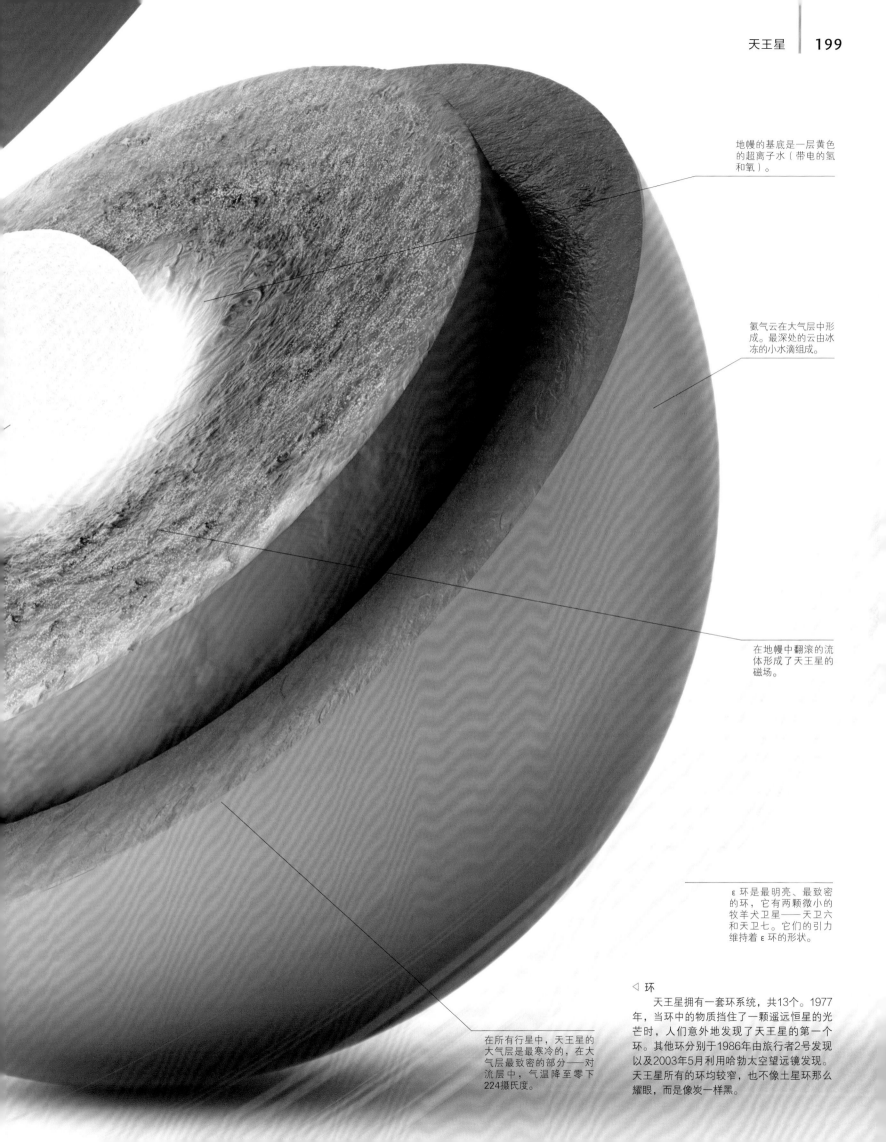

地幔的基底是一层黄色的超离子水（带电的氢和氧）。

氢气云在大气层中形成。最深处的云由冰冻的小水滴组成。

在地幔中翻滚的流体形成了天王星的磁场。

ε环是最明亮、最致密的环，它有两颗微小的牧羊犬卫星——天卫六和天卫七。它们的引力维持着ε环的形状。

◁ 环

天王星拥有一套环系统，共13个。1977年，当环中的物质挡住了一颗遥远恒星的光芒时，人们意外地发现了天王星的第一个环。其他环分别于1986年由旅行者2号发现以及2003年5月利用哈勃太空望远镜发现。天王星所有的环均较窄，也不像土星环那么耀眼，而是像炭一样黑。

在所有行星中，天王星的大气层是最寒冷的，在大气层最致密的部分——对流层中，气温降至零下224摄氏度。

天王星系统

天文学家将天王星的27颗卫星分成三组：5颗大卫星、13颗内侧小卫星以及9颗外侧小卫星。

1787年，在威廉·赫歇尔发现天王星的六年后，他又相继发现了天王星的两颗最大的卫星——天卫三和天卫四。1851年，另一位天文学家、英国的酿造师威廉·拉塞尔发现了天卫二和天卫一。1948年，荷兰裔美国人杰拉德·柯伊伯发现了天卫五。1977年，天文学家在洛克希德C-141A运输机上的飞行天文台上探测到了天王星的小窄环。

1986年，旅行者2号在飞掠天王星时，抓拍到了当时非常详细的卫星和环系统图像，名噪一时。此外，在旅行者2号拍摄的图像中还出现了其他11颗卫星和两个环。之后，人们利用哈勃太空望远镜和地球上功能强大的天文仪器，逐渐认识并确定了我们现在所知的其余的天王星卫星和环。

天王星卫星的大小

天卫三和天卫四属太阳系十大卫星，不过即便把天王星27颗卫星全部加起来也没有木星、土星或海王星的一颗大型卫星大。大多数天王星卫星的名称均出自莎士比亚的戏剧，还有一部分出自亚历山大·蒲柏的诗歌。

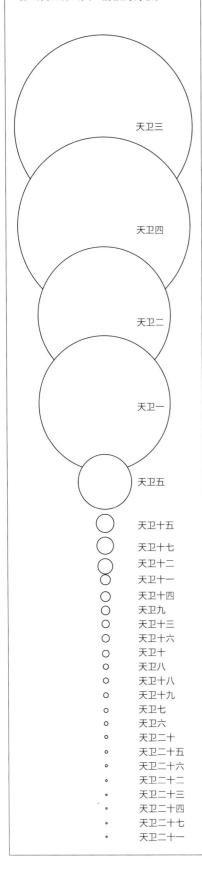

天卫三
天卫四
天卫二
天卫一
天卫五
天卫十五
天卫十七
天卫十二
天卫十一
天卫十四
天卫九
天卫十三
天卫十六
天卫十
天卫八
天卫十八
天卫十九
天卫七
天卫六
天卫二十
天卫二十五
天卫二十六
天卫二十二
天卫二十三
天卫二十四
天卫二十七
天卫二十一

▷ 内侧卫星
与天王星本身一样，在其赤道上方运转的五大卫星均是在相同的气体和冰旋转盘中形成的。靠天王星较近的13颗卫星在不稳定的轨道中运转：过去的碰撞使这片区域到处是持续围绕天王星运转的碎石，现在，这些小卫星在附近卫星的引力作用下聚集到了小窄环内。

天卫二
天卫二是天王星最暗的卫星，主要由冰组成，外覆一层可能由有机混合物（富碳）组成的黑色物质。

天卫四
这是天王星五大卫星中最靠外的一颗。天卫四由冰和岩石混合组成，表面呈暗红色。它曾受到很多太空碎石的撞击，是天王星所有卫星中撞击坑最多的；其中一个撞击坑的中央峰高达11千米，比珠穆朗玛峰还高。

天卫三
天卫三是天王星系统中最大的卫星，也是太阳系中的第八大卫星。在形成后不久，这颗卫星就开始膨胀，其表面因出现大量的峡谷和峭壁而显得破败不堪。天卫三的表面或许还存在一层非常稀薄的二氧化碳大气层。

天卫二十三
天卫十七
天卫二十四
天卫二十一
天卫十六
天卫二十
天王星
天卫四
天卫十九
天卫二十二
天卫十八

◁ 外侧卫星
九颗外侧卫星（原本是柯伊伯带天体或彗星核）均是以前被天王星引力捕获的小型冰球。其中最大的卫星是天卫十七，直径也仅有150千米，而特小的天卫二十一直径不到20千米。这些卫星的运行轨道很离奇，倾斜度也很奇怪，在其轨道上忽远忽近；在太阳系中，天卫二十三的偏心率最高（最不圆的轨道）。

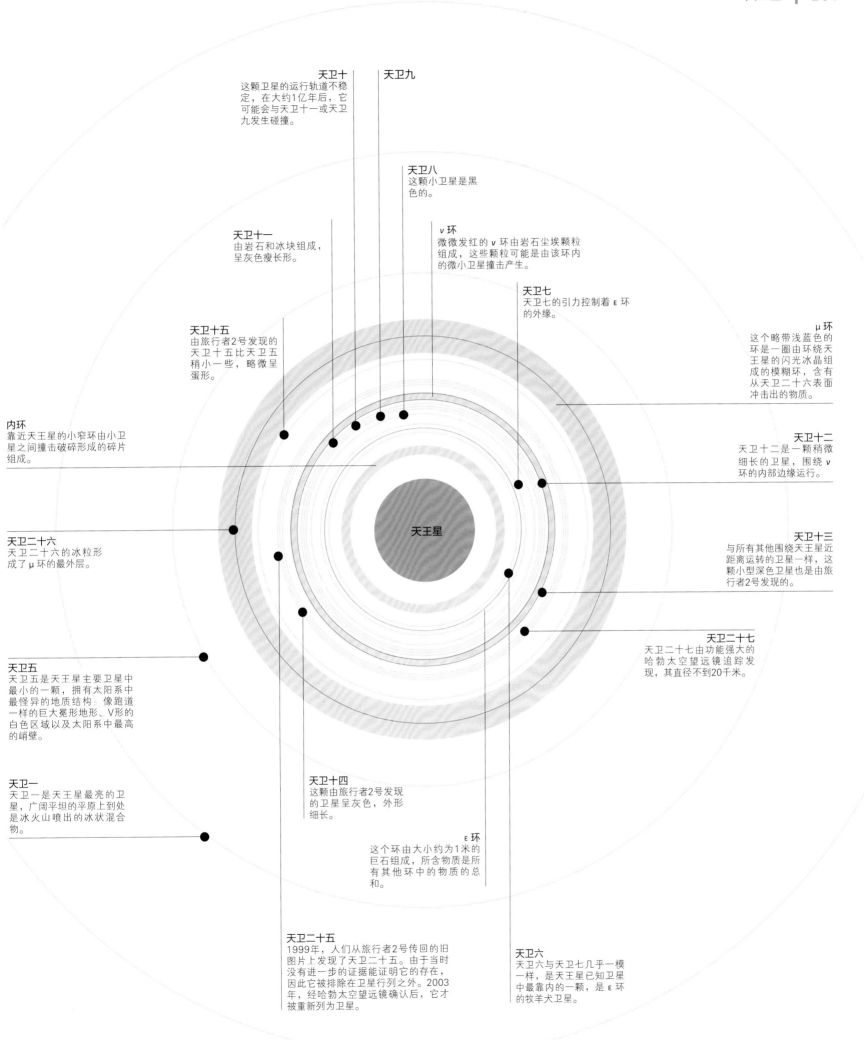

天卫十
这颗卫星的运行轨道不稳定，在大约1亿年后，它可能会与天卫十一或天卫九发生碰撞。

天卫九

天卫八
这颗小卫星是黑色的。

ν 环
微微发红的 ν 环由岩石尘埃颗粒组成，这些颗粒可能是由该环内的微小卫星撞击产生。

天卫十一
由岩石和冰块组成，呈灰色瘦长形。

天卫七
天卫七的引力控制着 ε 环的外缘。

μ 环
这个略带浅蓝色的环是一圈由环绕天王星的闪光冰晶组成的模糊环，含有从天卫二十六表面冲击出的物质。

天卫十五
由旅行者2号发现的天卫十五比天卫五稍小一些，略微呈蛋形。

内环
靠近天王星的小窄环由小卫星之间撞击破碎形成的碎片组成。

天卫星

天卫十二
天卫十二是一颗稍微细长的卫星，围绕 ν 环的内部边缘运行。

天卫二十六
天卫二十六的冰粒形成了 μ 环的最外层。

天卫十三
与所有其他围绕天王星近距离运转的卫星一样，这颗小型深色卫星也是由旅行者2号发现的。

天卫五
天卫五是天王星主要卫星中最小的一颗，拥有太阳系中最怪异的地质结构：像跑道一样的巨大冠形地形、V形的白色区域以及太阳系中最高的峭壁。

天卫二十七
天卫二十七由功能强大的哈勃太空望远镜追踪发现，其直径不到20千米。

天卫一
天卫一是天王星最亮的卫星，广阔平坦的平原上到处是冰火山喷出的冰状混合物。

天卫十四
这颗由旅行者2号发现的卫星呈灰色，外形细长。

ε 环
这个环由大小约为1米的巨石组成，所含物质是所有其他环中的物质的总和。

天卫二十五
1999年，人们从旅行者2号传回的旧图片上发现了天卫二十五。由于当时没有进一步的证据能证明它的存在，因此它被排除在卫星行列之外。2003年，经哈勃太空望远镜确认后，它才被重新列为卫星。

天卫六
天卫六与天卫七几乎一模一样，是天王星已知卫星中最靠内的一颗，是 ε 环的牧羊犬卫星。

目的地——维罗纳峭壁

维罗纳峭壁是太阳系中最高的峭壁，位于一颗较小卫星——天卫五上。这座峭壁非常高，而天卫五的引力又非常小，因此，如果一块岩石从崖顶垂直落到崖底可能需10分钟。

如天卫五的表面一样，维罗纳峭壁近乎垂直的侧面上闪耀着水冰，海拔接近10千米。在如此小的卫星上形成如此巨大的结构的原因还不清楚。最可能的解释就是：在天卫五形成早期因构造活动产生。一种更耸人听闻的理论认为：天卫五在与另一个天体发生巨大碰撞后被撞成碎片，然后又自行随机重组，形成了瘢痕累累、支离破碎的表面，遍布撞击坑和峡谷，巨大的山脊纵横交错。

艺术家根据美国航空航天局
提供的图像绘制的插图。

位置

纬度：−18°S；经度：348°E

地貌

即便是深1800米的美国科罗拉多大峡谷的宏伟峭壁，在维罗纳峭壁前也会黯然失色，因为后者的高度大约是前者的6倍。

116 千米
维罗纳峭壁山脊的大概长度

形成原因

当天卫五的表面产生断裂时，裂缝一侧的地壳上升，同时另一侧下沉，维罗纳峭壁很可能就是这样形成的。随着板块与板块之间相互摩擦和磨损，峭壁表面就形成了断层擦面。

裂缝形成

地壳垂直移动

海王星

海王星距离太阳最远，人们可能会以为它是颗宁静的星球。但实际上，海王星的天气系统十分恶劣，内部热量源源不断地散出。

海王星是颗通过推算发现的行星。19世纪，天文学家注意到天王星一直受到不明行星的牵引。1846年，法国天文学家于尔班·勒威耶（继英国约翰·库奇·亚当斯之后）计算出这颗行星的位置。而后，柏林天文台根据结果，不到一年后就准确找到了海王星。

虽然大小与天王星相近，但由于离太阳过远，只能通过天文望远镜才能观测到它。其内部结构可能与天王星相似，并且都有暗淡的光环。1989年，旅行者2号经过海王星时，发现了大气中的风暴区，其风速是太阳系中最快的。但即便是海王星上最为显著的大暗斑，寿命也十分短暂。

数说海王星

赤道直径	49,528千米
质量（地球=1）	17.1
赤道重力（地球=1）	1.1
平均日距（地球=1）	30.1
轴倾角	28.3°
自转周期	16.1小时
公转周期	164.8 地球年
卫星数量	14
云顶温度	零下201摄氏度

海王星大暗斑中的风速可超过1200千米/小时，接近声速。

大气中的甲烷吸收太阳光中的红光，因此海王星表面呈迷人的蓝色。

海王星周围有一系列稀薄零散的星环。

▽ 轴倾角

海王星的自转轴倾角与地球相似，因此在绕日过程中，也会出现季节变化。但是，由于离太阳过远，海王星上的每一季节长达40多年。

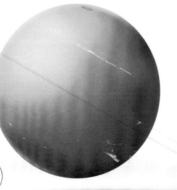

▽ 北半球

当前北半球处于冬季，因此大气不太活跃。旅行者2号在北半球云层上空不到5000千米处飞过——这是旅行者2号所有飞掠任务中离行星最近的一次。

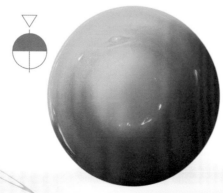

▽ 南半球

过去40年一直为南半球的夏季，使得南极点温度不断上升，达到零下190摄氏度，成为海王星上最热的地方。

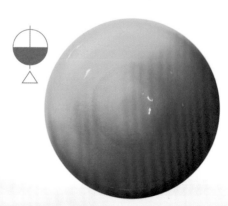

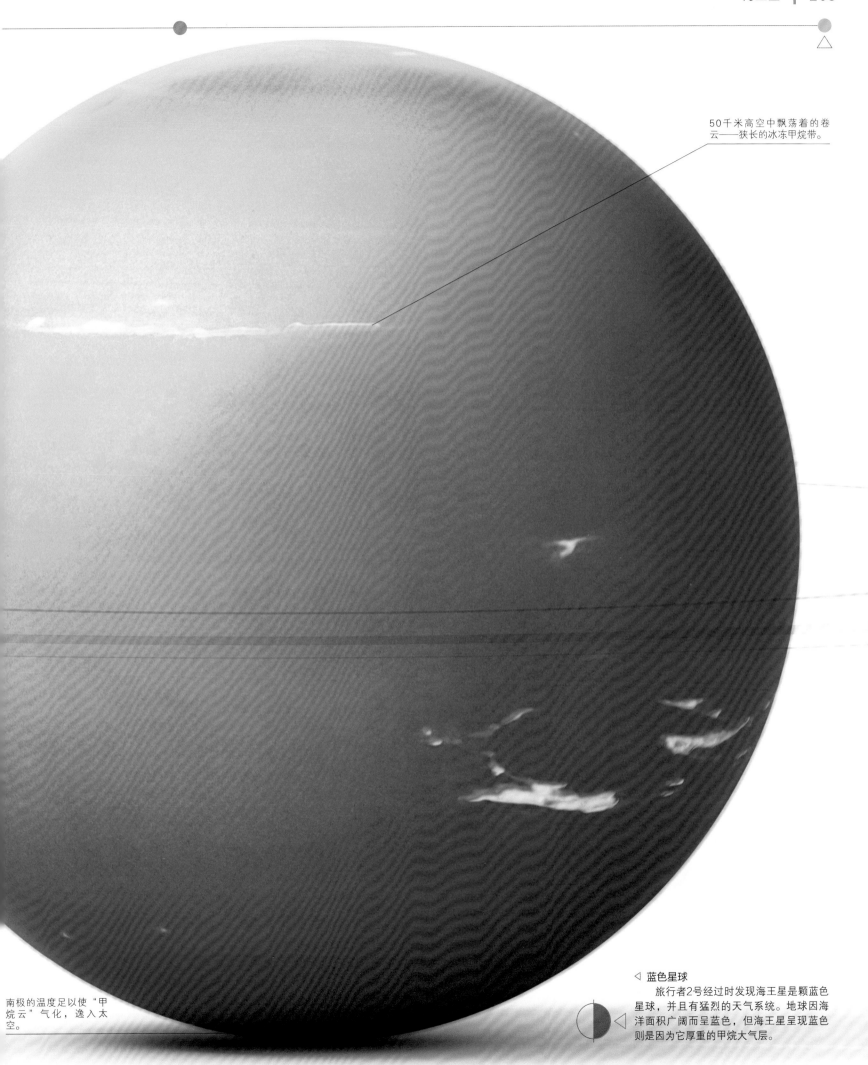

50千米高空中飘荡着的卷云——狭长的冰冻甲烷带。

南极的温度足以使"甲烷云"气化，逸入太空。

◁ **蓝色星球**
旅行者2号经过时发现海王星是颗蓝色星球，并且有猛烈的天气系统。地球因海洋面积广阔而呈蓝色，但海王星呈现蓝色则是因为它厚重的甲烷大气层。

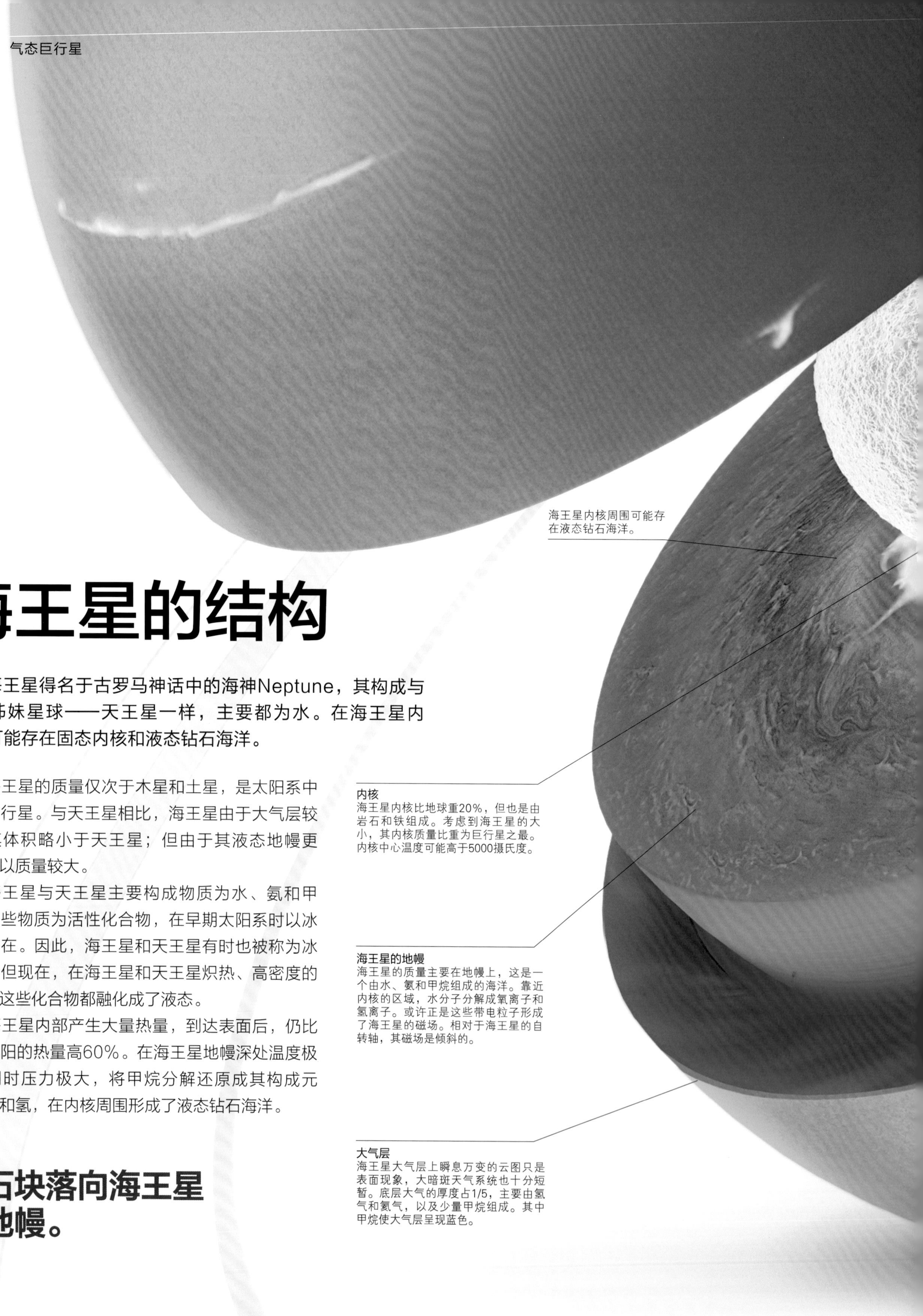

海王星的结构

海王星得名于古罗马神话中的海神Neptune，其构成与它的姊妹星球——天王星一样，主要都为水。在海王星内部，可能存在固态内核和液态钻石海洋。

海王星的质量仅次于木星和土星，是太阳系中第三大行星。与天王星相比，海王星由于大气层较薄，其体积略小于天王星；但由于其液态地幔更厚，所以质量较大。

海王星与天王星主要构成物质为水、氨和甲烷。这些物质为活性化合物，在早期太阳系时以冰形式存在。因此，海王星和天王星有时也被称为冰巨星。但现在，在海王星和天王星炽热、高密度的内部，这些化合物都融化成了液态。

海王星内部产生大量热量，到达表面后，仍比来自太阳的热量高60%。在海王星地幔深处温度极高，同时压力极大，将甲烷分解还原成其构成元素：碳和氢，在内核周围形成了液态钻石海洋。

钻石块落向海王星的地幔。

海王星内核周围可能存在液态钻石海洋。

内核
海王星内核比地球重20％，但也是由岩石和铁组成。考虑到海王星的大小，其内核质量比重为巨行星之最。内核中心温度可能高于5000摄氏度。

海王星的地幔
海王星的质量主要在地幔上，这是一个由水、氨和甲烷组成的海洋。靠近内核的区域，水分子分解成氧离子和氢离子。或许正是这些带电粒子形成了海王星的磁场。相对于海王星的自转轴，其磁场是倾斜的。

大气层
海王星大气层上瞬息万变的云图只是表面现象，大暗斑天气系统也十分短暂。底层大气的厚度占1/5，主要由氢气和氦气，以及少量甲烷组成。其中甲烷使大气层呈现蓝色。

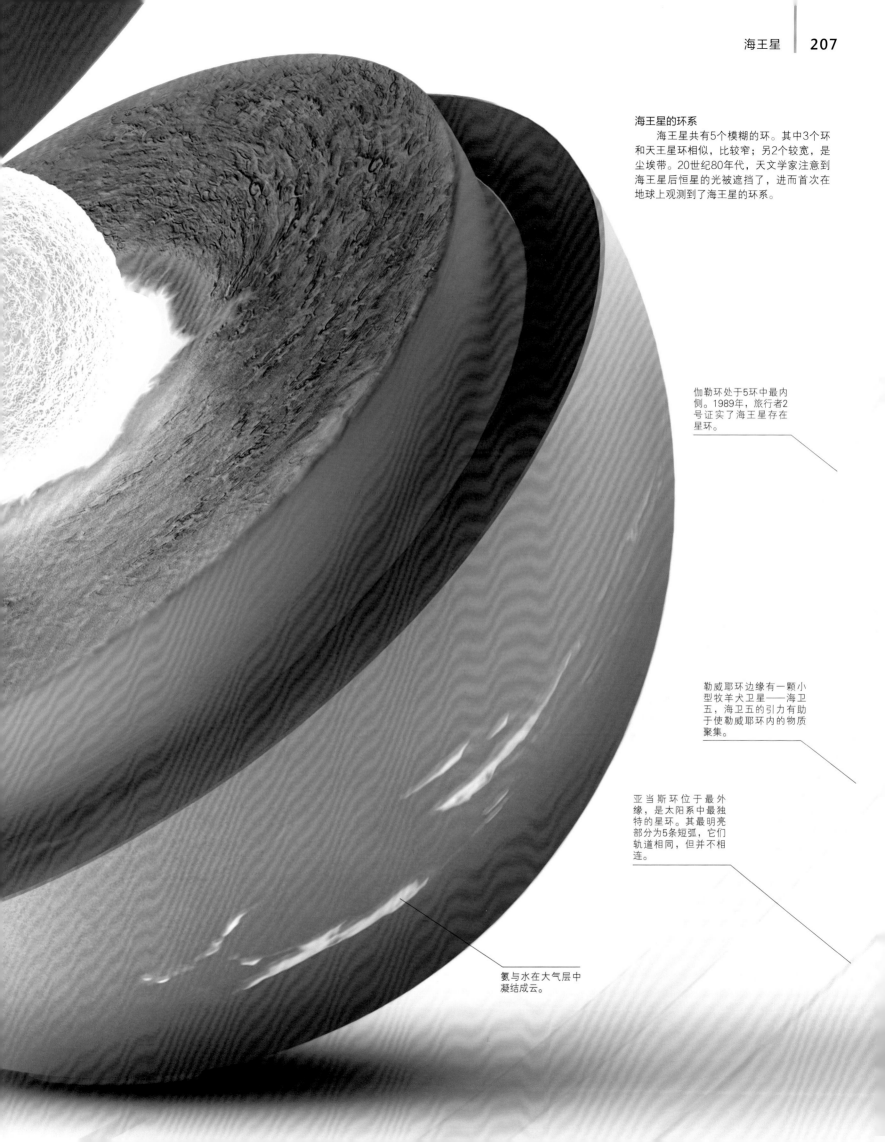

海王星的环系

　　海王星共有5个模糊的环。其中3个环和天王星环相似，比较窄；另2个较宽，是尘埃带。20世纪80年代，天文学家注意到海王星后恒星的光被遮挡了，进而首次在地球上观测到了海王星的环系。

伽勒环处于5环中最内侧。1989年，旅行者2号证实了海王星存在星环。

勒威耶环边缘有一颗小型牧羊犬卫星——海卫五，海卫五的引力有助于使勒威耶环内的物质聚集。

亚当斯环位于最外缘，是太阳系中最独特的星环。其最明亮部分为5条短弧，它们轨道相同，但并不相连。

氢与水在大气层中凝结成云。

海王星系统

和太阳系其他气态巨行星一样，海王星的周围同样充满迷人的活力。海王星至少有14颗卫星，同时还有5条稀薄星环。

人类发现的第一颗海王星卫星是海卫一（在1846年发现海王星后仅17天），是由英国天文学家威廉·拉塞尔首先观测到的。拉塞尔本人曾在英国北方城市博尔顿从事啤酒酿造行业，积聚了不少财富，从而可以建起大型望远镜，将其天文爱好付诸实践。

此后过了一个多世纪，才于1949年发现海卫二；然后在1981年发现了海卫七。其他几颗卫星的发现时间都比较晚，有的是1989年飞经海王星的旅行者2号发现的，有的是通过高分辨的地基望远镜发现的。最新发现的一颗尚未命名的海王星卫星是由哈勃太空望远镜发现的（即2013年发现的S/2004 N1，译者注）。到目前为止，所有海王星卫星的名字都取自希腊神话中的水神或精灵。

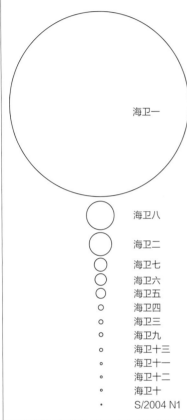

海王星卫星的大小
　　海王星的卫星中，海卫一是最大的一颗，其质量占到了海王星卫星系统的99.7%。直径2700千米，是太阳系中第七大卫星。海卫一是球状的，而其他卫星的形状都不规则。

海卫一
海卫八
海卫二
海卫七
海卫六
海卫五
海卫四
海卫三
海卫九
海卫十三
海卫十一
海卫十二
海卫十
S/2004 N1

海卫一
海卫一有太阳系其他大卫星没有的特点：轨道公转方向与行星的自转方向相反。海卫一与其他外层卫星一样，也是被海王星引力俘获的。由于体积巨大，海卫一对海王星的卫星系统造成了很大破坏，使其他卫星的运行轨道十分奇怪。但海卫一自身轨道并不稳定：它最终将撞向海王星。

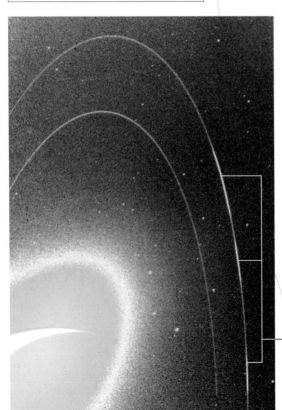

◁ **星环和环弧**
　　海王星共有5个环。其构成与木星环一样，都是宇宙尘埃。环都以研究海王星的天文学家名字命名，分别为：伽勒环、勒威耶环、拉塞尔环、阿拉戈环和亚当斯环。最外侧的亚当斯环有个显著特点，就是存在环弧，旅行者2号所拍摄的这张照片就显示了这一现象。通常，环内的物质分散地排列成统一的轨道圈，但天文学家认为亚当斯环中的物质受到海卫六的引力作用簇聚在一起。

环弧

海卫十三
海卫九
海卫一
海王星
海卫二
海卫十
海卫十一
海卫十二

△ **外层卫星**
　　海王星外层卫星中没有一颗的轨道是圆形的，轨道的偏心率都很高。有些卫星轨道高度倾斜；有同向运动的，也有逆向运动的。除了海卫二，其他都较小。其中多数源自冰封的柯伊伯带，是被海王星引力吸引而来的。

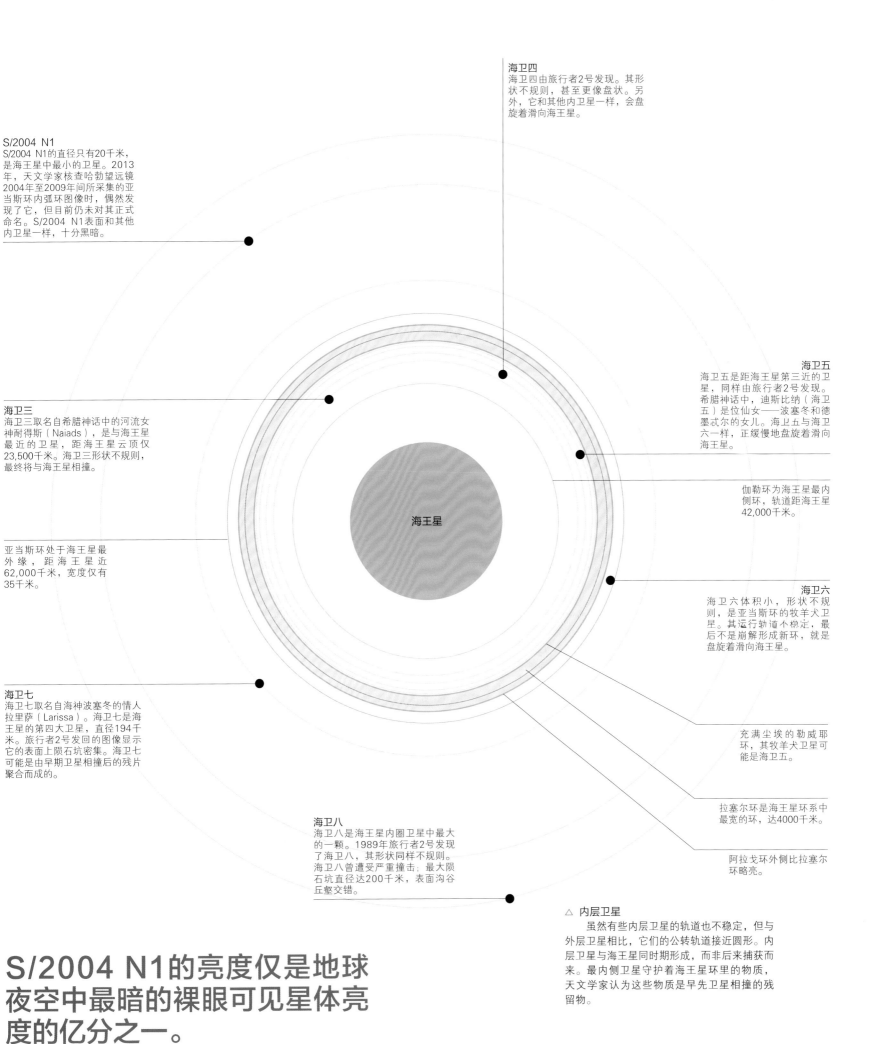

海卫四
海卫四由旅行者2号发现。其形状不规则，甚至更像盘状。另外，它和其他内卫星一样，会盘旋着滑向海王星。

S/2004 N1
S/2004 N1的直径只有20千米，是海王星中最小的卫星。2013年，天文学家核查哈勃望远镜2004年至2009年间所采集的亚当斯环内弧环图像时，偶然发现了它，但目前仍未对其正式命名。S/2004 N1表面和其他内卫星一样，十分黑暗。

海卫三
海卫三取名自希腊神话中的河流女神耐得斯（Naiads），是与海王星最近的卫星，距海王星云顶仅23,500千米。海卫三形状不规则，最终将与海王星相撞。

亚当斯环处于海王星最外缘，距海王星近62,000千米，宽度仅有35千米。

海卫七
海卫七取名自海神波塞冬的情人拉里萨（Larissa）。海卫七是海王星的第四大卫星，直径194千米。旅行者2号发回的图像显示它的表面上陨石坑密集。海卫七可能是由早期卫星相撞后的残片聚合而成的。

海卫八
海卫八是海王星内圈卫星中最大的一颗。1989年旅行者2号发现了海卫八，其形状同样不规则。海卫八曾遭受严重撞击；最大陨石坑直径达200千米，表面沟谷丘壑交错。

海王星

海卫五
海卫五是距海王星第三近的卫星，同样由旅行者2号发现。希腊神话中，迪斯比纳（海卫五）是位仙女——波塞冬和德墨忒尔的女儿。海卫五与海卫六一样，正缓慢地盘旋着滑向海王星。

伽勒环为海王星最内侧环，轨道距海王星42,000千米。

海卫六
海卫六体积小，形状不规则，是亚当斯环的牧羊犬卫星。其运行轨道不稳定，最后不是崩解形成新环，就是盘旋着滑向海王星。

充满尘埃的**勒威耶环**，其牧羊犬卫星可能是海卫五。

拉塞尔环是海王星环系中最宽的环，达4000千米。

阿拉戈环外侧比拉塞尔环略亮。

△ **内层卫星**
虽然有些内层卫星的轨道也不稳定，但与外层卫星相比，它们的公转轨道接近圆形。内层卫星与海王星同期形成，而非后来捕获而来。最内侧卫星守护着海王星里的物质，天文学家认为这些物质是早先卫星相撞的残留物。

S/2004 N1的亮度仅是地球夜空中最暗的裸眼可见星体亮度的亿分之一。

目的地——海卫一

海卫一的表面温度为零下235摄氏度，是太阳系中最冷的地方之一，但在这冰冷的世界中却有着剧烈的火山活动。

海卫一的逆行轨道——公转方向与海王星自转方向相反——说明它可能是从太阳系外缘柯伊伯带捕获而来的天体。旅行者2号拍摄的图像显示其表面上有裸露的岩石、山脉、峡谷，并有少量火山坑。所有证据都表明海卫一表面十分年轻——仅有数百万年。海卫一大气稀薄，主要成分为氮；在甲烷和氮冰覆盖下，表面呈红色。海卫一上最奇特的是旅行者2号在1989年发现的间歇喷泉。喷发出的烟云混合着氮气和黑色的灰尘，能够达到8000米的高度，一场喷发或许会持续一整年。

海卫一表面的甲烷冰和氮霜
对阳光的反射率达70%。

艺术家根据旅行者2号拍摄的
图像画的插图。

位置

纬度：31°S；经度：37°E

南极冰盖

海卫一上极冷，空气冻结在地表。南极冰盖主要由氮冰和甲烷构成，反射率很高。宇宙射线照射甲烷，使其生成其他有机化合物，从而呈现出浅红色。冰盖表面布满黑点，以及间歇喷泉喷发形成的条纹。

未采集照片

南极冰盖

风向

旅行者2号拍摄的图像显示了南极的风速和风向。风裹挟着间歇喷泉喷发的黑色物质向东北运动，留下黑色痕迹。科学家预计这场西南风风速可达40千米/小时。

沉积物

沉积物

风

间歇喷泉

间歇喷泉

蓝色星球

有几千年的时间，人们仅知道太阳系中离太阳最近的五颗行星。因此，威廉·赫歇尔在1781年发现天王星时，震惊了世人。同时这一发现也引发了人们探索隐秘星球的热潮。

天王星的发现，以及后来海王星的发现都十分让人意外。因为两颗都是巨行星，直径比地球大了4倍。自那以后，天文学家探寻新行星的脚步就从未停止。不断发现了许多更小的星球，其中包括冥王星。但这些天体现在都被界定成了矮行星或柯伊伯带天体。仔细研究这些遥远冰冷天体的轨道，我们或许还能发现潜伏在外太阳系外层黑暗处的巨型天体。

约翰·弗拉姆斯蒂德

1612年
伽利略看到海王星
1612年，伽利略在观察木星卫星时，曾画下正处于木星后的海王星，但却将其认作了恒星。如果伽利略能对其运动进行核对，就能提早230年、在发现天王星之前发现海王星。

1690年
观测天王星
英国首任皇家天文学家约翰·弗拉姆蒂德将天王星以34Tauri的名字收入其星表当中。这是关于天王星的第一条记录。而正式发现天王星之前，天文学家还曾共22次观测到它，却都将其错认为恒星。

天王星本色图

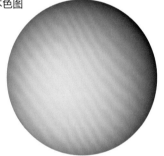

天王星假色图

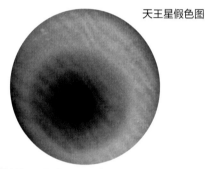

克莱德·汤博

1986年
旅行者2号造访天王星
旅行者2号首次造访天王星时所拍摄的图像显示，天王星是颗平静的星球，有11个暗环和10颗未知卫星。卫星中较突出的是天卫五（Miranda），其表面为混凝土样，有峭壁和奇怪的跑道状斑纹。

1977年
发现天王星环
天文学家搭乘空中天文台飞行在太平洋上空时，发现一颗遥远的恒星在天王星背面消失。该恒星亮度大大降低，并且一共出现了五次这种情况。他们据此推断天王星必定有一系列暗且窄的环，挡住了该恒星的光。

1930年
发现冥王星
业余天文学家克莱德·汤博一直在罗威尔天文台从事研究。1930年2月，他拍摄到了一个模糊的移动天体，继而计算出这一天体位于海王星后面。英国女学生威妮夏·伯尼建议将这一天体命名为Pluto（冥王星）。

海王星上的大暗斑

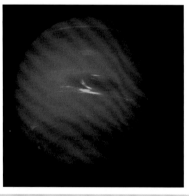

天王星的一对环

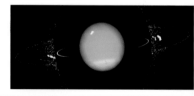

1989年
大暗斑
旅行者2号发现了海王星狂暴的天气，存在风速极快的天气系统——大黑斑。同时证实了海王星有一系列结构紧凑的环。另外，旅行者2号还发现了在海卫一冰冻表面上喷发的间歇喷泉。

1994年
消失的大暗斑
哈勃太空望远镜观测海王星，却发现大暗斑消失了。大暗斑实为暂时性的天气系统，而不像木星上的大红斑能持续300年之久。第二年，哈勃太空望远镜在海王星另一面发现了一个很大的暗斑。

2005年
天王星的新环
从哈勃太空望远镜长曝光图像中可见，天王星周围还有2条模糊的环，并比当前已知环系都要远。外侧环由天卫二十六所喷射的尘埃构成，而内侧环则可能是某一卫星的撞击残留物。

威廉·赫歇尔

赫歇尔的望远镜

约翰·库奇·亚当斯

1781年

发现天王星

英国天文学家、音乐家威廉·赫歇尔用其望远镜观测到了天王星。一开始他以为那是颗恒星或彗星。天文学家计算其轨道时，证明威廉·赫歇尔其实发现了一颗新的行星。威廉·赫歇尔成了第一个发现天王星的人。

1787年

发现两颗天王星卫星

威廉·赫歇尔使用大型望远镜，发现了天卫三、天卫四和其他四个他所认为的卫星和星环。赫歇尔注意到，两颗卫星的轨道角相差非常大——成为天王星倾斜的推算线索。之后近50年，再没别人观测到天王星。

1843年

天王星的轨道

天文学家发现天王星不断偏离其理论轨道，并推测可能是由某颗未知行星引力牵引造成。数学家约翰·库奇·亚当斯计算出了该影响天体的位置，却并未得到皇家天文学家乔治·艾里的重视。

罗威尔的天文台

乔治三世

于尔班·勒威耶

1906年

寻找X行星

天文学家注意到天王星和海王星似乎受到了另外一颗星球的牵引。美国波士顿的商人帕西瓦尔·罗威尔在美国亚利桑那州建立了一座天文台，研究火星上所谓的水道，并且在这里开始了寻找X行星之旅。

1850年

给天王星命名

赫歇尔曾将天王星命名为"乔治行星"（取自国王乔治三世）。这一命名法与其他行星以神话名字命名相悖，也不受欢迎。天文学家约翰·波得提议以"土星之父"乌拉诺斯命名。1850年，大不列颠航海天文年历编制局通过其提议。

1846年

发现海王星

法国天文学家于尔班·勒威耶得出与亚当斯一样的计算位置。他将预测的位置（有相关星域的星表）寄给了柏林天文台。在观测的第一个晚上，约翰·伽勒就找到了海王星。

冥王星及其卫星

阋神星和阋卫一

2006年

冥王星降级

国际天文学联合会对冥王星重新分类，降为矮行星。天文学家们现在已在海王星外发现1000度颗相似冰封天体。其中包括体积上和冥王星不分上下的阋神星。

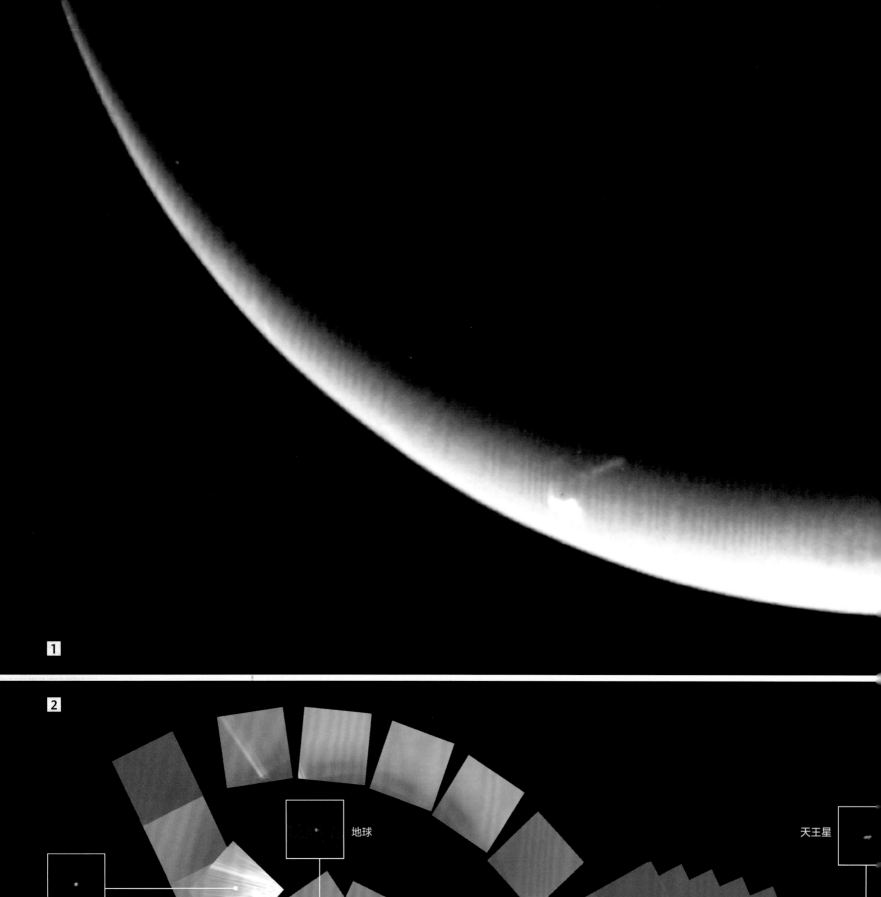

1

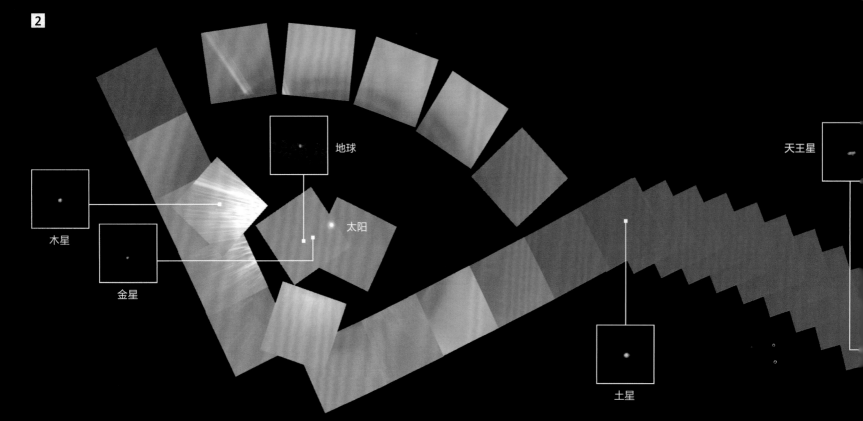

2

金星

木星

太阳

地球

天王星

土星

海王星

海王星

旅行者号的光荣之旅

1 告别行星

1989年，旅行者2号结束其最后一次行星任务时，拍下了这张海王星的新月弧照片。两颗旅行者号探测器发射于1977年，目的是探索巨行星。其中旅行者1号飞越了木星和土星；旅行者2号更是造访了太阳系的全部4颗巨行星。

2 精彩回顾

这是旅行者1号于1990年所拍摄的太阳系图像，当时它已飞离地球60亿千米。这张照片是首张也是最后一张在宇宙空间拍摄的行星系照片。拼图部分包括了60个广角画面，小图所示为多倍放大后的行星。从旅行者1号看地球，地球只是个0.12个像素大小的光点。

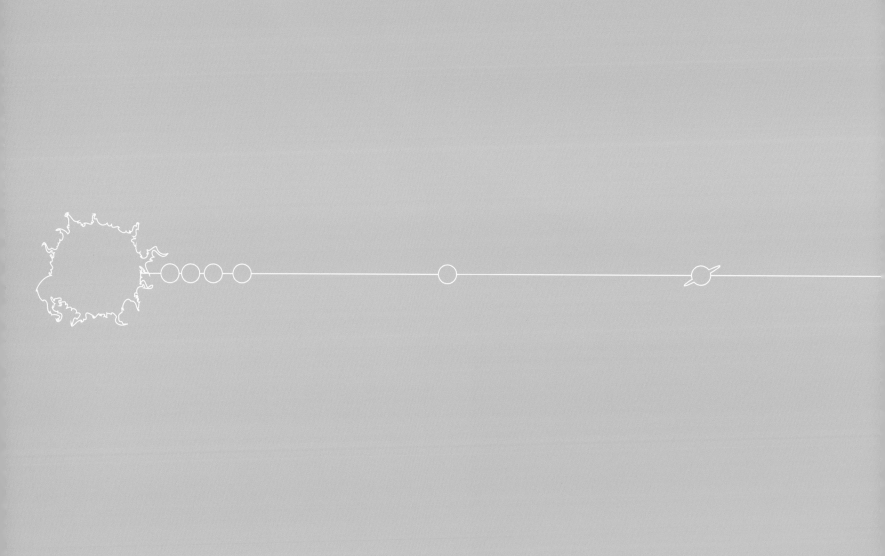

外太阳系

柯伊伯带

20世纪末的一个巨大疑问是在冥王星之外是否存在天体。其实天文学家早就猜测那里存在冰冻天体带，但直到20世纪90年代发现了首个此类天体时，这一假设才终于得到证实。

柯伊伯带开始于距离太阳30AU处，向外伸展距离可达50AU。柯伊伯带天体中，有10万个天体直径在100千米以上。它们在太阳系早期形成，被巨行星引力场抛入现在的偏心轨道。典型的柯伊伯带天体被称为经典柯伊伯带天体（Cubewanos，发音与QB1-0类似），名字源于此带中发现的第一个天体1992QB1。柯伊伯带边缘天体的轨道为偏心轨道，这部分区域称作离散盘，是短周期彗星的来源地。

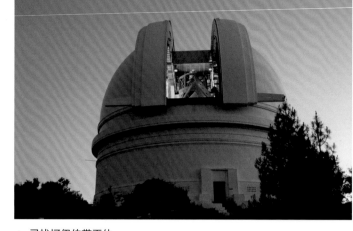

△ 寻找柯伊伯带天体

通常搜寻柯伊伯带天体或离散盘天体，使用的是1.2米口径的塞缪尔·奥斯钦望远镜。该望远镜位于美国帕洛马山天文台，柯伊伯带天体中的亡神星和矮行星阋神星都是它找到的。两幅图像拍自同一区域，相隔一周。两幅图像中出现移位的天体为太阳系天体，未曾移位的是恒星。

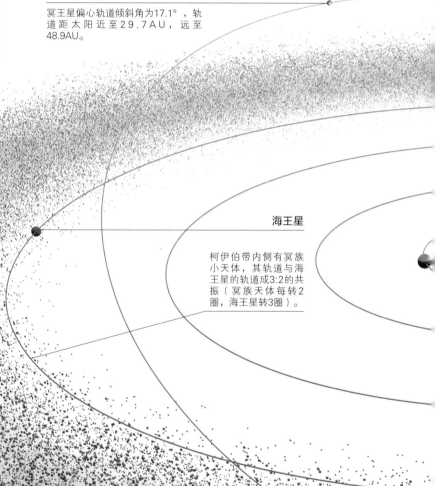

冥王星偏心轨道倾斜角为17.1°，轨道距太阳近至29.7AU，远至48.9AU。

主带是个扁平圆盘，径向宽度30亿千米。

海王星

柯伊伯带内侧有冥族小天体，其轨道与海王星的轨道成3:2的共振（冥族天体每转2圈，海王星转3圈）。

▷ 冰环

现在已知柯伊伯带天体有1000多颗。其构成成分与彗星核相似，都是岩石和冰，但较大型的天体密度较大。这些天体表面覆冰，主要成分为水、二氧化碳、甲烷和氨。表面温度低至零下220摄氏度，同时因宇宙射线作用显出颜色。柯伊伯带原名为埃奇沃思－柯伊伯带。埃奇沃思取自1943年预测其存在的天文学家埃奇沃思；"柯伊伯"取自赫拉德·柯伊伯，他曾于1951年声称柯伊伯带消失了。

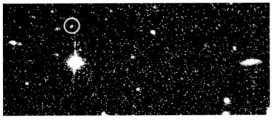 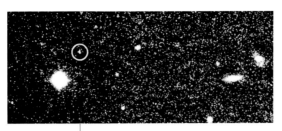 

△ 发现柯伊伯带天体

　　1992年8月，大卫·朱维特和珍妮·卢在经过5年的寻找后，于夏威夷莫纳克亚天文台，用2.2米口径的夏威夷大学望远镜发现了第一颗柯伊伯带天体。该天体编号为1992QB1，距离太阳60亿千米，亮度为木星的千亿分之一。一个月之后，欧洲南方天文台拍得这些图像。

圆心处即是1992QB1，拍摄时间比左图晚4小时。

一天后，发现1992QB1偏离了其背景恒星，移动速度为每小时几角秒。

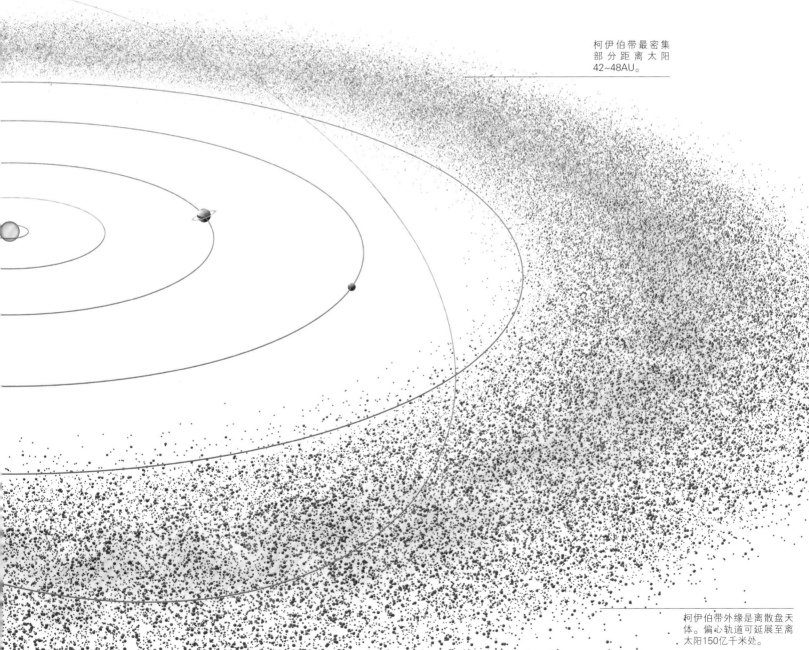

柯伊伯带最密集部分距离太阳42~48AU。

柯伊伯带外缘是离散盘天体。偏心轨道可延展至离太阳150亿千米处。

矮行星

矮行星的质量足以使其像真正的行星一样，通过自身引力而形成球形，但却又不足以清除轨道内的其他天体。

行星形成过程中会清除轨道内陨石等小型天体，清除形式包括吸引并与自身合并和将其弹射到别处两种。但即便矮行星的引力大到可以捕获卫星，它们也做不到以上两点。

2006年，国际天文学联合会对矮行星进行了定义。最为著名的例子就是冥王星。冥王星位于太阳系边缘、冰冻的柯伊伯带内。它曾经是九大行星中的一员，但后来与其他几个外太阳系相似天体一起被划为新的一类——矮行星。同属一类的还有阋神星（已知最大矮行星）、妊神星、鸟神星。位于火星和木星间的小行星带的谷神星，也于2006年被归为矮行星。

发现冥王星

1930年，美国天文学家克莱德·汤博在寻找X行星（造成海王星和天王星轨道不规则的假想第九大行星）时，发现了冥王星。尽管冥王星质量很小，不能对气态巨行星进行引力牵引，它仍被认定为第九大行星。它的倾斜的椭圆轨道是典型柯伊伯带天体轨道。

冥王星的壳很薄，由氮冰组成

富含硅酸盐的岩石内核

水冰地幔

▷ 解构冥王星
冥王星60%的质量集中在岩石内核，内核外是冰，即地幔。表面为冰状的杂色薄地壳，由氮、水、二氧化碳和甲烷组成。地壳随着冰周期性的汽化和结冰改变颜色。

阋神星
直径2326千米

冥王星
直径2306千米

妊神星
直径1960千米

鸟神星
直径1440千米

夸奥尔小行星(可能为矮行星）
直径1070千米

赛德娜小行星(可能为矮行星）
直径995千米

谷神星
直径952千米

亡神星（可能为矮行星）
直径917千米

伊克西翁小行星(可能为矮行星)
直径650千米

地球直径
12,742千米

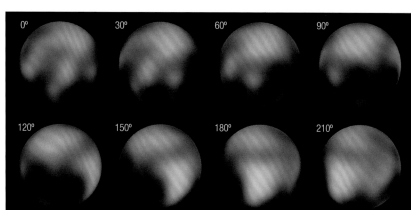

△ 哈勃望远镜下的冥王星
冥王星体积过小，距地球过远，无法获取高分辨率图像。就算是哈勃太空望远镜也只能观测到几百千米宽左右的细节。暗色区域为甲烷与二氧化碳反应后的富碳残留物，这一反应由紫外线和太阳风粒子引发。

▽ 新视野探测计划
2015年7月14日，美国航空航天局的新视野号探测器在距冥王星2万千米处飞掠，发回了冥王星及其卫星的大量数据和照片。我们发现冥王星是一颗活跃的星球：有冰山，也有富含多种元素的黑色斑块，还能看到从内部涌出的氮冰正冲积出明亮的平原。

冥王星的卫星

冥王星有5颗已知卫星，全部按照希腊神话中冥府的神命名。天文学家希望新视野号探测器能发现更多冥王星卫星。最大的卫星是冥卫一（Charon），由美国天文学家詹姆斯·克里斯蒂于1978年发现，Charon，即"卡戎"，是希腊神话中冥王哈迪斯的船夫。另外4颗较小卫星皆发现于21世纪，是通过分析哈勃望远镜的数据找到的。冥卫二（Nix）和冥卫三（Hydra）的直径大约100千米，而冥卫四（Styx）和冥卫五（Kerberos）的直径仅为20千米。

◁ **大小对比**
冥王星的直径仅为冥卫一的2倍。这意味着两者是同一时期由同样物质生成的，但由于旋转不稳定性，冥卫一与冥王星渐行渐远。

△ **冥王星及其卫星**
哈勃望远镜图像中的冥王星及其卫星。为了能够看见其他卫星，已将冥王星和冥卫一亮度调低（黑色带中）。自左向右依次为：冥卫三、冥卫五、冥卫二、冥卫一、冥王星和冥卫四。所有卫星轨道皆为圆形，靠近冥王星且位于同一平面上，这意味着它们并非被俘获天体，而可能是冥王星与其他天体相撞之后形成的。

▽ **艺术家的插图**
如果站在冥王星表面，我们能看到遥远模糊的太阳、冥卫一和朦胧的氮−甲烷大气层。冥王星表面坑洼不平的原因有：小型柯伊伯带天体撞击、火山活动、季节性的温度变化。温度变化引起上层冰和雪融化、蒸发、再次结冰循环，从而影响表面地貌。

彗星

彗星一般是一座山大小的"脏雪球"，在太阳系形成初期就形成了。如果彗星接近太阳，它的大小和外观会发生完全的改变，其亮度也会足以让人们能够观察到。

估计约有1万亿颗彗星游离在冰冷的外太阳系。自行星形成后，彗星的结构就没有发生大的变化。每颗彗星都是由雪、冰和岩石尘埃组成的块状物体——彗核构成的。这些冰冷的彗核很小，在地球上无法观察到。但如果有彗星与太阳系的行星擦肩而过，它就能够形成显著发光的光环和彗尾，从而能够探测到它们。人们使用望远镜发现了许多彗星，偶尔在寻找小行星的时候也能观察到彗星，但也有很多神不知鬼不觉地飞掠过地球。其中也有一些彗星会定期光临地球，其往返周期从几年到上百年不等。还有的可能需要上千年或数以百万年的时间才能再次返还，甚至永远不再回来。新发现的彗星以发现者的名字命名，SOHO探测器（太阳和日球层探测器）发现的彗星数量最多，达2500颗。

靠近太阳

当一颗彗星越过小行星带靠近太阳的时候，太阳的热量会使彗核的质量减轻，蒸发的物质形成彗发（彗发是围绕着彗核的一团巨大的气体和尘埃）和两个彗尾，并不断地消散在太空中。每次彗核经过太阳的时候，一层厚约1米的表面物质就会形成新的彗发和彗尾。如哈雷彗星，大约每隔76年就会路过太阳一次，最终其彗核里的物质将会耗尽，从我们的视线中消失。

△ 海尔-波普彗星
每隔10年，地球上空就会出现这颗肉眼可见的明亮彗星。它是20世纪最亮的彗星之一，曾经在1996～1997年出现过。在这颗彗星上，它的两条彗尾里的物质被推出太阳系之外。彗星的尘埃物质可以反射光线，这使得它的白色尘埃彗尾十分明亮。电离气体彗尾自己发出蓝色的光线，它的结构性更强——其内部的粒子路径是由太阳风的磁场决定的。

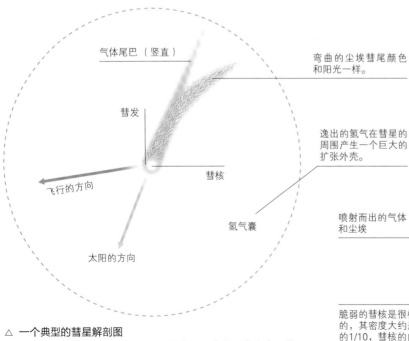

气体尾巴（竖直）

弯曲的尘埃彗尾颜色和阳光一样。

彗发

逸出的氢气在彗星的周围产生一个巨大的扩张外壳。

飞行的方向

彗核

氢气囊

太阳的方向

△ 一个典型的彗星解剖图
彗核的2/3由雪构成的（主要是雪水），其余还有小岩石微粒和尘埃。彗星释放出的其他物质和尘埃形成彗发，其可能有10万千米宽，彗星的两条彗尾都被太阳风向后吹。气体的彗尾是直的，但是灰尘彗尾则向彗星的轨道方向弯曲。

喷射而出的气体和尘埃

脆弱的彗核是很松散的，其密度大约是冰的1/10，彗核的内部大部分是空的。

表面洼地

哈雷彗星的彗核

◁ 彗核
彗星的彗核形状不规则，表面是黑色的，布满尘埃，典型彗核的宽度大约1千米。在尘埃最薄的地方，太阳的热量会将尘埃下的雪变成气体，气体逸出，并随之将上面覆盖的尘埃带出，从而使彗星的表面发生塌陷。

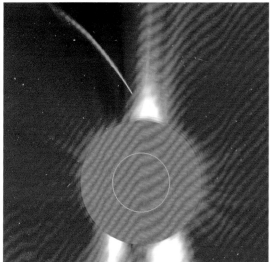

◁ 掠日彗星

有些彗星与太阳相距很近，甚至能够穿过它的外层大气——日冕。其他的彗星，如SOHO6彗星（左图），则过于接近太阳，并最终撞向太阳而被摧毁。这种所谓的掠日彗星，在SOHO探测器研究太阳的时候观察到许多。在这张SOHO拍摄的图像里，用一个圆盘遮住太阳，就能看到图中所出现的SOHO6彗星进入日冕的最后一刻（左上角）。

▷ 流星雨

大的尘埃颗粒并没有进入到彗尾，慢慢地落在彗核的后面。他们最终形成环带——围绕彗星轨道的尘埃环。如果地球穿过彗星环带，个别的尘埃颗粒在快速穿过地球大气层时就会形成流星，图中就是在某地划过的流星雨。

彗星的轨道

大多数的彗星处于奥尔特云之中，距离行星很远，不在我们的视线之内。我们之所以知道它们的存在是因为当一颗彗星很偶然地改变轨道进入太阳系内部时，会形成醒目的彗发和彗尾。

不同于行星，彗星所在的椭圆运行轨道离心率较大，因此彗星与太阳的距离改变更加明显。离开奥尔特云飞向太阳的彗星，按照运行一圈的时长来分类。短周期彗星紧贴着行星轨道面，运行周期小于20年。中等周期彗星每20到200年会经过太阳附近，它们的轨道面倾斜度范围很广。长周期彗星的运行周期从200年到数千万年不等。有一些彗星因距离太阳太远，有可能中途飞向邻近的恒星。

彗星的轨道会受行星引力场的影响。短周期彗星受木星万有引力作用进入到太阳系内部，木星可以轻而易举地将彗星从短周期轨道推入长周期轨道。一些长周期的彗星会被彻底推离太阳系进入银河系中，而其他的彗星在引力作用下靠近太阳，使天文学家得以发现到它们。

电离气体组成的蓝白色竖直彗尾。

弯曲的白色尘埃彗尾。

太阳位于彗星椭圆轨道的一个焦点上。

当彗星离太阳最近时彗尾最长。

彗尾总是背对着太阳。

随着彗星逐渐远离太阳，彗尾缩短并最终消失。

△ 绕太阳转动

彗星的轨道是椭圆形的，绕着两个焦点循环运动。它们不是以匀速运动，越靠近太阳速度越快，远离太阳后速度再次减小。只有在彗星靠近太阳时在地球上可以看到，但看到的只是彗尾。彗尾是太阳热量蒸发彗星表面的物质后形成的一堆碎片。

哈雷彗星的轨道周期为76~79.3年。上次见到是在1986年，它将在2061年再次出现。

▷ 进入内太阳系的彗星

到2013年底，天文学家在太阳系行星空间内已发现大约5000颗彗星。像坦普尔1号彗星这样的短周期彗星约有500颗。关于坦普尔1号彗星最早的记载是在1867年，其后在1873年和1879年分别出现过，但之后由于轨道发生改变，直到1967年才再次出现。哈雷彗星是一个中等周期彗星，最早的记载是在公元前240年，其后总共出现过30次。长周期的百武彗星1996年在地球上空出现过，与上一次出现已相距17,000年。但1996年它再次出现时，由于轨道引力与大型行星之间的相互作用很大程度地干扰了它的运行轨道，在之后的7万年内它将不再出现。

坦普尔1号彗星的运行轨道在火星轨道和木星轨道之间，其运行周期为5.5年。它的轨道逐渐靠近木星，说明轨道路径和运行周期是会变化的。

太阳

水星

金星

地球

火星

木星

土星

天王星

海王星

短周期彗星的轨道只是略呈椭圆状，因此是内太阳系的"常客"。

1996年发现的百武彗星是20世纪以来最靠近地球的彗星之一，也是夜空中最亮的天体之一。

长周期彗星的椭圆轨道的偏心率很大，因此很少进入内太阳系内。

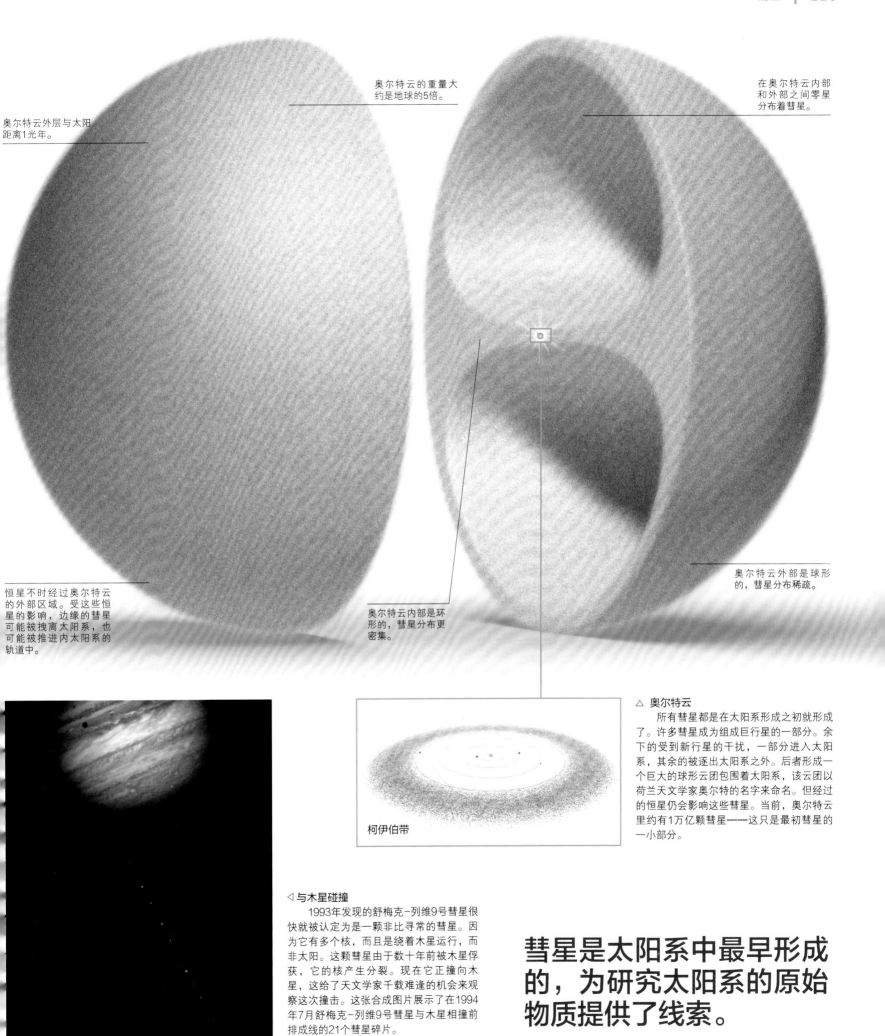

奥尔特云外层与太阳
距离1光年。

奥尔特云的重量大
约是地球的5倍。

在奥尔特云内部
和外部之间零星
分布着彗星。

恒星不时经过奥尔特云
的外部区域。受这些恒
星的影响，边缘的彗星
可能被搜离太阳系，也
可能被推进内太阳系的
轨道中。

奥尔特云内部是环
形的，彗星分布更
密集。

奥尔特云外部是球形
的，彗星分布稀疏。

柯伊伯带

△ 奥尔特云

　　所有彗星都是在太阳系形成之初就形成
了。许多彗星成为组成巨行星的一部分。余
下的受到新行星的干扰，一部分进入太阳
系，其余的被逐出太阳系之外。后者形成一
个巨大的球形云团包围着太阳系，该云团以
荷兰天文学家奥尔特的名字来命名。但经过
的恒星仍会影响这些彗星。当前，奥尔特云
里约有1万亿颗彗星——这只是最初彗星的
一小部分。

◁ 与木星碰撞

　　1993年发现的舒梅克-列维9号彗星很
快就被认定为是一颗非比寻常的彗星。因
为它有多个核，而且是绕着木星运行，而
非太阳。这颗彗星由于数十年前被木星俘
获，它的核产生分裂。现在它正撞向木
星，这给了天文学家千载难逢的机会来观
察这次撞击。这张合成图片展示了在1994
年7月舒梅克-列维9号彗星与木星相撞前
排成线的21个彗星碎片。

**彗星是太阳系中最早形成
的，为研究太阳系的原始
物质提供了线索。**

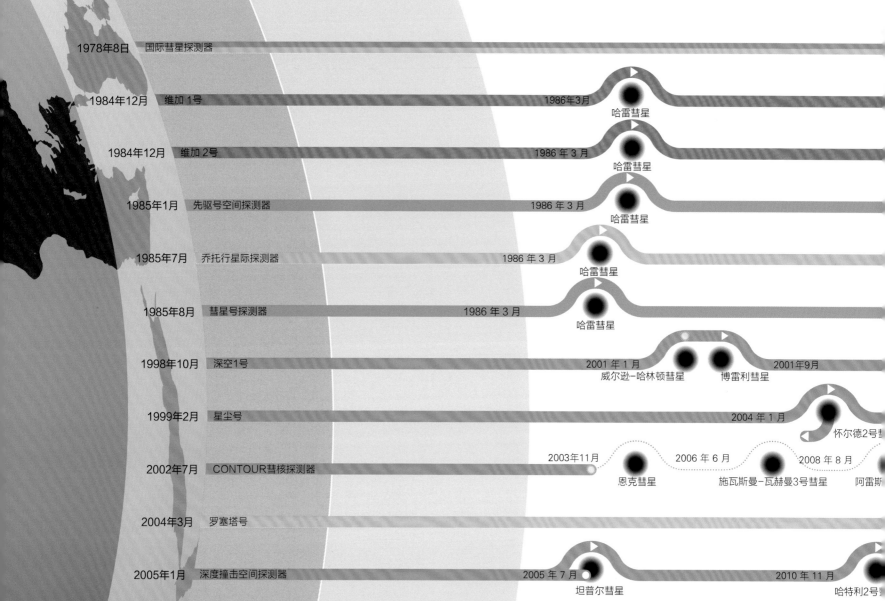

地球轨道

1978年8日　国际彗星探测器

1984年12月　维加 1号　　　　　　　　1986年3月　哈雷彗星

1984年12月　维加 2号　　　　　　　　1986 年 3月　哈雷彗星

1985年1月　先驱号空间探测器　　　　　1986 年 3月　哈雷彗星

1985年7月　乔托行星际探测器　　　　　1986 年 3月　哈雷彗星

1985年8月　彗星号探测器　　　　　　　1986 年 3月　哈雷彗星

1998年10月　深空1号　　　　　2001 年 1月　威尔逊–哈林顿彗星　　博雷利彗星　2001年9月

1999年2月　星尘号　　　　　　　　　　　　　2004 年 1月　怀尔德2号彗

2002年7月　CONTOUR彗核探测器　2003年11月　恩克彗星　2006 年 6月　施瓦斯曼–瓦赫曼3号彗星　2008 年 8月　阿雷斯

2004年3月　罗塞塔号

2005年1月　深度撞击空间探测器　　2005 年 7月　坦普尔彗星　　　2010 年 11月　哈特利2号

关键词

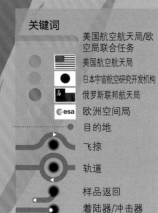

美国航空航天局/欧空局联合任务

美国航空航天局

日本宇宙航空研究开发机构

俄罗斯联邦航天局

欧洲空间局

目的地

飞掠

轨道

样品返回

着陆器/冲击器
失败

▷ **乔托行星际探测器**

1986 年以前，天文学家还不知道彗核的样子。第一张彗核图像是1986年3月13日欧空局的乔托行星际探测器所拍摄的哈雷彗星的彗核。图像显示，彗核是一个15.3千米长、马铃薯形状的块状物体，并具有明亮的喷射气流和从其表面喷出的尘埃。从彗核大致比较光滑的表面上可以看到丘陵和山谷。乔托号当时处于彗星的彗发里，在彗星的尘埃中差点被毁坏了。后来又增加了乔托号的任务，它于1992年飞掠格里格–斯基勒鲁普彗星。

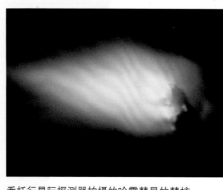

乔托行星际探测器拍摄的哈雷彗星的彗核

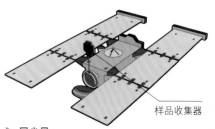

样品收集器

▷ **星尘号**

美国航空航天局的星尘号探测器首次获取了彗星物质的样品。星尘号探测器使用了一种气凝胶多孔性材料，非常轻，将其材料安装在一种形状像网球拍的收集装置上。收集器及其收集的宝贵物质与星尘号分离，并在2006年1月返回地球。

1985年9月贾科比尼-津纳彗星

1985年9月格里格-斯基勒鲁普彗星

1998 年 11 月
贾科比尼-津纳彗星

2011 年 2 月
坦普尔彗星

2014 年 8 月
丘留莫夫-格拉西缅科彗星

彗星探测任务

在过去的30年中，我们获取了彗星的大量信息，其中少数几个探测器穿过了彗星周围的炙热彗发，从而使我们观察到了彗核。

彗核隐藏在明亮的彗发里，体型又太小，所以无法用望远镜进行观测，只能通过探测器一探究竟。1985年发射的乔托行星际探测器首次返回了彗核的详细图像，当时其飞行不到一年，在距离哈雷彗星600千米处穿过。该图像证实了相关的理论，即彗星是由尘埃和冰组成的。之后更加雄心勃勃的任务开始了，其中包括美国航空航天局的星尘号探测器，它从怀尔德2号彗星上挖出尘埃样本并把它带回了地球。另外，欧空局的罗塞塔号是第一个以登陆彗核为目的的航天器。

在飞向彗星的10年征程里，罗塞塔号探测器已经环绕太阳5圈。

▷ **深度撞击号**

　　为了研究彗星的内部物质，在2005年，深度撞击号向坦普尔1号彗星发射了一个自导式撞击器，但是碎片云遮蔽了撞击器的视野。后来星尘号探测器被重新定位到坦普尔1号彗星，并拍下了之前的撞击坑的照片。深度撞击号则离开前往哈特利2号彗星，在700千米处拍摄下了它的彗核，彗核像一粒带壳花生，长2千米。

科学家分析星尘样本

深度撞击号拍摄的哈特利2号彗星的彗核

罗塞塔号装备了两台照相机以及分析尘埃和气体的仪器。

菲莱号

◁ **罗塞塔号**

　　欧空局的罗塞塔号，承担了目前为止最为雄心勃勃的彗星任务。罗塞塔号在2004年发射，设计目的是环绕宽度达4千米的丘留莫夫-格拉西缅科彗星的彗核飞行一年多的时间，从而在彗星的彗发、彗尾形成时监测彗星的情况。罗塞塔号携带有一个小型登陆器"菲莱号"，设计用来在彗核上登陆。

分离后的菲莱号

1

宇宙中的雪球

1 麦克诺特彗星

在2007年初，发现了自1965年以来最为明亮的麦克诺特彗星。即使在白天，人们也可以使用肉眼轻易地看到这颗彗星。在这张图里，我们是在太平洋的上空观察麦克诺特彗星和太阳。该彗星只会出现一次，它再也不会返回到内太阳系，因此这个景象人们将再也无法看到。

2 百武彗星

1996年3月，百武彗星（以发现该彗星的一名日本业余天文爱好者的名字命名）进入距离地球1500万千米的范围内。5月，欧空局的尤利西斯号探测器意外地探测到百武彗星的气体彗尾，该彗尾长5.7亿千米——这是探测到的最长的彗尾。百武彗星也是第一颗被探测到发射X射线的彗星。

3 C/2001 Q4彗星

位于美国加州帕萨迪纳的近地小行星追踪系统于2001年发现了C/2001Q4彗星，它是第一颗在南半球可见的彗星。2004年5月，该彗星达到最亮，此时距地球4800万千米。它将沿着椭圆形轨道飞离太阳系，不再回来。

4 海尔-波普彗星

20世纪得到最广泛观测的彗星是海尔-波普彗星，当时它出现在天空中的时间达18个月，其亮度在1997年4月达到了顶峰。海尔-波普彗星的彗核异乎寻常地大，其宽度达30~40千米。木星的引力改变了这颗彗星的轨道，从而使其轨道周期从大约4200年减少到大约2500年。

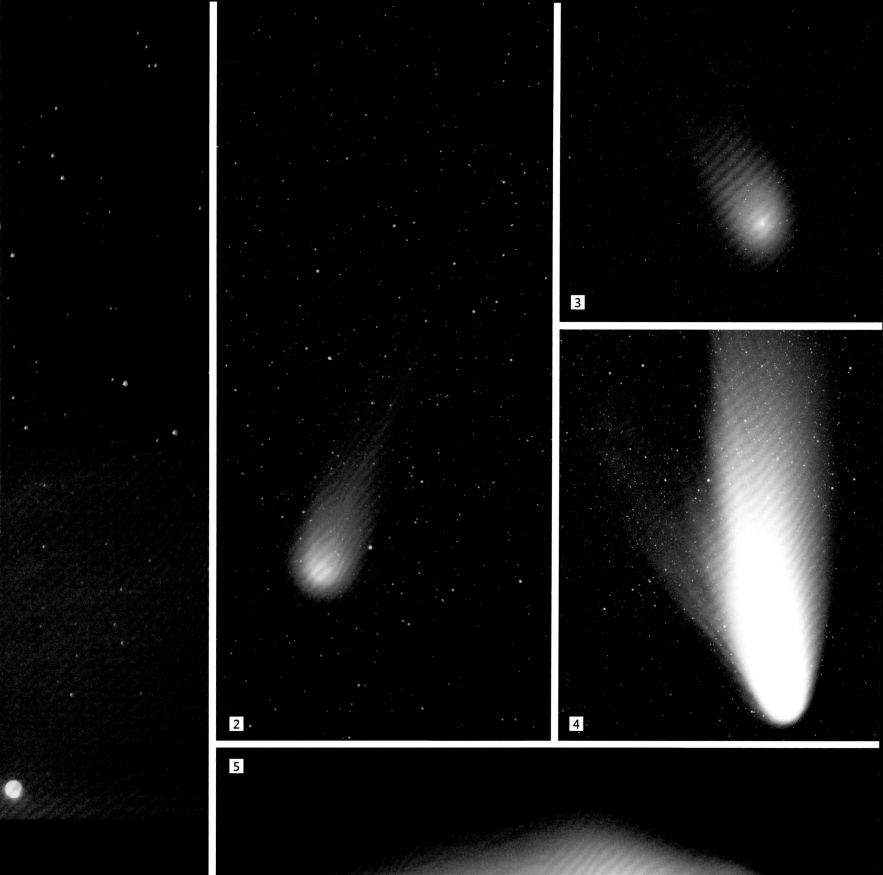

5 哈雷彗星

　　哈雷彗星每76~79年靠近地球一次。其最近一次出现的时间是1986年，当时欧空局的乔托行星际探测器飞到了距离哈雷彗星600千米处，并首次拍下了彗核的照片，发现其宽度达15.3千米。从哈雷彗星的彗核上释放出的物质，形成了猎户座和宝瓶座上的流星雨。

扫帚星

我们所说的彗星，曾一度被视为不吉利的神秘天体，现在我们知道它们是在太阳系形成初期就遗留下来的原始行星的残片。

17世纪90年代，英国天文学家埃德蒙·哈雷发现某些彗星是我们太阳系的永久成员，之后天文学家们开始在夜空中寻找彗星。一般认为彗星的质量很小，所以彗发和彗尾中的气体与尘埃的来源一直是个谜。20世纪50年代，美国天文学家弗雷德·惠普尔提出，彗星有一个像"脏雪球"一样的内核，在围绕太阳的每一圈轨道运行中质量不断减小。在1986年第一次观察到了一个彗核，在2005年7月，深度撞击号成为第一个与彗核有物理接触的探测器。

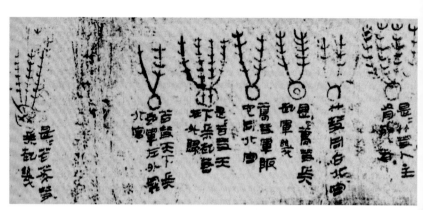

丝绸上的彗星记载

公元前2500年

最早的观察

中国古代的天文学家认为彗星具有占星学意义。他们仰望天空观察这些传说中会带来坏运气的"扫帚星"。在马王堆出土了公元前185年记录在丝绸上的彗星图谱（上图），这是现存最古老的彗星观察记录。

公元前5年

伯利恒之星

在圣经故事中，据说带给婴儿时期的耶稣法力的可能就是一颗行星或一颗彗星。大利帕多瓦市阿雷纳教堂的耶稣诞生壁画的伯利恒之星，就是意大利艺术家乔托·邦多纳依据1301年出现的哈雷彗星创作的。

吉尔拍摄到的大彗星

1900年

彗尾的形成

瑞典物理学家斯万特·阿雷纽斯认为是太阳辐射压力把彗星尘埃推到彗尾的。50年后，天文学家们发现，在太阳风的作用下，气态的尾部以类似磁场线的形状环绕着彗尾，有时它的一部分会断开。

1882年

拍摄大彗星

苏格兰天文学家大卫·吉尔在1882年拍摄到了第一张大彗星照片，在众星的背景中彗星拖着壮观的尾巴划过夜空。美国天文学家爱德华·E·巴纳德首次通过照片发现了1892V彗星。

1868年

化学成分

英国天文学家威廉·哈金斯利用光谱学证明了彗星含有碳氢化合物。彗星光谱还表明，弯曲的彗尾包含有灰尘粒子，而浅蓝色的竖直彗尾则是从彗星的冰核中电离出的分子。

扬·奥尔特

哈雷彗星的彗核

1932年

奥尔特云

爱沙尼亚的天体物理学家恩斯特·奥皮克认为，长周期彗星来自太阳系周围一团巨大的彗星云——现在被称为奥尔特云（以荷兰天文学家扬·奥尔特命名）。

1950年

彗核

美国天文学家弗雷德·惠普尔认为，彗星的中心是一个"脏雪球"核，由冰、雪和尘埃构成，其直径只有几公里。上面这张彗核的影像是1986年乔托行星际探测器在造访哈雷彗星时拍摄到的。

1979年

彗星和生命

英国天文学家钱德拉·维克拉玛辛赫与弗雷德·霍伊尔提出，生命通过彗星到达了地球，但有些学者对此有不同的看法。不过，彗星确实经常与行星发生碰撞；1994年，舒梅克-列维9号彗星就闯入了木星大气层。

贝叶挂毯

埃德蒙·哈雷

1066年

黑斯廷斯战役

彗星被认为是厄运、疾病、死亡和灾难的预兆。在英格兰国王哈罗德死于黑斯廷斯战役前六个月，哈雷彗星出现在天空中。上图这个场景取自贝叶挂毯，描绘的是士兵们指着不吉的预兆。

1531年

彗尾

在《帝王天文学（Astronomicum Caesareum）》这本书中，德国天文学家阿皮亚努斯提出，彗尾总是指向远离太阳的方向，在彗星接近太阳时就变长，在达到太阳系寒冷区域时就消失了。

1680年

彗星的轨道

英国数学天才牛顿是第一个计算出彗星路径的科学家。埃德蒙·哈雷随后计算出了更多的彗星轨道，并同时发现，有一颗他在1682年观察到的彗星在此之前已经出现过（哈雷彗星平均每76年回归一次）。

1833年的狮子座流星雨

卡罗琳·赫歇尔

1866年

彗星和流星

意大利天文学家乔凡尼·斯基亚帕雷利发现，彗星与流星群有关。当一颗彗星消亡时，尘埃慢慢地散布在轨道周围，形成流星群。当地球穿过这个流星群时，我们就会遇到一次流星雨，比如狮子座流星雨。

1786年

卡罗琳·赫歇尔

英国天文学家卡罗琳·赫歇尔是第一位发现彗星的女性，她所使用的特殊的望远镜是她的天文学家哥哥威廉·赫歇尔制作的。在1788年发现的赫歇尔-甲戈莱彗星，就是以她的名字命名的。

1755年

起源和质量

普鲁士哲学家康德认为，彗星是行星形成过程中的残余部分。莱克塞尔彗星在1770年曾在与地球相距不到230万千米处划过。据计算，它的质量还不到地球的2%。

撞击器碰撞坦普尔1号彗星

欧空局罗塞塔号团队成员庆祝探测器"苏醒"

2005年

深度撞击任务

一次370千克的撞击：美国航空航天局的深度撞击器撞向坦普尔1号彗星并击中彗核。2011年2月，星尘号探测器抵达该彗星，拍摄到了那次撞击留下的150米宽的撞击坑。

2014年

罗塞塔"苏醒"

在经历了31个月的休眠之后，欧空局的罗塞塔号探测器被成功唤醒。该探测器于2004年发射，目标是前往丘留莫夫-格拉西缅科彗星。对罗塞塔号所做的设置是：在丘留莫夫-格拉西缅科彗星环绕太阳运行时，探测器将围绕它进行为期17个月的轨道飞行。

世界之外

　　从图中我们能够看到拱起在新西兰帕利泽海角的银河星系，星系里可能有成百上千亿的行星，但大多数无法看到。人们在1992年第一次在太阳系外探测到行星，在此之后，又陆续发现了4000多颗系外行星。但是即使使用最强大的望远镜通常也无法看到它们，只是由于它们的母星引力，使得它们出现晃动，或在通过恒星的前面使恒星的光线发生微小的减弱时，人们才得以观测到它们。最容易探测到的是靠近恒星的体积大的系外行星，因此到目前为止所发现的系外行星绝大多数都是"热类木星"——气态巨星。它们以典型的不规则椭圆轨道在几天内就能绕恒星一圈。不过，天文学家已经开始寻找体积较小的系外行星，但是只有很少的行星大气层中存在水分，从而能够为生命提供栖息之地。现在搜寻的目的是找到地球的孪生兄弟——一颗小的类似于地球的固态行星。

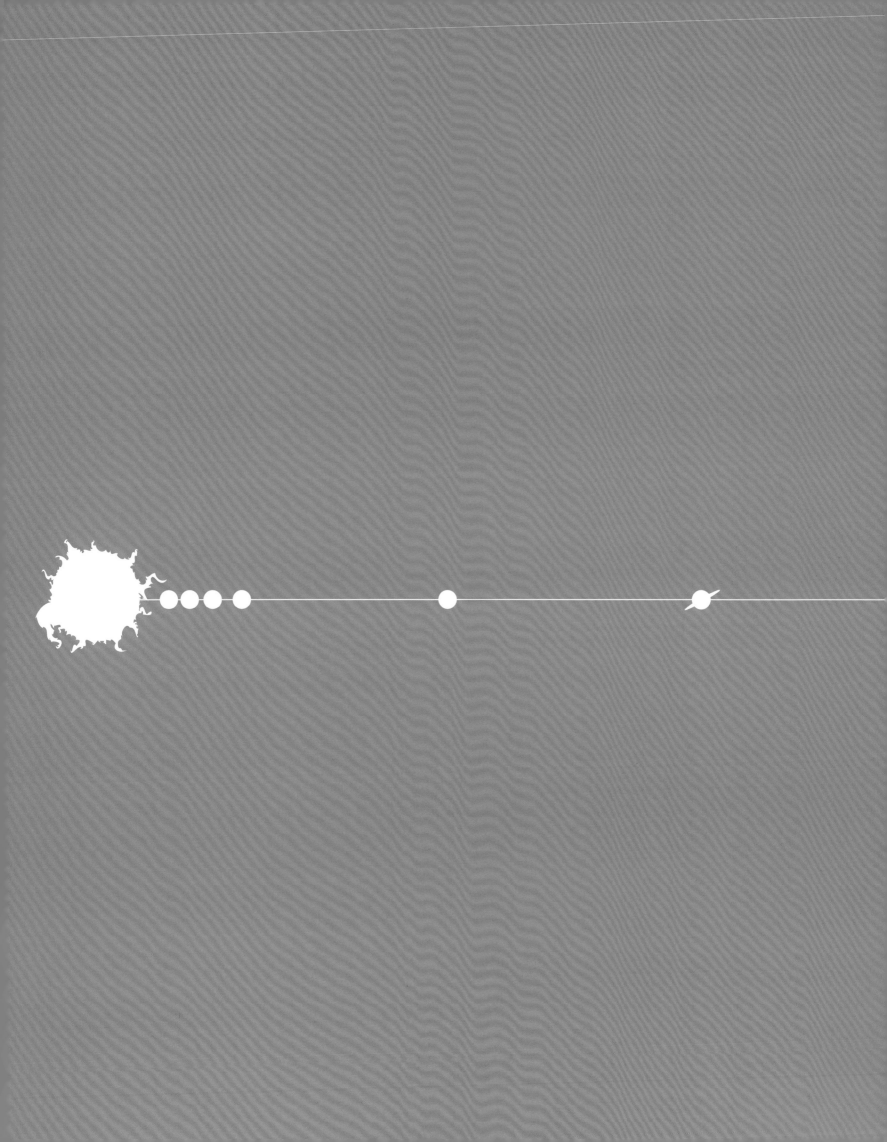

参考资料

太阳系及其行星

太阳系中的元素

在太阳中，元素以原子形式存在。远离太阳，温度下降，原子结合起来形成更大的分子。氢和氧结合形成水；碳和氧结合形成二氧化碳；碳和氢形成甲烷；铁、硅、镁和氧形成各种岩石矿物。氢氦主宰着太阳系，其他元素组成只占太阳系总质量的1.9%。

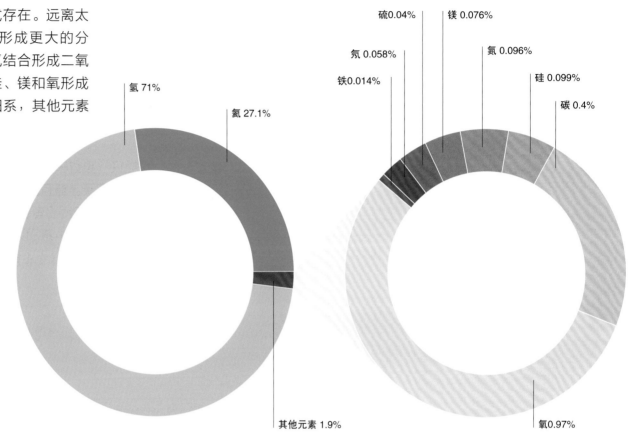

氢 71%

氦 27.1%

其他元素 1.9%

硫0.04%　镁 0.076%

氖 0.058%　氮 0.096%

铁0.014%　硅 0.099%

碳 0.4%

氧0.97%

行星数据

太阳系有八颗行星。它们的大小范围从水星（地球直径的1/3）到木星（地球直径的11倍）。最靠近太阳的四颗行星是水星、金星、地球和火星。它们都是小的、致密的、有固体表面和很少数量卫星的岩质行星，其中地球是唯一一个表面潮湿的星球。离太阳较远的四大行星分别是木星、土星、天王星和海王星，它们的核心都由岩石和金属构成，周围有非常厚的大气和围绕行星公转的许多卫星。气态巨行星的表面很冷，基本上以云海为主。下面的表格中，半径一栏给出的是岩质行星的半径平均值和巨行星赤道处半径的平均值。重力系数一栏是岩质行星（表面）、巨行星（赤道区域）的重力系数与地球表面重力系数的比值。

	水星	金星	地球	火星	木星	土星	天王星	海王星
半径（km）	2440	6052	6378	3396	71,492	60,268	25,559	24,764
地表起伏差（km）	10	15	20	30	—	—	—	—
重量（地球 = 1）	0.06	0.82	1	0.11	317.83	95.16	14.54	17.15
密度（kg/m³）	5427	5243	5514	3933	1326	687	1271	1638
扁率	0	0	0.00335	0.00589	0.06487	0.09796	0.0229	0.0171
自转周期（小时）	1407.6	5832.5	23.9	24.6	9.9	10.7	17.2	16.1
一日（从日出到下一个日出，小时）	4222.6	2802.0	24.0	24.7	9.9	10.7	17.2	16.1
重力系数（地球 = 1）	0.38	0.91	1	0.38	2.36	1.02	0.89	1.12
轴倾角	0.01°	177.4°	23.4°	25.2°	3.1°	26.7°	82.2°	28.3°
逃逸速度（km/h）	15,480	37,296	40,270	18,108	214,200	127,800	76,680	84,600
视星等	−2.6至5.7	−4.9至−3.8	—	+1.6至−3	−1.6至−2.94	+1.47至−0.241	5.9至5.32	8.02至7.78
平均温度（℃）	167	470	15	−63	−108	−139	−197	−201
卫星数量	0	0	1	2	67+	62+	27+	14+

行星的轨道

行星的轨道受到太阳引力场的作用。曾经人们认为行星围绕太阳遵循圆形轨道运动，但17世纪初的德国数学家、天文学家开普勒发现，行星的运动轨迹不是一个圆，而是椭圆，有两个焦点。

行星的公转周期也称轨道周期。轨道周期随着轨道半径的增大而增加。水星——离太阳最近的行星，绕太阳一周只需要约88天；海王星——离太阳最远，公转一周需要约165年。行星公转轨道上离太阳最近的点被称为近日点，最远的为远日点。

太阳系几乎是平面的，所有行星大致在同一平面上围绕太阳公转。相对于地球轨道平面，每颗行星的轨道平面稍微倾斜，这个角度称为轨道倾角。

虽然所有的行星都沿着椭圆轨道运行，但各条轨道的形状并不完全相同。椭圆轨道偏离圆形的程度被称为偏心率。圆形轨道的偏心率为零。

	水星	金星	地球	火星	木星	土星	天王星	海王星
近日点（百万千米）	46.0	107.5	147.1	206.6	740.5	1352.6	2741.3	4444.5
远日点（百万千米）	69.8	108.9	152.1	249.2	818.6	1514.5	3003.6	4545.7
轨道周期（天）	87.969	224.701	365.256	686.980	4332.589	10,759.22	30,685.4	60,189
轨道速度（km/s）	47.87	35.02	29.78	24.13	13.07	9.69	6.81	5.43
轨道倾角	7.0°	3.39°	0	1.850°	1.304°	2.485°	0.772°	1.769°
轨道偏心率	0.206	0.007	0.017	0.094	0.049	0.057	0.046	0.011

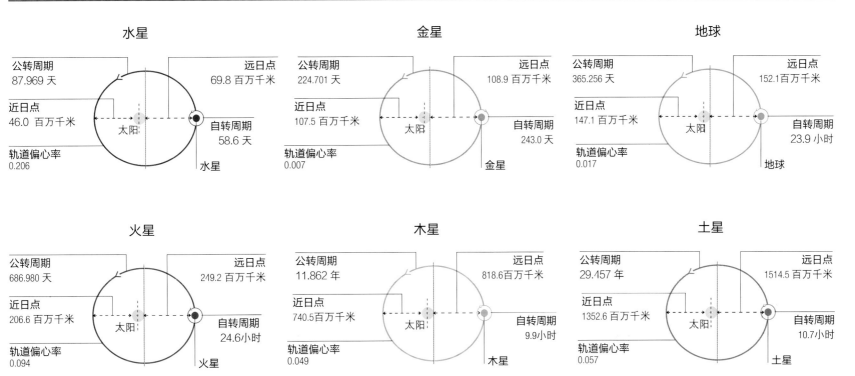

水星
公转周期 87.969 天
远日点 69.8 百万千米
近日点 46.0 百万千米
太阳
自转周期 58.6 天
轨道偏心率 0.206
水星

金星
公转周期 224.701 天
远日点 108.9 百万千米
近日点 107.5 百万千米
太阳
自转周期 243.0 天
轨道偏心率 0.007
金星

地球
公转周期 365.256 天
远日点 152.1百万千米
近日点 147.1 百万千米
太阳
自转周期 23.9 小时
轨道偏心率 0.017
地球

火星
公转周期 686.980 天
远日点 249.2 百万千米
近日点 206.6 百万千米
太阳
自转周期 24.6小时
轨道偏心率 0.094
火星

木星
公转周期 11.862 年
远日点 818.6百万千米
近日点 740.5百万千米
太阳
自转周期 9.9小时
轨道偏心率 0.049
木星

土星
公转周期 29.457 年
远日点 1514.5百万千米
近日点 1352.6 百万千米
太阳
自转周期 10.7小时
轨道偏心率 0.057
土星

天王星
公转周期 84.323 年
远日点 3003.6 百万千米
近日点 2741.3百万千米
太阳
自转周期 17.2 小时
轨道偏心率 0.046
天王星

海王星
公转周期 164.79年
远日点 4545.7百万千米
近日点 4444.5百万千米
太阳
自转周期 16.1小时
轨道偏心率 0.011
海王星

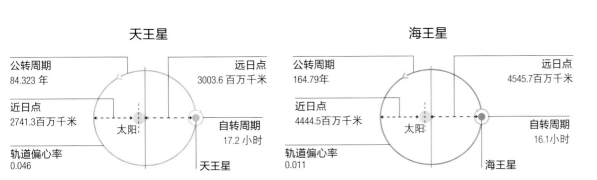

科学家正在寻找海王星之外的行星。

行星的构造

内部构造

越靠近行星的中心，温度越高，密度和压力越大。虽然岩质行星的表面是固态的，但行星内部较深层的物质却比较粘稠甚至是熔融状态的。这些流体物质不断循环使得较重的化合物和元素，例如各类金属，沉降至行星中心，形成内核，同时，较轻的物质，例如各类岩质矿物则会逐渐上升。某些行星，例如地球，在中心的巨大压力下会形成一个固体内核，外面包裹着由液态金属构成的外核。这一外核内的电流形成行星周围的磁场。气态巨行星主要由气体构成，例如氢、氦、甲烷和氨等，但这些行星也可能有岩石和金属构成的内核，内核周围较重的物质可能将内核压缩为固体。

	水星	金星	地球	火星	木星	土星	天王星	海王星
半径（km）	2440	6052	6378	3396	71,492	60,268	25,559	24,766
平均密度（kg/m³）	5427	5204	5515	3396	1326	687	1318	1638
地壳厚度（km）	150	50	30	45	—	—	—	—
中心压强（Mbar）	0.4	3	3.6	0.4	80	50	20	20
中心温度（K）	2000	5000	6000	2000	20,000	11,000	7000	7000

磁场

一颗拥有巨大磁场的行星肯定有一个高速旋转的熔融状态的金属内核。地球的自转速度是金星的200多倍，因而地球磁场要比金星磁场大得多。火星和水星的金属内核呈固态，因而磁场非常小。

木星和土星的自转速度是地球的两倍，而且内核周围有大面积的液态金属氢，所以磁场非常大。磁矩是磁场强度的一个度量单位。

	水星	金星	地球	火星	木星	土星	天王星	海王星
磁矩 (地球上为1)	0.0007	<0.0004	1	<0.000025	20,000	600	50	25
磁轴和自转轴之间的夹角	14°	—	10.8°	—	−9.6°	−1°	−59°	−47°
行星中心的磁轴偏移量 与行星半径之比	—		0.08		0.12	0.04	0.3	0.55
到磁场边缘的最近距离 与行星半径之比	1.5	—	11	—	80	20	20	25

行星光环

所有的气态巨行星都有行星光环，但只有土星环比较明亮，用小型望远镜就可以观测到。木星、天王星和海王星的光环极其暗弱，只有利用大型红外望远镜或者太空探测器才能观测到。观测发现，行星光环与赤道在同一平面上，而且通常离行星较近。行星强大的引力场限制了光环粒子的聚集，使其无法凝聚成一颗大的卫星。

	木星	土星	天王星	海王星
半径 (行星半径 = 1)	1.4~3.8	1.09~8	1.55~3.82	1.7~2.54
半径（km）	100,000~270,000	66,900~480,000	39,600~97,700	42,000~62,900
厚度（km）	30~300	<1	0.15	未知
粒径	< 0.001mm	0.01~10m	< 0.001~10m	未知
相同质量的卫星直径（km）	10	450	10	10

卡西尼探测器拍摄的土星环

岩质行星的大气层

所有行星都有大气层，不过水星的大气层非常稀薄，而且不断被太阳风吹走。类地行星的大气层是由地壳释放的气体形成的。行星表面的高温会使大气层中的气体外逸到太空，但由于质量较大的行星的引力场比较强，所以气体外逸的速度也比较慢。水星由于质量较小再加上表面高温，导致其大气层非常稀薄。金星上曾经有水，但由于其温度太高，水分已消失殆尽。地球大气层受到植物影响，植物吸收二氧化碳、释放氧气，不断循环，在其他行星上还未发现这一现象。

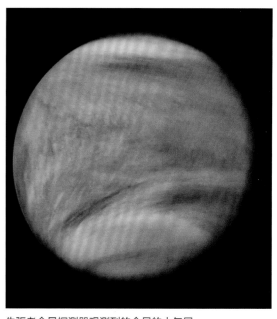

先驱者金星探测器观测到的金星的大气层

	水星	金星	地球	火星
表面气压（mbar）	<0.00001	92,000	1014	6.4
气压差（mbar）	0	0	870~1085	4.0~8.7
表层密度（kg/m³）	—	65	1.217	0.02
平均气温（℃）	167	464	15	−63
温度范围（℃）	−180~430	0	−90~50	−143~35
风速（m/s）	—	0.3~1.0	0~10	2~30

大气层气体成分

水星
钠：29.0%
氧气：42.0%
微量气体：1.0%
氦气：6.0%
氢气：22.0%

金星
二氧化碳：96.4%
微量气体：0.1%
氮气：3.5%

地球
氮气：78.1%
氧气：20.9%
微量气体：1.0%

火星
二氧化碳：95.3%
氮气：2.7%
氩气：1.6%
微量气体：0.4%

气态巨行星的大气层

气态巨行星在形成之初就产生了由氢和氦构成的巨型大气层，这类行星温度低，质量大，可以保留住表面的大气层。木星和土星上层大气中的氨和其他物质使其呈现出色彩。天王星和海王星大气层中含有一些甲烷使它们呈蓝绿色。

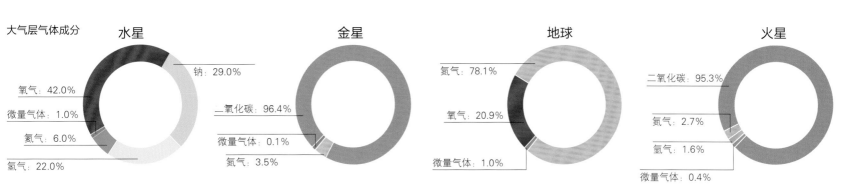

旅行者2号探测器拍摄的海王星

	木星	土星	天王星	海王星
气压为1bar时的气温（℃）	−108	−139	−197	−201
气压为0.1bar时的气温（℃）	−161	−189	−220	−218
气压为1bar时的密度（kg/m³）	0.16	0.19	0.42	0.45
风速（m/s）	0~150	0~400	0~250	0~580

注：1bar=10⁵Pa

大气层气体成分

木星
氢气：89.6%
甲烷和其他微量气体：0.3%
氦气：10.1%

土星
氢气：96.3%
甲烷和其他微量气体：0.5%
氦气：3.2%

天王星
氢气：82.5%
甲烷和其他微量气体：2.3%
氦气：15.2%

海王星
氢气：79.5%
甲烷和其他微量气体：2.0%
氦气：18.5%

卫星、小行星和彗星

主要的卫星

水星和金星是仅有的两颗没有卫星的行星。其他岩质行星也只有少量的卫星——地球的卫星是月球，重量约为地球的1/81；火星有两颗很小的卫星，我们认为是从附近的小行星带中俘获的小行星。相对而言，那些巨行星拥有的卫星数量十分庞大，而且可能还有更多等待我们未来去发现。

大多数卫星都较小，但木星的四大卫星却全都巨大且明亮，足以让我们在地球上通过望远镜观察到。轨道倾角是指卫星轨道平面与行星赤道面之间的夹角。轨道偏心率表示椭圆形轨道偏离圆形的程度，偏心率为零则为正圆形。

行星	卫星	直径（km）	密度(kg/m³)	逃逸速度(km/s)	轨道周期(天)	地表温度（℃）	轨道倾角	轨道偏心率	发现年份	发现者
地球	月球	3472	3346	2.38	27.322	−170 ~120	5.145°	0.0549	—	—
火星	火卫一	12.6	1471	0.0056	1.2624	−40	0.93°	0.00033	1877	霍尔
	火卫二	22.2	1876	0.0114	0.3189	−40	1.093°	0.0151	1877	霍尔
木星	木卫一	3644	3528	2.558	1.769	−180 ~ −140	0.050°	0.0041	1610	伽利略
	木卫二	3122	3010	2.025	3.551	−220 ~ −150	0.471°	0.0094	1610	伽利略
	木卫三	5262	1936	2.741	7.154	−200 ~ −120	0.204°	0.0011	1610	伽利略
	木卫四	4821	1834	2.440	16.689	−190 ~ −110	0.205°	0.0074	1610	伽利略
	木卫五	167	857	0.058	0.49818	−150	0.374°	0.0032	1892	巴纳德
	木卫六	170	2000	0.1	250.2	−150	30.486°	0.1513	1904	珀莱因
土星	土卫一	396	1148	0.159	0.942	−210	1.566°	0.0202	1789	赫歇尔
	土卫二	504	1609	0.239	1.370	−240 ~ −130	0.010°	0.0047	1789	赫歇尔
	土卫三	1062	984	0.394	1.887	−190	0.168°	0.0001	1684	卡西尼
	土卫四	1123	1478	0.51	2.737	−185	0.002°	0.0022	1684	卡西尼
	土卫五	1527	1236	0.635	4.518	−220 ~ −175	0.327°	0.00126	1672	卡西尼
	土卫六	5151	1880	2.639	15.945	−180	0.3485°	0.0288	1655	惠更斯
	土卫八	1468	1088	0.573	79.32	−180 ~ −140	15.47°	0.286	1671	卡西尼
	土卫九	213	1638	0.1	−545.09	未知	173.04	0.156	1899	皮克林
天王星	天卫五	471	1200	0.079	1.4135	−210	1.232°	0.0013	1948	柯伊伯
	天卫一	1158	1660	0.558	2.5204	−210	0.260°	0.0012	1851	拉塞尔
	天卫二	1169	1390	0.52	4.1442	−200	0.205°	0.0039	1851	拉塞尔
	天卫三	1577	1711	0.773	8.7059	−200	0.340°	0.0011	1787	赫歇尔
	天卫四	1523	1630	0.726	13.463	−200	0.058°	0.0014	1787	赫歇尔
	天卫十二	135	1300	0.058	0.5132	−210	0.059°	0.00005	1986	辛诺特
海王星	海卫八	420	1300	0.17	1.122	−220	0.075°	0.0005	1989	旅行者号团队
	海卫一	2707	2061	1.455	−5.877	−235	156.885°	0.00006	1846	拉塞尔
	海卫二	340	1500	0.156	360.14	−220	7.090°	0.7507	1949	柯伊伯
	海卫七	194	0.076	0.076	0.555	−220	0.205°	0.0014	1981	雷西玛
	海卫六	176	0.0556	0.0556	0.429	−220	0.34°	0.0001	1989	旅行者号团队

小行星带

在火星和木星的轨道间存在着大量多岩石且含金属的天体，我们称之为小行星。小行星和行星一样，围绕着太阳运行，但它们体积较小，并且形状多半是不规则的。

本表中列出了小行星带中较大的小行星，其中最大的就是谷神星，它的质量大到足以形成一个球体，因而被同时归为矮行星和小行星两种类别之中。表中亮度指从地球观察到的星等。

名称	直径（km）	体积（km³）	自转周期（天）	亮度
谷神星	952	975 x 975 x 909	0.3781	6.64~9.34
智神星	544	582 x 556 x 500	0.3256	6.49~10.65
灶神星	525	573 x 557 x 446	0.2226	5.1~8.48
健神星	431	530 x 407 x 370	1.15	9.0~11.97
英特利亚星	326	350 x 304	0.364	9.9~13.0
欧罗巴	315	380 x 330 x 250	0.2347	—
戴维	289	357 x 294 x 231	0.2137	9.5~12.98
林神星	286	385 x 265 x 230	0.2160	—
原神星	273	302 x 290 x 232	0.1683	10.67~13.64
司法星	268	357 x 255 x 212	0.2535	7.9~11.24
婚神星	258	320 x 267 x 200	0.3004	7.4~11.55
丽神星	256	未知	0.2305	10.16~13.61
赫克托星	241	370 x 267 x 200	0.2884	13.79~15.26
尽女星	232	221 x 201 x 168	0.2517	—
班贝格	229	未知	1.226	—
忍神星	225	未知	0.4053	—
大力神星	222	未知	0.3919	8.82~11.99
昏神星	222	278 x 142	0.4954	—

周期彗星

我们把所观察到的返回太阳周围一次以上的彗星称为周期彗星。短周期彗星是指绕太阳运行的周期小于200年的彗星。绕太阳运行的周期短于20年的则被称为木族彗星，这些彗星被木星的引力吸引到内太阳系，并到达其木星轨道附近的远日点（距离太阳距离最远），它们的轨道倾角也较小；长周期彗星的轨道倾角则没什么规律。

名称	公转周期（年）	观测到的次数	下次出现时间
哈雷	75.32	30	2061年7月
恩克	3.30	62	2017年5月
比拉	6.619	6	—
达雷斯特	6.54	20	2015年5月
坦普尔1号	5.52	12	2016年8月
霍尔姆斯	6.883	10	2014年5月
贾科比尼-津纳	6.621	15	2018年9月
施瓦斯曼-瓦赫曼1号	14.65	7	2019年5月
奥特玛	19.43	4	2023年7月
维尔格宁	5.44	10	2018年11月
阿连德	8.27	8	2016年2月
坦普尔-塔特尔	33.22	5	2031年5月
丘留莫夫-格拉西缅科	6.45	7	2015年8月
怀尔德2号	6.408	6	2016年7月
斯威夫特-塔特尔	133.3	5	2126年7月

注：本表中数据截止于2014年1月。

流星雨

由于地球在转动的过程中会穿过母彗星破碎形成的碎片，所以每一年我们都能周期性地看到流星雨。彗星的尘埃粒子或者称流星体在大气层上100~75千米高处燃尽，产生细长管状的电离气体分子，转瞬即逝。这些明亮的光带有另一个名称更广为人知——流星。

流星雨中的流星看上去都是从天空中的同一点辐射开来的。这个点被称为辐射点，流星雨就是根据辐射点所在的星座来命名的。

下表中"最大流星数"一栏中的数值为当辐射点位于头顶正上方时，在流星雨达到峰值期间每小时能够看到的流星数量。

名称	峰值时间	速度（km/s）	每小时最大流星数	母彗星
象限仪流星群	1月4日	41	120	C/1490 Y1
天琴流星群	4月22日	48	10	C/1861 G1
宝瓶 η 流星雨	5月5日	66	30	哈雷彗星
白羊流星群	6月7日	37	54	麦克霍尔茨彗星
英仙 τ 流星群	6月9日	29	20	恩克彗星
宝瓶 σ 流星群	7月29日	41	16	马斯登/克拉赫特彗星
英仙流星群	8月13日	58	80	斯威夫特-塔特尔彗星
天龙流星群	10月8日	20	不定	未知
猎户流星群	10月21日	67	25	哈雷彗星
狮子流星群	11月17日	71	不定	坦普尔-塔特尔彗星
双子流星群	12月13日	35	75	法厄松彗星
小熊流星群	12月23日	33	10	塔特尔彗星

大彗星

大概每隔10年，就会有一颗大彗星出现在夜晚的天空，它非常明亮，几个星期内都可以毫不费力地看到它。这类彗星的出现是无法预测的，因为它们属于长周期彗星，其运行周期从数百年到几千年不等。下表中，亮度代表星等，彗星距地球的最近距离以天文单位（AU）表示，一个天文单位等于地球和太阳之间的距离。

名称	出现年份	亮度	与地球最近距离
大彗星	1811	0	1.22AU
三月大彗星	1843	< - 3	0.84AU
多纳提	1858	0.5	0.54AU
大彗星	1861	0	0.13AU
科贾	1874	0.5	0.29AU
九月大彗星	1882	< - 3	0.99AU
大彗星	1901	1	0.83AU
一月大彗星	1910	1.5	0.86AU
格里格-斯基勒鲁	1927	1	0.75AU
阿连德-罗兰	1957	- 0.5	0.57AU
关-林恩思	1962	- 2	0.62AU
池谷-关	1965	2	0.91AU
本内特	1970	0.5	0.69AU
韦斯特	1976	- 1	0.79AU
百武	1996	1.5	0.10AU
海尔-波普	1997	- 0.7	1.32AU
麦克诺特	2007	-6	0.82AU

美国约书亚树国家公园的狮子流星雨

探索太空

标志性任务

太空时代已经颠覆了我们对于太阳系的认知。在过去，那些遥远的星球即使透过望远镜也只能看到模糊的星系盘，而现在则可以近距离仔细观察并绘制详细的地图。最早的太空任务只不过是简单的短暂飞掠，之后开始有轨道探测器、大气探测仪、着陆探测器以及最终的巡视探测器。下表列出了一些关键的太空任务，其中有些任务到现在仍然在执行过程中。

任务名称	发起国	开始日期	目标星球	任务类型	成果
水手2号	美国	1962.8.2	金星	飞掠	金星大气的首批数据
水手4号	美国	1964.11.28	火星	飞掠	火星表面的首批近距离照片
金星7号	苏联	1970.8.17	金星	登陆器	首次软着陆
水手9号	美国	1971.5.30	火星	轨道探测器	大量照片
先驱者10号	美国	1972.3.3	木星	飞掠	大量数据和照片
先驱者11号	美国	1973.4.6	木星/土星	飞掠	首次飞掠木星；发现F环
水手10号	美国	1973.11.3	水星	飞掠	水星表面的首批近距离照片
金星9号	苏联	1975.6.8	金星	登陆器/轨道探测器	从金星表面发回首批照片
海盗1号	美国	1975.8.20	火星	登陆器	地表实验、寻找生命迹象
旅行者2号	美国	1977.8.20	系外行星	飞掠	飞过木星和土星，首次飞掠天王星（1986.1.24）和海王星（1989.8.24）
旅行者1号	美国	1977.9.5	木星/土星	飞掠	详细勘查
金星11/12/13/14号	苏联	1978—1981	金星	登陆器/飞掠	金星表面图片
麦哲伦号	美国	1989.5.5	金星	轨道探测器	使用雷达绘制金星整个地表地图
伽利略号	美国	1989.10.18	木星	轨道探测器	对木星系统进行长期观察；使用探测仪调查大气
火星探路者	美国	1996.11.2	火星	登陆器	释放首个在火星上运行的漫游车旅居者号
卡西尼号	美国/其他国家	1997.10.15	土星	轨道探测器	收集了大量数据和照片，仍在运行
惠更斯号	欧洲航天局	1997.10.15	土卫六	登陆器	首个登陆巨型气体行星的探测仪
火星快车号	欧洲航天局	2003.6.2	火星	轨道探测器	寻找火星表面历史上存在水的证据
火星探测车A	美国	2003.6.10	火星	登陆器	释放勇气号火星探测车；首次钻探火星岩
火星探测车B	美国	2003.7.7	火星	登陆器	释放机遇号火星探测车；近距离观测土壤
信使号	美国	2004.8.3	水星	轨道探测器	首个围绕水星运行的探测器
火星勘测轨道飞行器	美国	2005.8.12	火星	轨道探测器	调查火星上水的历史
金星快车号	欧洲航天局	2005.11.9	金星	轨道探测器	观测金星大气
新视野号	美国	2006.1.19	冥王星	飞掠	飞掠冥王星和柯伊伯带天体2014MU69
朱诺号	美国	2011.8.5	木星	轨道探测器	环绕极地轨道，探测木星的内部组成
火星科学实验室	美国	2011.11.26	火星	探测车	好奇号火星探测车进行气候和地质调查

2011年11月，阿特拉斯5型火箭载着好奇号火星车在卡纳维拉尔角发射

世界上最大的火箭

土星5号运载火箭是有史以来建造的最大的火箭，曾在20世纪60和70年代的阿波罗计划中使用，用来将宇航员送往月球。它的苏联竞争对手N1运载火箭曾4次尝试发射，每次都以灾难性的失败告终。

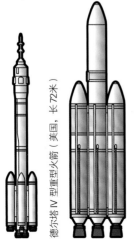
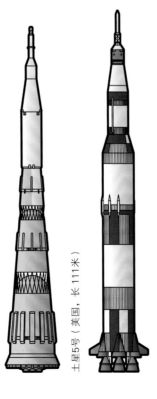

阿丽亚娜4号（欧洲，长59米）

长征2F（中国，长62米）

德尔塔IV型重型火箭（美国，长72米）

N1火箭（苏联，长105米）

土星5号（美国，长111米）

发射基地

全球共建有约20处航天发射基地。其中最重要的几处分别位于美国的卡纳维拉尔角，哈萨克斯坦的拜科努尔，以及中国的西昌。距离赤道较近的场地可以发射更重的货物，因为从那里升空的火箭可以从地球的旋转中借力助推。

范登堡空军基地（美国）
拜科努尔（哈萨克斯坦）
种子岛太空中心（日本）
卡纳维拉尔角（美国）
西昌（中国）
萨蒂什·达万太空中心（印度）
圭亚那发射中心（法属圭亚那）

主要发射基地（中国海南文昌航天发射中心于2016年11月3日正式启用，译者注）

人造卫星

自1950年以来，人类已经发射了上千颗人造卫星，这些卫星围绕着地球运行，承担着观测和研究的工作任务。其中有很多颗卫星已经不再起作用了。下表中列出了一些最重要的人造卫星。

名称	发起国	发射日期	成果
人造卫星1号	苏联	1957.10.5	首颗围绕地球运行的人造卫星
人造卫星2号	苏联	1957.11.3	携带一只名叫"莱卡"的小狗进入太空
探险者1号	美国	1958.1.31	发现了环绕地球的范艾伦辐射带
太阳极大年使者	美国	1980.2.14	在太阳活动极大期观测太阳
尤利西斯号	欧空局/美国	1990.10.6	观测太阳的极区
索贺号	欧空局	1995.12.2	实施太阳X射线和极紫外线观测，发现多颗掠日彗星和撞击彗星
极地号	美国	1996.2.24	从地球极轨道观测地球极光
星簇计划	欧空局	2000.7/8	四艘宇宙飞船探测地球磁层
日地关系观测台	美国	2006.10.25	两艘宇宙飞船拍摄太阳的3D影像
盖亚	欧空局	2013.12.19	对数十亿个天体进行探测

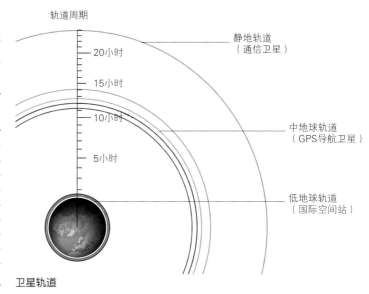

卫星轨道

空间站

在近地轨道运行的载人卫星充当实验室和工作场所，空间站要一直同可重复使用的太空飞船保持较近距离，因为太空飞船被当作补充供给和更换宇航员的中转站。科学家在空间站上开展低重力实验、观测地球，还研究长期驻留太空对人类身体的影响。很少有人会在空间站上停留超过一年时间。

天空实验室（美国）　礼炮1号（苏联）　天宫一号（中国）

名称	发射日期	所载人数	使用天数	载人访问次数	无人访问次数	质量（kg）
礼炮1号	1971.4.19	3	24	2	0	18,400
大空实验室	1973.5.14	3	171	3	0	77,000
礼炮6号	1977.9.29	2	683	16	14	9000
礼炮7号	1982.4.19	3	861	10	15	19,000
和平号	1986.2.7	3	4594	39	68	130,000
国际空间站	1998.11.20	6	仍在使用	97	123	470,700
天宫一号	2011.9.29	3	仍在使用*	2	1	8500

*：2016年3月16日，天宫一号目标飞行器正式终止服务，全面完成了其历史使命。译者注。

和平号空间站（苏联）　国际空间站

观测太空

几个世纪以来，天文学家们用肉眼或者使用简易望远镜来观察天空。但在从太空到达地球的更大范围的电磁射线中，我们肉眼可见的光线只占一部分而已。恒星和星系等其他物体会发射不可见的无线电波、X射线、红外线以及紫外线。现代望远镜能够识别上面提到的各种光波，每一种光都为我们带来了不同的信息。

无论何种类型和结构的望远镜，所做的工作在本质上是相同的。它们收集电磁辐射并将其聚焦，产生图像或光谱。由于地球大气层会吸收光线，同时还会有气流的影响，很多望远镜都架设在高山上或者发射到太空中。

无线电波　红外线　可见光　紫外线　X射线

射电天文望远镜
望远镜上的巨大盘体可以聚焦脉冲星以及黑洞等产生的无线电波。

微波望远镜
微波是波长较短的无线电波。天文学家可以使用微波望远镜研究宇宙大爆炸残余的微波背景。

光学望远镜
光学望远镜使用巨大的镜头或者碗形分块镜面收集微弱的可见光，帮助我们看到肉眼可视范围以外的物体。

紫外望远镜
能够到达地球的紫外线较少，因此紫外望远镜用于从太空中寻找发现太阳、恒星以及星系发射的光线。

X射线望远镜
X射线望远镜用于在太空中捕捉从太阳和超新星爆发等极热光源发出的高能射线。

术语表 （按拼音排序）

矮行星（Dwarf planet）

绕太阳公转且具有足够大质量使自身形状保持球形，但又不能清除其轨道附近其他物体的天体。

奥尔特云（Oort Cloud）

在距太阳1.6光年处，万亿颗彗核等冰质天体形成的球状分布。这里是新的长周期彗星的诞生地。1950年，荷兰天文学家简·奥尔特提出存在奥尔特云（爱沙尼亚天文学家奥皮克也提出过类似的设想）。参见：彗星。

半人马型小行星（Centaur）

与气态巨行星占据同一区域的太阳系星体。半人马型小行星比行星小，但具有与小行星和彗星相同的特征。

半影（Penumbra）

（1）一个不透明的天体所投射的阴影的外围较亮区域。在半影区内的观测者可以看到部分发光天体。
（2）太阳黑子较亮、较热的外围区域。参见：食、太阳黑子、本影。

背景辐射（Background radiation）

来自宇宙大爆炸的残余辐射，现在仍能探测到分布在整个宇宙中的微波辐射。参见：宇宙大爆炸。

本影（Umbra）

（1）在一个不透明体投射的阴影中，中央黑暗的部分。在本影中光源会被完全遮挡，从任何视角都看不见。（2）太阳黑子的温度较低、亮度较暗的中心区域。参见：食、太阳黑子、半影。

边缘（Limb）

太阳、卫星、行星等的可见盘面的外缘。

波长（Wavelenth）

在一个波动中两个相邻波峰之间的距离。参见：电磁辐射、频率。

潮汐力（Tidal force）

天体两侧的引力不同时就会产生潮汐力。地球和月球之间的潮汐力造成了地球上的潮起潮落，并引发月球地壳上出现月震。潮汐力也会引起天体内部的摩擦，产生内部热量，例如，在木卫一上形成火山。

冲（Opposition）

从地球上看，当地外行星与太阳分列于地球两侧时，行星子夜中天，行星离地球最近，看上去最明亮。参见：合。

磁层（Magnetosphere）

行星周围的磁场区域，能使太阳风偏移，阻止大部分太阳风粒子进入行星。参见：磁场、太阳风。

磁场（Magnetic field）

在磁体的周围，磁力影响带电粒子的运动。

等离子体（Plasma）

带正电荷的离子和带负电荷的电子的混合体，类似气体，但它具有导电性并受磁场的影响。例如太阳日冕和太阳风。参见：日冕、太阳风。

地心（Geocentric）

（1）将地球的中心作为观察点；（2）将地球视作一个系统的中心。环绕地球运转的卫星就位于地心轨道上。"地心说"是一种认为太阳、月球、行星和恒星以地球为中心旋转的理论。参见：日心。

电磁波谱（Electromagnetic spectrum）

在宇宙中，物体释放能量时发射出电磁波，波长从最短（伽马射线）到最长（无线电波），这个范围就叫电磁波谱。电磁波谱中人眼所能看见的范围叫做可见光。

电磁辐射（Electromagnetic radiation）

振荡的电磁场在空间中以波（电磁波）的形式传播能量。比如光和无线电波。

电子（Electron）

一种带负电荷的小质量基本粒子。电子形成的电子云围绕着原子核。参见：原子。

对流（Convection）

通过气泡的上升或者热液、热气的羽流来传输热量。在一个对流单元里，上升的热流冷却，分散，然后下沉，再被加热，循环往复。地球地幔中的对流是地质构造板块在地球表面运动的驱动力。

对流区（Convective zone）

太阳内部的一个区域，位于光球之下、辐射区之上。辐射区内的热气袋膨胀后，朝太阳表面上升。参见：光球、辐射区。

分子云（Molecular cloud）

一种由尘埃和气体组成的冰冷、高密度云状物，其温度低到足以使原子互相结合形成分子，如氢分子或一氧化碳分子，分子云的条件适合于形成恒星。

风化层（Regolith）

位于行星、卫星或小行星的表面，由尘土和松散的岩石碎片组成。

辐射层（Radiative zone）

太阳的内部区域，位于核心之外，对流区内。在这个区域内，光能正在慢慢地向外散发，与原子核发生碰撞，受到数以亿计的再辐射。参见：对流区。

伽利略卫星（Galilean moon）

木星的四颗大型卫星（木卫一、木卫二、木卫三、木卫四）。它们均由意大利天文学家伽利略发现。

伽马射线（Gamma radiation）

波长极短（小于X射线）、频率很高的电磁波。参见：电磁辐射、电磁波谱。

共振（Resonance）

沿轨道运行的两个天体的轨道周期成倍数或约成倍数时产生的引力作用。例如，木星的卫星木卫一与木卫二的共振比是1:2（木卫一的轨道周期是木卫二的一半）。当一个小天体与更大的天体共振时，每当其中一个经过另一个时，会形成周期性的引力拖拽，其累积效应逐渐改变小天体的轨道。

构造板块（Tectonic plate）

地球岩石圈的构造单元。在地幔中的对流的驱动下，构造板块在地球表面缓慢漂移。它们相互碰撞会产生一系列现象，如地震、火山活动和造山运动。构造这个词有时也用来指大规模的地质构造，以及在地球以外的行星上由于它们的运动而产生的地貌特征。参见：对流、壳、岩石圈、慢。

光年（Light year）

光在真空中一年内所走过的距离。1光年≈9,460,000,000,000千米。

光谱（Spectrum）

天体发出的所有波长的光组成的图案。光谱及其所有谱线是揭示天体的化学和物理属性的线索。参见：谱线。

光谱学（Spectroscopy）

获得和研究物质光谱的科学。由于光谱的外观受化学成分、温度、速度和磁场等因素的影响，光谱学可以揭示大量关于各种天体的性质的信息。参见：光谱。

光球（Photosphere）

位于太阳大气底层的气体薄层。可见光从光球层中发出，形成太阳可见的表面。参见：色球、日冕。

光子（Photon）

一种电磁辐射粒子。参见：电磁辐射。

轨道（Orbit）

一个天体在其相对邻近的天体引力场中的运行路径。行星的轨道呈椭圆形，有一些近似为圆形。

轨道周期（Orbital period）

天体在其轨道上运行一周所用的时间。

海外天体（Trans-Neptunian object）
海王星之外绕太阳运行的天体。

行星（Planet）
绕恒星运行的天体，其质量大到可以清除其轨道上的碎片，外形大致呈球形。参见：矮行星。

行星状星云（Planetary nebula）
质量约太阳大小的恒星在其演化末期抛出的发光气体壳层。在小型望远镜里，它看起来就像一个行星盘。参见：星云。

氦燃烧（Helium buring）
在红巨星的核心，聚变反应将氦转化成其他元素并产生能量的过程。参见：聚变。

合（Conjunction）
两个或多个天体在天空中靠近几乎排成一条直线，从地球上来看，这些天体位于同一方向。当一个行星正好与地球分列于太阳两侧时，这种情况叫做上合。当水星或金星位于地球和太阳之间时，该行星被称作处于下合位置。参见：冲。

核（Core）
恒星或行星的中心部位。

核（Nucleus）
（1）原子的致密中心核。（2）彗星的固态多冰部位。

恒星（Star）
发光的等离子组成的巨大球状天体，在其核心（曾）通过核聚变反应产生能量。太阳是一颗中等大小的恒星。参见：聚变、等离子。

红巨星（Red giant star）
高亮度的巨大恒星，其表面温度低，颜色偏红。红巨星的内核"燃烧"的是氦而不是氢。红巨星正接近其生命的最后阶段。

红外辐射（Infrared radiation）
波长大于可见光但小于微波或无线电波的电磁波。红外辐射是许多冷天体辐射的主要形式。参见：电磁辐射。

后随半球（Trailing hemisphere）
卫星在同步轨道上背向行星、轨道运行时后面的半球。参见：前导半球、同步旋转。

环（Ring）
行星周围由小颗粒和块状物质组成的扁平带状区域，通常位于行星的赤道面上。木星、土星、天王星和海王星各有许多环。

黄道（Ecliptic）
（1）地球围绕太阳公转的轨道平面。（2）一年当中太阳在天球上的路径，相对于它在群星之间移动的路径。参见：天球。

彗发（Coma）
彗星头部的发光部分，由彗核周围的气体和尘埃组成。参见：彗星。

彗尾（Tail of comet）
当彗星靠近太阳时，其头部（彗发）逸出的带电气体或尘埃流。参见：彗星。

彗星（comet）
一种主要由布满尘埃的冰晶组成的小天体，通常沿着长长的扁椭圆形轨道绕太阳运行。当彗星进入太阳系的内层时，其固态彗核因受热而蒸发出气体和尘埃，形成长长的被称作彗发的云状物以及一条或多条彗尾。参见：彗发、彗尾。

火山喷口（Caldera）
因火山结构崩塌陷入空的岩浆腔内形成的碗状凹陷。参见：坑。

极光（Aurora）
来自太阳风的粒子在行星的磁场中被困住并被吸引至磁极，在地球高层大气（或其他行星大气）中发出闪耀的光芒。由于这些粒子与大气中的气体相碰撞，激发原子，从而发出光芒。参见：太阳风。

进动（Precession）
受邻近天体引力的影响，天体在其旋转轴方向的缓慢运动。

近地点（Perigee）
天体绕地球运行的轨道上最接近地球的一点。参见：远地点。

近地小行星（Near-Earth asteroid）
轨道接近或与地球的轨道相交的小行星。近地小行星的标准定义是轨道近日点距离小于1.3倍日地平均距离的小行星。

近日点（Perihelion）
行星或其他太阳系天体轨道上最接近太阳的点。参见：远日点。

聚变（fusion；核聚变，Nuclear fusion）
原子核结合形成更重原子核的过程。恒星通过内部核心发生的核聚变产生能量。

开普勒行星运动定律（Kepler's laws of planetary motion）
描述行星公转轨道的三大定律。第一定律是所有行星的公转轨道都是椭圆；第二定律说的是当行星在轨道上运行时，速度的变化情况。第三定律阐述了行星的轨道周期与行星和太阳的平均距离的关系。

柯伊伯带（Kuiper Belt）
海王星以外的太阳系区域，其中存在冰–岩质的天体。参见：奥尔特云。

柯伊伯带天体（Kuiper Belt object）
位于海王星轨道外柯伊伯带的太阳系冰质天体。

坑（Crater）
行星或卫星表面上形成的碗状或碟状凹陷。撞击坑是陨石、小行星、彗星撞击形成的；火山口坑则是在火山的喷口周围形成的。

离子（Ion）
带有净电荷的粒子或粒子团。原子形成离子的过程叫做离子化。参见：电子、等离子。

凌（Transit）
一个较小的天体在一个较大的天体前面经过（例如，金星经过太阳的视面）。

流星体（Meteoroid）
在行星际空间中绕太阳运动的固体块或小颗粒岩石、金属或冰块。参见：小行星、彗星、流星雨、陨石。

流星雨（Meteor）
流星体进入地球大气层时摩擦发热出现的一道短暂的光。参见：陨石、流星体。

幔（Mantle）
行星或卫星的核与壳之间的温暖且稍有黏性的岩石层。见核，壳。

美国航空航天局（National Aeronautics and Space Administration，NASA）
负责开展国家太空计划的美国政府机构。

牧羊犬卫星（Shepherd moon）
一种小型卫星。它通过引力将围绕行星运行的颗粒（像羊群一样）限制在一个环中。

逆行（Retrograde motion）
（1）行星的视运动方向暂时性地反转，火星在公转时如果被地球超过，就会看到火星逆行。（2）公转方向与地球或太阳系中的其他行星公转方向相反。（3）卫星的轨道运动方向与母行星的自转方向相反。

逆转（Retrograde rotation）
行星或卫星的自转方向与公转方向相反。太阳系的所有行星的公转方向与太阳自转的方向相同。大多数行星的自转方向相同，但金星和天王星是逆转的。

欧洲空间局（European Space Agency，ESA）
一个国际性的太空探索组织，截至2017年1月有22个成员国。

喷出物（Ejecta）
因碰撞冲击向外喷出的物质。这种物质一般比附近的表面更加明亮，形成从碰撞点向外的辐射状条纹或放射线。

偏心率（Eccentricity）

天体轨道与理想圆形的偏离程度。扁长的椭圆形轨道偏心率高，偏心率低的轨道几乎为圆形。参见：椭圆。

频率（Frequency）

一秒内经过已知点的波峰次数。参见：电磁辐射、波长。

谱线（Spectral line）

由于物质在某段波长中发射或吸收辐射的不同，在光谱上出现的或明或暗的线条。谱线就像化学元素的"指纹"，天文学家通过谱线可以分析远处天体的组成。

气态巨行星（Gas giant）

一种大行星，主要由氢和氦构成，比如木星和土星。参见：岩质行星。

前导半球（Leading hemisphere）

卫星在同步轨道上面向行星、轨道运行时前面的半球。参见：后随半球、同步绕转。

壳（Crust）

行星或月球固体圈层的最外层，该层薄、温度低，一般是岩石质或冰质的。

峭壁（Rupes）

在行星或卫星表面的陡坡或悬崖。

氢燃烧（Hydrogen burning）

聚变反应将氢转化成氦并产生能量的过程。氢燃烧发生在太阳核心。参见：聚变。

球粒陨石（Chondrite）

一种包含许多陨石球粒的石质陨石。碳质球粒陨石是太阳系形成的原行星盘中改变最少的一些残留物。参见：陨石、原行星盘。

日本宇宙航空研究开发机构（JAXA）

日本的国家航空机构。

日珥（Prominence）

从太阳的光球层中产生的巨大的火焰状等离子体。参见：光球层、等离子体。

日冕（Corona）

太阳大气层的最外层部分。日冕的密度极低，温度非常高（100万到500万摄氏度）。日冕只有在出现日食时才能从地球上观测清楚。参见：色球、光球。

日冕物质抛射（Coronal mass ejection）

迅速膨胀的巨大等离子体从太阳的日冕层被抛射出来的过程。一次日冕物质抛射通常向外输送数十亿吨离子和电子状态的物质，同时伴随巨大的磁场，以每秒几百千米的速度穿过星际空间。参见：日冕、离子、等离子。

日球层（Heliosphere）

太阳周围的空间区域，星际介质的压力将太阳风和行星际磁场约束在这一区域。参见：星际介质、磁场、太阳风。

日食（Solar eclipse）

参见：食。

日心（Heliocentric）

以太阳为中心。绕太阳运转的天体位于日心轨道上。太阳系日心模型是由波兰天文学家哥白尼在1543年提出的，颠覆了之前占主体地位的地心模型。参见：地心。

色球（Chromosphere）

在太阳大气层中介于光球和日冕之间薄薄的一层。参见：日冕、光球。

射电望远镜（Radio telescope）

一种设计用于探测天体发射出的无线电波的仪器。最常见的类型是一个凹盘，将无线电波聚焦到探测器上。

时空（Space-time）

空间的三个维度（长度、宽度、高度）和单一的时间维度的组合。参见：相对论。

食（Eclipse）

一个天体运行至另一个天体的阴影里。当月球运行至地球的阴影里时出现月食。当整个月球位于地球的本影时出现月全食。当月球只有部分进入地球的本影时出

现月偏食。当一部分地球进入月球的阴影时，就会发生日食。日全食时，月球像一块黑色的圆盘完全遮挡住太阳。如果太阳只是被遮住了一部分，就叫日偏食。如果月球处于地球与太阳中间时，正好在远地点附近，那么它看起来就比太阳小，不足以遮挡住太阳，周边就像镶了一圈环带，这就是日环食。

太阳风（Solar wind）

快速移动的带电粒子流（主要是电子和质子），由太阳内部向外流动。

太阳黑子（Sunspot）

在太阳的光球层中的强磁场活动区域，呈黑色，因为这一区域比周围温度低。参见：光球、太阳周期。

太阳系（Solar system）

太阳及绕太阳轨道运行的八大行星、小天体（矮行星、卫星、小行星、彗星、柯伊伯带天体、海外天体），灰尘和气体。

太阳星云（Solar nebula）

形成太阳系的气体尘埃云。随着气体尘埃云的塌缩，大部分的质量聚集在中心形成太阳，其余的成盘状分布，在盘中通过吸积作用形成行星。参见：吸积、原行星盘。

太阳耀斑（Solar flare）

太阳表面的局部增亮，伴随着以电磁辐射、亚原子粒子和冲击波的形式剧烈释放巨大的能量。

太阳质量（Solar mass）

质量单位。

太阳周期（Solar cycle）

太阳活动的周期性变化（例如，太阳黑子和耀斑的产生），大约每隔11年达到一个最大值。太阳黑子周期是太阳黑子在11年间数量和分布的变化。参见：太阳耀斑、太阳黑子。

逃逸速度（Escape velocity）

物体被抛离巨大天体而不再落回的最低抛出速度。地球的逃逸速度为11.2千米/秒。

特洛伊型天体（Trojan object）

与另一个较大的天体有着相同的轨道，在较大的天体轨道前后约60°的引力平衡点上的天体，例如一些小行星和卫星。

天顶（Zenith）

天空中，位于观测者正上方的那一点。

天极（Celestial poles）

等同于地球的两极。夜晚的天空看上去似乎在围绕着贯穿天球两极的轴转动。

天球（celestial sphere）

一个假想的球体，围绕在地球周围，所有的天体看上去都像镶嵌在这个球体上。

天文单位（AU）

距离单位，其定义是地球和太阳的平均距离。1AU＝149,598,000千米。

同步绕转（Synchronous rotation）

一个天体的自转周期和公转周期相同。其总保持同一面朝向被环绕天体。月亮就是同步绕转。参见：轨道周期、卫星。

同位素（Isotope）

同一化学元素的两种或多种存在形式，同位素的原子包括相同数量的质子和不同数量的中子。例如氦-3和氦-4都是氦的同位素，氦-4（较重，也较常见）的原子核有两个质子和两个中子，但是氦-3的原子核包括两个质子和一个中子。参见：原子、原子核。

椭圆（Ellipse）

像压扁的圆形。参见：偏心率、轨道。

微波（Microwave）

波长介于红外线和无线电波之间的电磁辐射。

卫星（Moon）

环绕行星运行的天然卫星。月球是地球的天然卫星。.

卫星（Satellite）

围绕行星运行的天体。人造卫星

是一种人为放置在地球或者太阳系其他天体轨道上的物体。

温室效应（Greenhouse effect）
行星上的大气使得行星表面比原本变热的过程。入射的太阳光在行星表面被吸收，再以红外辐射的形式反射回去时，会被温室气体（例如二氧化碳）吸收，被俘获的部分辐射再次被辐射到地面，提高了地球表面的温度。

X射线（X-ray）
波长短于紫外线但比伽马射线长的电磁辐射。

吸积（Accretion）
（1）小的固态颗粒或天体互相碰撞并粘在一起逐渐形成较大物体。
（2）天体通过积聚周围的物质以增加质量的过程。

系外行星（Extrasolar planet, Exoplanet）
环绕太阳以外的恒星运动的行星。自1992年第一次确认之后，已经探测到2000多颗地外行星。

相对论（Relativity）
20世纪第20年代初由爱因斯坦提出的两个理论。狭义相对论描述了观察者的相对运动是如何影响其对质量、长度和时间的测量。得出的一个结论是：质量和能量是等效的。广义相对论认为引力是时空的扭曲。参见：时空。

相位（Phase）
在任何特定的时刻，月球或行星被太阳照亮后在地球上可见的比例。

小行星（Asteroid）
体积小、不规则的太阳系天体，直径小于1000千米。小行星由岩石和（或）金属组成，通常认为它们是行星形成过程中残留的碎屑。大部分小行星位于火星轨道和木星轨道之间的小行星带中，但整个太阳系均能找到小行星。参见：小行星带、近地小行星。

小行星带（Asteroid Belt）
火星轨道和木星轨道之间小行星密集的环形区域。

星风（Stellar wind）
从恒星大气中流出的带电粒子。参见：太阳风。

星际介质（interstellar medium）
弥漫在星系内恒星之间的气体和尘埃。

星系（Galaxy）
由恒星、气体尘埃云由于引力作用凝聚成的大的星集。星系的形状可能是椭圆的、螺旋形的或者不规则的。包含几百万到几万亿不等的恒星。参见：银河系。

星云（Nebula）
由星际空间里的气体和尘埃组成的云状物。星云能被看见是因为它被内部或附近的恒星所照亮，或是因为它遮挡了更遥远的恒星。参见：行星状星云、太阳星云。

星子（Planetesimal）
由岩石或冰晶组成的小天体，数量很大，形成于早期的太阳系。行星就是通过星子的堆积形成。参见：太阳星云。

旋涡星系（Spiral galaxy）
旋涡星系的中心是一个由恒星聚集形成的球状或椭球状的核球，周围环绕着由恒星、气体和尘埃组成的扁平圆盘，主要可见特征聚集在一起，形成一对旋臂。参见：星系。

岩浆（Magma）
熔化或半熔化的地下岩石，通常包含溶解的气体或气泡。岩浆喷发到行星表面，则称为熔岩。

岩石圈（Lithosphere）
行星或者卫星坚硬的外层。参见：壳、幔、构造板块。

岩质行星（Rocky planet）
主要由岩石构成的行星，与地球有着相似的基本特征。太阳系中的四颗岩质行星是水星、金星、地球和火星。参见：气态巨行星。

掩（Occultation）
指一个天体从另一个天体前面通过，使后者被全部或者部分遮蔽的现象。

银河（Milky Way）
螺旋形状的星系，太阳系即位于其中。银河在夜空中是一条淡淡的光带，肉眼可见。参见：星系。

引力（Gravity）
有质量或能量的所有物体之间都存在相互吸引的力，比如我们在地球上感受到的重力。引力使得卫星绕着行星运行，行星绕着太阳运行。

星系（Galaxy）

宇宙大爆炸（Big Bang）
宇宙诞生的事件。根据宇宙大爆炸学说，宇宙起源于很久以前温度极高且密度极大的初始状态，然后一直不断膨胀。宇宙大爆炸是空间、时间和物质的起源。

宇宙射线（Cosmic ray）
以接近光速进入太空的高能量亚原子粒子，如电子、质子和原子核。

原行星（Protoplanet）
行星的前驱体，通过星子的逐步聚合形成。原行星碰撞形成行星。参见：星子、原行星盘。

原行星盘（Protoplanet disc）
新生恒星周围的气体尘埃扁平圆盘，在其中物质可以聚集形成行星的前驱体。参见：星子、原行星。

原恒星（Protostar）
处于早期形成阶段的恒星，中心的塌缩星云通过吸收周围物质升温，但是此时尚未开始氢聚变。

原子（Atom）
构成普通物质的基本单位，由一个原子核及若干围绕在其周围的电子组成。

远地点（Apogee）
月球等天体或航天器绕地运行轨道上与地球最远的那一点。参见：近地点。

远日点（Aphelion）
行星、小行星或彗星等天体绕日运行轨道上离太阳最远的那一点。参见：近日点。

月海（Mare）
月面上的黑暗、低洼区域，里面充

满了熔岩。

月食（Lunar eclipse）
参见：日食。

陨石（Meteorite）
流星体到达地面并在碰撞中幸存下来的部分。陨石通常按其组分分类，可分为石陨石、铁陨石或石铁陨石。参见：流星雨、流星体。

质量中心（Centre of mass）
由两个天体组成的天体系统内天体围绕着旋转的平衡点，位于两个天体中心的连接线上。

质能关系（Mass-energy）
度量任何物质（从亚原子粒子到宇宙万物）所含能量的方法。基于质量可转换成能量，因此质量对等于相应的能量。

质子（Proton）
带正电荷的粒子，是每个原子核的组成部分。参见：原子、核。

中国国家航天局（CNSA）
中华人民共和国的国家航天机构。

中微子（Neutrino）
一种质量极低的不带电基本粒子，运动速度接近光速。

中子（Neutron）
一种不带电的粒子，存在于除氢以外的所有原子的原子核中。参见：原子、核。

昼夜平分点（Equinox）
太阳直射于行星赤道时，行星上各地的白昼和夜晚一样长。

蛛网地形（Arachnoid）
金星表面上形似蜘蛛网的一种火山结构，由一连串同心山脉构成。

主带（Main Belt）
参见：小行星带。

紫外辐射（Ultraviolet radiation）
波长短于可见光但长于X射线的电磁辐射。

索引

ε 环（天王星）199，200
μ 环（天王星）201
ν 环（天王星）201

A

ALH84001陨石 131
AU（天文单位）12
阿波罗（神）36，54
阿波罗计划 108，109
阿波罗计划 108，109
阿波罗计划 90，104，107，108—109
阿波罗小行星 142
阿登小行星群 142
阿迪娜小行星子群 142
阿尔巴山（火星）110
阿尔法区（金星）58
阿尔及尔平原（火星）111
阿尔塔地区（金星）59
阿尔瓦雷斯 87
阿尔西亚火山（火星）110，121
阿耳忒弥斯火山冕（金星）63
阿佛洛狄忒台地（金星）64
阿加西斯 86
阿拉伯高地（火星）42
阿拉戈环（海王星）208，209
阿雷西沃射电望远镜（波多黎各）54，69
阿里斯塔克斯 21
阿里斯塔克斯撞击坑（月球）88
阿丽亚娜4号运载火箭 242
阿米·萨杜卡国王 68
阿莫尔型小行星 142
阿姆斯特朗 20，108
阿那克萨哥拉 105
阿那克西曼德 86
阿皮亚努斯 231
阿斯加德撞击盆地（木卫四）163
阿西达里亚平原（火星）111
埃尔卡拉科尔天文台 69
埃尔斯米尔岛（加拿大）78
埃拉托色尼 87
埃拉托色尼环形山（月球）89
埃奇沃思 218
矮行星 11，20，140，212，218，220，221
　　尺寸大小 220
　　定义 220
　　轨道 220
　　重量 220
艾丁顿 36
艾里 213

艾斯克雷尔斯山 121
爱迪生 131
爱神星 138，140，142，144，145
爱因斯坦 36
安大略湖（土卫六）193
安第斯山脉 73，76
氨 14，16，153，167，170，172，173，197—199，206
　　氨云 168，172，173，178
　　氨冰 155，172，178
奥德姆 86
奥尔德林 108
奥尔特 225
奥尔特云 12，224，225，230
奥卡万戈三角洲（博茨瓦纳）84
奥林匹斯山（火星）67，85，110，120—123
奥斯钦 218
澳洲板块 77

B

巴黎天文台 193
巴林杰陨石坑（美国亚利桑那州）138，143
巴纳德 230
巴托克陨石坑（水星）44
白垩纪 87
百武彗星 224，228—229
柏拉图坑（月球）101
拜科努尔航天发射场（哈萨克斯坦）242
板块边界 76，77
薄饼拱顶 63
宝瓶座流星雨 229
乙烷 186
爆发 24
北部高原（火星）110，126
北极峡谷（火星）126
北美板块 76
贝比科隆博水星探测计划 46，56
贝多芬盆地（水星）48
贝拉环形山（月球）96
贝利珠 35
贝叶挂毯 231
被俘获的半人马型小行星 182
本垒板（火星）136，137
本影 32，34，35
崩塌/滑坡 118，163
比尔曼 37
彼得森 86
毕达哥拉斯 20

标志性任务 242
冰
　　木卫二 159
　　木卫三 162
　　木卫四 163
冰 110，113，124，126，220，127
冰川 78，86
冰盖 80，81
冰河时期 86
冰火山 184，185，221
波 73，80，81
波得 213
伯利恒之星 230
伯纳德·伯克 167
勃拉姆斯撞击坑（水星）44
博斯科维奇 105
不规则卫星 156
布拉得雷 167
布莱斯峡谷（美国犹他州）79

C

C／2001 Q4彗星 228，229
测震仪 90
差动自转 33
差旋层 26
超巨星 24
超新星 14
潮汐（地球）104
潮汐加热 163
潮汐力 54，88，90，91，100，92，157，159，191，166
潮汐消旋 52
车里雅宾斯克陨石 143
沉积物 78
沉积岩 79，134
城市 85
澄海（月球）89，103
赤道，地球 72
赤铁矿 116
臭氧 83
船底星云 14，15
磁层
　　木星 154，167
　　水星 55
磁场
　　地球 75，82，238
　　海王星 206，238
　　火星 238
　　金星 238
　　木卫三 162

木星 152，153，158，162，166，167，169，238
　　水星 238
　　太阳 14，26，28，32，33，39
　　天王星 199，198，238
　　土星 179，238
　　星际 38
磁屏 82
簇聚 177，208

D

达盖尔银版法 36
达理峡谷（金星）59，63
大暗斑（海王星）204，205，206，212
大白斑（土星）178，193
大爆炸 14
大红斑（木星）149，150，154，155，167，168，212
大红斑（木星）154，167
大彗星 230，241
大蓝洞（伯利兹）80
大裂谷 76，77
大陆 72，73，76
大陆漂移 86，87
大灭绝 83，87
大母牛 101
大气 20，110，113，126，130，239
　　奥林匹斯山 122—123
　　表面 130，131
　　尺寸 19
　　磁场 238
　　地图 114，115，131
　　轨道 130，237
　　火山 110，112—114，116，120—123
　　极盖 110，117，126，127，131
　　季节变化 124，126，131
　　结构 112，113
　　漫步者 134，135
　　任务 20，42，43，110，112，116—119，130—137
　　沙丘 124—125 136
　　生物 131，134，135
　　数据 110，236
　　水 43，110，113，116—117，130，134
　　水手谷 118，119
　　探测 136，137

天气 20
卫星 128，129，131，240
温度 112，116，126，127，131，238，239
旋转 110，131
引力 110，128
与地球的相似性 110
着陆 134，135
直径 110
自转轴 110，131
大气层
　地球 43，72，74，86，75，87，239
　海王星 204—206，239
　海卫一 210
　火星 20，110，113，126，130，239
　金星 58，60—62，68，70，71，239
　冥王星 221
　木星 152，154，166—168，239
　水星 44，47，48，55，239
　太阳 24，37
　天王星 198，199，239
　土卫六 184，192
　土星 172，173，178，193，239
　月球 105
大气压
　地球 82
　火星 116
　金星 58
　木星 150，152
　太阳 26
　天王星 198
大太阳黑子（1947）32
大西洋 72，73
大西洋中脊 76
大峡谷 118，119，203
带外行星 12，146，215
戴安娜峡谷（金星）58
氮 74，113，184，210，220，236
　霜 210，211
德尔塔IV型重型火箭 242
德累斯顿法典 69
等离子体 26，28，29
地磁风暴 29
地壳 74，75
地幔
　地球 74，75，78，120
　海王星 206
　火星 112，113，122

金星 60，61，63
冥王星 220
水星 16，47，48
天王星 198，199
小行星 39
月球 91，103
地平说 20，86
地球 11，12，43，72，87
　磁场 75，82，87，238
　大气 43，72，74，75，86，87，239
　大小 19，24
　地表 84，85
　地貌 78，79
　地升 98，99
　地心说 20，21，36，37，39
　地月系统 92，93
　地震 20，74，76，77，86
　东非大裂谷 76，77
　对月球的影响 88，91，92，93
　构造板块 62，72，74，76—79
　轨道 72，237
　结构 74，75
　密度 87
　能量 82
　年龄 86
　生物 16，43，72，73，82，83，230
　受原行星撞击 16
　数据 72，236
　水和冰 16，72，80，81，82，84
　天气/气候 33，81，82
　未来 24
　温度 72，75，82，238，239
　与太阳的距离 12，72
　圆周 87
　直径 72
　重力 72，87，88，92
　重量 87
　轴向倾斜 72
　自转 72
地下水 117
地心说 20，21，36，37，69
地圆说 20
地圆说 86
地震学 86
地质断层 79，203
地质学 87
帝王天文学 231
第谷坑（月球）89

电磁辐射 243
蝶形图 33，36
动物 82，83
冻土 110，127
冻线 16，17
短周期彗星 224
断层擦面 203
对流 60，61，75，78
对流层 199，75
对流区（太阳）26，27
对流循环（木星）155
对流元 24
盾状火山 63，120
多贝玛亚 105
多环状盆地（水星）48，49
多细胞生物 82

E

厄瑞玻斯撞击坑（火星）137
恩基坑链（木卫三）164，165
二氧化硫 62
二氧化碳 43，60，62，68，75，113，220，130
二至日 36

F

发电机效应 60
发射地（火箭）42
发现号峭壁（水星）45
放射性年代测定 86
飞掠 20，21，54—56，71，128，130，142，166—168，179，194，195，208
非洲 72，73
非洲板块 76
分子云 14
丰富海（月球）89，101
风
　地球 81，73
　木星 150，154，168
　火星 126，124
　海王星 204，149
　土星 170，172，178，179
　海卫一 211
风暴
　地磁 29
　地球 81
　海王星205
　木星149，150，151，155，154，167，168，169
　太阳28，29，36

土星170，172，173，178，179，181，193
风暴洋（月球）102
风化 79，78
凤凰号 117，132，134
弗科 36
弗拉姆蒂德 212
服务舱 108
福斯福洛斯 69
富兰克林 167
伽利略卫星 156，157，160—166
伽桑狄 55

G

盖尔陨石坑（火星）131，134—137
橄榄岩 75
戈德斯通深空通信中心（美国）69，143
哥白尼 21，36，37，69
哥白尼环形山（月球）88，101
歌德盆地（水星）44
格里格-斯基勒鲁普彗星 21，226
格里纳韦陨石坑（金星）58
格鲁伊图伊森 68，69
沟槽（深海）76，77
构造板块
　地球 62，72，74，76—79，86，87，118
　火星 110—112
　金星 59，62，63
　木卫三 162
古巴比伦人 54，68，69，104，166
古代埃及人 20，36
古代希腊人 20，21，36，54，69，104，105，166，192，208
古罗马 36，54，68，130，166
谷神星 20，138，140，145，220
光24
　速度 167
　太阳光谱 30，31
　弯曲 36
　污染 85
光合作用 83
光谱 68，230
光球层 24，26，27，30，35，37，39
光学望远镜 243
广义相对论 36
广域红外巡天探测 142
规则卫星 156
硅 236

硅酸盐 47，61，112，158
轨道 12
　　矮行星 220
　　地球 72，237
　　海王星 220，237
　　海王星的卫星 208，209
　　彗星 12，222，224，225
　　火卫一和火卫二 128
　　火星 237，130
　　金星 58，237
　　柯伊伯带 218
　　冥王星 218，220
　　冥王星的卫星 221
　　木星 150，237
　　木星的卫星 156，157
　　偏心 218，219
　　人造卫星 243
　　水星 44，54，55，237
　　天王星 213，220，237
　　天王星的卫星 201，213
　　土星 170，237
　　土星的卫星 182，183
　　土星环 176
　　椭圆 12，21，141，224
　　月球 34，35，88，92，104，93
　　小行星 140，41，142
国际天文学联合会 213，220
国际小行星中心（美国）143

H
哈勃太空望远镜 154，179，199—201，205，208，209，212，220，221
哈金斯 230
哈雷 87，230，231
哈雷彗星 12，21，222，224，226，227，229，230
哈特利2号彗星 227
海床 86，87
海盗1号 20，129，130，134
海盗2号 20，130，132，134
海德拉奥特斯混沌（火星）111
海尔-波普彗星 222，223，228—229
海斯 86
海王星 11，12，140，198，204—215
　　尺寸 19
　　磁场 206，238
　　大气 204，205，206，239
　　发现 20，212，213
　　轨道 220，237
　　海王星系统 208，209

环 204，207，208，212，238
季节 204
结构 206，207
蓝色 204—206
能量 206
迁移 17
任务 21，204，205，208，212，214，215
数据 204，236
天气 149，204—206，212
卫星 204，207—211，240
温度 204，238，239
旋转 204，206
引力 204，208
自转轴 204，206
海王星任务 21，204，205，208，212，214—215
海王星外天体 213
　　尺寸 18，19
海卫八 208，209
海卫二 208
海卫六 208，209
海卫七 208，209
海卫三 209
海卫四 209
海卫五 207，209
海卫一 208，210—211
海洋
　　地球 72—75，86，92，104
　　金星 71
　　天王星 198
海洋地壳 74，75
氦 12，14，16，25，47，149，152，172，198，206，236
　　发现 36
　　核 26
行星 11
行星际磁场 38
行星星云 24
行星运动定律 21，130
航海天文年历编制局 213
好奇号火星探测车 131，133—136
河流
　　地球 80，81，84
　　火星 110 116，
　　土卫六 187
核
　　地球 74，86，87，238
　　海王星 206，238
　　火星 110，112，238
　　金属 16
　　金星 60，238
　　冥王星 220
　　木卫三 162

木星 152，167，238
气态巨星 149，238
水星 16，46，238
太阳 26，36
天王星 198，238
土星 172，238
小行星 39
岩质行星 43，238
月球 90—92
核反应 14，15，26
核聚变 26，36
赫顿 87
赫尔墨斯 54
赫菲斯托斯堑沟 116
赫维留 105
赫歇尔环形山 185
赫歇尔-里戈莱彗星 231
黑斯廷斯战役 231
恒河 80，81
恒星
　　尺寸 18，19
　　诞生 14
　　消亡 14，24
红巨星 24
红外辐射 62
红外线 30
洪堡海（月球）101
洪水 116
胡克 167
胡克望远镜（美国）131
湖 116
　　土卫六 186，187，193
虎纹 191
化石 83
化学相机 135
怀尔德彗星 227
环
　　海王星 204 207，208，212，238
　　木星 151，157，166，168，238
　　土星 149，170，171，173—177，180—183，192—195，199，238
环弧 208
灰光（金星）69
灰色硅质小行星（S型）138
会聚边界 77
彗发 222，224，226，227
彗尾 37，222，224，227，230，231
彗星 11，12，37，82，222—229，241
　　短周期 218，241

发现 37，222
发现的时间表 230，231
轨道 12，222，224，225
核 21，200，222，225，226，227，229，230
末日预言 230，231
碰撞 72，87，88，163，165，166，225，230
探测任务 226，267
样本 226，227
晕和尾 222
组成 222，227
惠普尔 230
混合型日食 35
火环 35
火箭（世界最大）242
火山/火山活动
　　地球 72，76—78，85，120
　　海卫一 210
　　火星 110，112—114，116，119，120—123，130
　　金星 43，58—62，71，63
　　冥王星 221
　　木卫二 159
　　木卫一 21，158，160，161，166，168
　　水星 44，45
　　土卫二 191
　　土星的卫星 184，185
　　形成和类型 120，121
　　月球 92，100，102—104
火山灰流 62
火山口
　　火星 120，123
　　金星 63
　　木卫一 161
火山热点 63，66，76，120，122
火卫二 128，131
火卫一 128，129，131
火星（战神）130
火星 11，12，42，43，110—137
　　奥林匹斯山 41，122，123
　　表面 130，131
　　大气 20，110，113，126，130，239
　　大小 19
　　地图 114，115，131
　　轨道 130，237
　　火山 110，112—114，116，120—123
　　极盖 110，117，126，127，131
　　季节 124，126，131
　　结构 112，113

漫游 134，135
年龄 130
任务 20，42，43，110，112，116—119，130，131，132—137
沙丘 124，125，136
生命 131，134，135
数据 110，236
水 43，110，113，116，117，130，134
探索 136，137
天气 20
卫星 128，129，131，240
温度 112，116，126，127，131，238，239
引力 110，128
直径 110
着陆 134，135
自转轴 110，131
火星3号 132
火星尘埃云 110，113
火星地震 118
火星沟壑 117
火星勘测轨道飞行器 42，43，126，134
火星快车号 118，119，128，133
火星任务 42，43，110，112，116，117，130，131，132—137
火星沙丘 124，125，136
霍尔 128，131
霍夫 167
霍罗克斯 69
霍伊尔 230

J

机遇号 116，131，133，134，136，137
基勒环（土星）174
吉尔 230
吉尔伯特 87
极地地区
　　地球 72，75，80
　　木星 150，154
　　火星 110，114，117，124—127，131
　　水星 44
　　月球 105
　　海王星 211
　　土星 179
　　太阳 33
　　天王星 196
　　金星 58，68
极端微生物细菌 83
极光 29

极光 29，33，36，158，167，179
极涡（土星）179
加加林撞击坑（月球）101
加勒环（海王星）207—209
加斯普拉星 140，145
伽利略卫星 156，157，160—165，166
甲烷 12，14，16，153，186，197，198，204，205，220，206
　　冰 211，210
　　液体 192
钾 47
间歇泉
　　土卫二 21，185，190—192
　　木卫一 158
　　海卫一 210，211
金牛-利特罗夫峡谷（月球）109
金牛山脉（月球）103
金属质小行星（M型）138
金星 11，12，43，58—71
　　表面 58，62，63，68，69，71
　　尺寸 19
　　磁场 238
　　大气 58，60—62，68，70，71，239
　　轨道 58，237
　　结构 60，61
　　凌日 69
　　麦克斯韦山脉 66，67
　　命名 68
　　气候 62，71
　　气压 71
　　任务 20，62，69，70，71
　　生物 68
　　数据 58，237
　　图像 64，65，68，69，71
　　温度 43，58，69，238，239
　　相 58，69
　　旋转 16，58，60，68
　　引力 58
　　直径 58
　　自转轴 58
金星3号 69，70
金星 62
金星7号 69—71
金星8号 69
金星9号 70
金星电离层 62
金星快车号 71
金星任务 20，62，69—71
金星石板 68
进化 82，83
近地点 92
近地小行星 140，142，143，145

近地小行星跟踪（NEAT）系统 228
静海（月球）89，101，108，109
酒海（月球）89，101
居维叶 87
巨石阵 36
飓风 179

K

喀喇昆仑山 79
卡琳顿 36
卡路里盆地（水星）44，48，49
卡罗琳·赫歇尔 231
卡纳维拉尔角（美国）195，242
卡耐基号峭壁（水星）52，53
卡塞谷（火星）111，116
卡文迪什 87
卡西尼号 21，148，149，167，177—179，181，186—189，191—195
卡西尼号 68，167，193
卡西尼环缝 174，188，193
开普勒 21，130
康德 231
柯伊伯 130，200，218
柯伊伯带（经典）218
柯伊伯带 12，16，17，168，200，208，210，212，213，215，218—220
　　大小 18—19
　　发现 218，219
　　形成 218
　　与太阳的距离 218，219
　　组成 218
科尔特斯 69
科幻小说 130
科切尔 87
科特尼科夫 54
科学促进会 36
壳
　　地球 74，75，238
　　火星 110，112，113，118，119，120，122，238
　　金星 59，61，238
　　冥王星 220
　　木卫二 21，159
　　木卫三 162
　　木卫四 163
　　水星 47—49，52，238
　　天卫五 203
　　小行星 39
　　月球 91，92，102
克拉维乌斯环形山（月球）88
克莱德·汤博 212，220
克莱芒蒂娜号的轨道 105

克里斯蒂 221
克律塞平原（火星）131
恐龙灭绝 87
矿物
　　地球 83
　　火星 116
　　金星 66，67
　　月球 105

L

拉达高地（金星）58
拉格朗日点 38
拉赫曼尼诺夫坑（水星）49
拉克希米高原（金星）66
拉塞尔 200，208
拉塞尔环（海王星）208，209
莱克塞尔彗星 231
蓝藻 83
老鹰环形山（火星）116
勒威耶 204，213
勒威耶环（海王星）207—209
雷达观测 54，69
类星体 220
离散边界 77
犁星石碑 54
黎明号 139，145
里奥·提阿克努斯 37
丽姬娅海（土卫六）186，187
猎户座流星雨 229
裂缝 203
凌日
　　水星 55
　　金星 69
流星 223
流星体 88，100，113
流星雨 223，229，241
硫化铋 67
硫黄 158，236，60
硫酸 43，58，60，61，62
六角云飓风（土星）179
罗尔夫·戴斯 54
罗蒙诺索夫 68
罗默 167
罗塞塔号 227，230，231
螺旋波 177
螺旋星系 11
洛厄尔 131，213
洛厄尔天文台（美国）131，213
洛克希德C-141A运输机 200
洛克耶 36
洛希瓣（土星）177
落基山脉 72
旅行者1号 21，37，157，160，166，168，192，193，194，214，215

旅行者2号 21, 160, 166, 168, 192, 193—194, 199, 200, 204, 205, 208—210, 212, 214, 215
旅行者号探测器 179, 194
旅居者号 131, 133, 134

M

玛蒂尔德 138
玛特山（金星）59, 63
玛雅文明 69
麦克诺特彗星 228, 229
麦克斯韦 192, 193
麦克斯韦山（金星）66, 67
麦哲伦号 62, 69, 71
梅花山坑（月球）101
美国
　　阿波罗计划 108, 109
　　小行星任务 144, 145
　　彗星任务 226, 227
　　木星任务 168, 169
　　火星任务 132, 133
　　登月任务 104—109
　　海王星任务 114, 115
　　土星任务 194, 195
　　太阳任务 38, 39
　　天王星任务 202, 203
　　金星任务 70, 71
　　人造卫星 243
　　太空探索 242, 243
美国海军天文台 131
美国航天局
　　海王星任务 114, 115
　　彗星任务 226, 227
　　火星任务 132, 133
　　木星任务 168, 169
　　水星任务 56, 57
　　太阳任务 37—39
　　天王星任务 202, 203
　　土星任务 194, 195
　　小行星任务 144, 145
美索不达米亚 20
镁 61, 236
蒙德 36
米德火山口 63
密度波 177
冕
　　地球 75
　　金星 63
　　太阳 24, 29, 35, 37, 39, 223
灭绝 87
冥王星 11, 220, 221
　　尺寸 19, 221
　　大气 221
　　发现 212, 220

轨道 218, 220
季节变化 221
降级 213, 220
结构 220
任务 220
卫星 221
冥卫二 221
冥卫二和冥卫三 221
冥卫四 221
冥卫五 221
冥卫一 221
冥族小天体 218
莫纳克亚山（夏威夷）67, 123, 219
莫斯科海（月球）101
木卫 157
木卫八群组 156
木卫二 21, 82, 157, 159, 160, 161, 168
木卫六群组（木星）156
木卫三 156, 157, 160—162
木卫十二群组（木星）156
木卫十六 157
木卫十四 157
木卫十五 157
木卫四 156, 157, 160, 161, 163
木卫五组（木星）156, 157
木卫一 21, 148, 157, 158, 160, 161, 166, 168
木星 11, 12, 149, 150—169
　　磁场 152, 153, 158, 162, 166, 167, 169, 238
　　大气 152, 154, 166—168, 239
　　大小 19, 24, 150, 166
　　轨道 150, 237
　　环 151, 157, 166, 168, 238
　　结构 152, 153
　　木星系统 156—157, 166
　　能量 152
　　区带 150, 151, 154, 155, 167
　　数据 150, 236
　　苏梅克-列维9号的碰撞 165, 166, 225, 230
　　探测任务 21, 38, 164—167, 168—169
　　天气 154, 155, 150, 166—169
　　卫星 148, 150, 156—168, 240
　　温度 150, 153, 155, 168, 238, 239
　　物质 149
　　形成 17
　　引力 17, 138, 140, 141, 150, 156, 164, 165, 169, 224
　　直径 150, 167
　　自转 150, 154, 167

自转轴 150
木星任务 21, 38, 164—169
牧羊犬卫星 174

N

N1火箭 242
NEAR-舒梅克号 138, 144, 145
拿破仑 68
钠 47
氖 236
南部高原（火星）110, 127
南大洋 72, 77
南极-艾肯盆地（月球）88, 90
南极洲 72
南极洲板块 77
南美洲 72, 73
南美洲板块 76
能斯特 230
泥岩 134
镍 60, 74, 75
牛顿 21
牛顿 21, 36, 104, 105, 231
农田 85
诺亚高地（火星）111, 124

O

欧亚板块 76, 79
欧亚大陆 72
欧洲 21, 82, 157, 159, 160, 161, 168
欧洲空间局
　　彗星任务 226, 267, 230, 231
　　火星任务 132, 133
　　金星任务 71
　　木星任务 168, 169
　　水星任务 56
　　太阳任务 38, 39
　　土星任务 194, 195
　　卫星 243
　　月球任务 105
欧洲南方天文台 219
偶极外向流 14

P

帕弗尼斯火山（火星）121
帕利泽海角（新西兰）232, 233
帕洛玛山（美国）218
佩莱火山（木卫一）160
佩森露头（火星）137
佩滕吉尔 54
喷出物 63, 100, 139, 164
喷射流
　　地球 86
　　木星 154

土星 170
平流层 75
平原
　　火星 110, 114
　　金星 58, 59, 64
　　水星 44, 45, 48, 49
　　月球 102, 103
蒲柏 200
浦伊尔环形山（木卫二）159
普罗克特 68, 104
普罗米修斯火山（木卫一）158, 161
瀑布 116

Q

齐奥尔科夫斯基坑（月球）101
奇琴伊察（墨西哥）69
启明星 69
起源号探测器 39
气候变化 33, 87
气凝胶 226
气态巨星 11, 12, 146—215, 233
　　尺寸大小 18—19
　　大气 239
　　形成 16, 17
　　质量 16
气体 14, 236
气旋 81
铅硫化物（方铅矿）67
铅同位素 86
钱德拉 230
潜在威胁小行星(PHAs) 142, 143
乔托行星际探测器 21, 226, 227, 229, 230
乔治行星 213
乔治三世 213
峭壁
　　木卫四 163
　　水星 48, 52, 53
　　天卫五 203
侵蚀 78, 79, 203
氢 12, 14, 16, 25, 26, 47, 149, 152, 172, 198, 206, 236
　　核 26
　　化合物 16
　　液态金属 152, 153, 172, 173
　　液体分子 172
氢硫化铵 155
穹丘火山 120
丘留莫夫-格拉西缅科彗星 227, 231
全球变暖 87

R

热层 75
热类木星 233

热液喷口 83
人造地球卫星 1，20
妊神星 220
日本
　彗星任务 226
　火星任务 132，133
　水星任务 56
　太阳任务 38—39
　小行星任务 144，145
　月球任务 105，107
日出号 39
日地关系观测台 39
日珥 28
　环 25，28
日光层 37
日环食 35
日冕 35
日冕物质抛射（CME）28，29，33，36
日全食 34，35
日心说 20，21，36，37，69
熔岩管
　火星 121
　月球 96，102
熔岩流（火星）120，121
熔岩流（月球）97
熔岩平原
　火星 110，114，120，121
　金星 59，62
　水星 48，49
　月球 88，90，100
融水 80，81，116

S

撒哈拉沙漠 85
萨雷切夫火山（千岛群岛）85
塞尔南 109
塞基 131
赛德娜 220
三角洲 80，84，116
散盘型天体 218，219
　尺寸和规模 18，19
色球 24
沙漠 85
沙奈乐 37
莎士比亚 200
山脊
　地球 76，77
　火星 110，112，118，119
山脉
　地球 72，73，76，79，84，77
　金星 58，62，63，64，66，67
　形成 79
　月球 89，90，102，103

珊瑚礁 80
闪电 71，168，170，172，178
深度撞击号 227，231
神秘山 14，15
生命
　地球 16，43，72，74，82—83，230
　火星 131，134，135
　金星 68
　木卫二 159
　起源 82
生物多样性 83
圣杯号 90
圣玛丽亚撞击坑（火星）136，137
施勒特尔月谷 54，102
施勒特尔月谷（月球）102
施密特 103，109
施瓦布 32，37，167
湿地 84
石膏 124
石器时代 104
石申 37
史基纳卡盆地（水星）55
史基纳卡天体物理观测台（克里特岛）55
史密斯海（月球）101
史前日历 104
世界之战（威尔斯）130
树轮 32
双子座天文台 155
水
　侵蚀 78
　地球 16，72，75，84，82
　土卫二 189
　木卫二 159，160，166
　系外行星 233
　伽利略卫星 168
　气态巨星 12
　地下水 117
　木星 153，167
　火星 43，110，113，116，117，130
　融水 80，81，116
　水星 55
　月球 105
　海王星 206
　冥王星 220
　土星 172
　三种状态 72
　天王星 197，198
　蒸汽 14，47，113，116，117，160
　冰 16，105，117，126，127，160，173，174

水手10号 54—56
水手2号 20，69
水手4号 20，130，133
水手9号 118，122，130，133
水手谷（火星）111，118—120
水星 11，12，43，44—57
　表面 48，49，55，56，57
　磁场 238
　大气 44，47，48，55，239
　地图 50，51，55，57
　轨道 44，54，55，237
　结构 46，47
　卡耐基号峭壁 52，53
　命名 54
　任务 44，46，48，54—57
　数据 44，236
　图像 50，51，55，57
　温度 44，238，239
　相 55
　形成 16
　旋转 44，46，52，54
　引力 44，47
　直径 44，55，57
　自转轴 44
水星激光高度计（MLA）57
水星平原（水星）48
朔望月 93
丝川星 140，144，145
斯蒂克尼陨石坑（火卫一）128
斯尔菲拉海沟 77
斯基拉 108
斯基帕雷利 54，68，131，231
斯科特 96，108，109
斯皮策空间红外望远镜 175
苏利亚书 55
苏梅克-列维九号（彗星）165，166，225，230
隼鸟号 144

T

塔尔西斯地区（火星）110
塔尔西斯火山（火星）120—121
塔尔西斯火山群（火星）119，121
塔尔西斯隆起（火星）119—121
太空碎石 15
太空站 243
太平洋 72
太平洋板块 77
太阳 22—39
　差动旋转 33
　磁场 14，26，28，32，33，39
　大气 37，24
　大小 24
　诞生 14—15

风暴 28，29，36
　结构 26，27
　能量之源 24，26，27，36
　任务 37—39
　日食 34，35，36，37
　日心模型 20，21，36，37，69
　射线 30，31
　数据 24
　未来 24
　温度 24，26，32
　物质 149
　消亡 24
　引力 11，12，24，56，52
　预期寿命 24
　在银河中的位置 11
　组成 25，26
太阳动力学天文台 24，28，29，30，37，39
太阳风 37，39，47，48，62，82，179，220，230
太阳风暴 28，29
太阳辐射层 26
太阳和日球层探测器 37，38，222
太阳黑子 24，25，27，30，32，33，36，37，39
太阳活动极大期 33
太阳活动极小期 33
太阳任务 37—39
太阳摄影 36
太阳神 36
太阳神飞船A和B 38
太阳系 8—21
　尺寸 18，19
　诞生 14，15，225
　行星的形成 16，17
　年龄 14，15
　系内彗星 224
　元素 236
　周围环境 12，13
太阳系中的元素 236
太阳星云 14，16，17
太阳耀斑 25，27，28，30，33，36，38，39
太阳周期 32，33，36，37
泰利斯 20
坦普尔1号彗星 224，227，231
探月任务 20，89，90，96，97，106—109
碳-14 32
碳 206，236
碳粒陨星 15
碳氢化合物 186
碳质小行星（C型）138
忒伊亚山 90

特洛伊小行星 13，41，140
天气
　地球 72，73，81，82
　海王星 149，204—206，212
　火星 20
　金星 7，62
　木星 149，150，154，155，166—168
　气态巨星 149
　天王星 196，197
　土卫六 184，186
　土星 170，178，179，181，193
天王星 11，12，149，196—203
　尺寸 19
　磁场 198，199，238
　大气 199，239，198
　发现 212，213
　轨道 196，213，220，237
　环 196，199，212，238
　季节 197，196
　结构 198，199
　命名 213
　任务 21，196，199，200，202，203，212
　数据 196，236
　卫星 196，199，200，203，212，213，240
　温度 196，198，199，238，239
　系统 200，201
　旋转 196
　引力 196
　直径 196
　自转轴 196，213
天卫八 201
天卫二 200
天卫二十六 201，212
天卫二十七 201
天卫二十三 200
天卫二十五 201
天卫二十一 200
天卫六 199，201
天卫七 199，201
天卫十 201
天卫十二 201
天卫十七 200
天卫十三 201
天卫十四 201
天卫十五 201
天卫十一 201
天卫四 200，213
天卫五 200，201，212
天卫一 200，201
天文历法 36

天文台 243
铁 46，60，61，74，75，87，90，91，110，112，139，162，198，206
图塔蒂斯 140
土卫八 182，184，193，195
土卫二 21，175，183—185，189，190，192，194，195
土卫二 21，185，190—192
　海卫一 210，211
　火星 110，114，117，126—127，131
　冥王星 220，221
　土星环 170，174
土卫九 182，192
土卫六 184，186，189
　丽姬娅海 186，187
　任务 21，186，187，192，194，195
土卫七 182，188
土卫三 183—185
土卫三十四 183
土卫三十五 174
土卫十二 183
土卫十七 183
土卫十三 183
土卫十四 183
土卫十一 183
土卫四 183—185，188，189
土卫五 183，184
土卫一 184，185，188，189
土星 11，12，149，170—195
　尺寸 18
　磁场 179，238
　大气 172，173，178，193，239
　带 170，171
　轨道 170，237
　环 149，170，171，173—177，180—183，192—195，199，238
　季节 178，179，193
　结构 172，173
　密度 170，172
　能量 172，178
　任务 21，178，179，181，188，189，194，195
　数据 170，238
　天气 170，172，173，178，179，181，193
　土星系统 182，183
　卫星 174，175，182—195，240
　温度 170，172，173，178，238，239
　形成 17

旋转 170
　引力 172，174，177
　直径 170
　自转轴 170
土星5号火箭 242
土星环（土星）176，177，193
托边火山（木卫一）158，161
托尔斯泰盆地（水星）48
托勒密 21，37，192
托勒密体系 21
脱氧核糖核酸 82
椭圆轨道 12，21，105，141，224

W
瓦哈拉撞击坑（木卫四）163
外流水道 116
外逸层 47，75，113
晚期重轰炸期 103
万神庙堑沟（水星）49
亡神星 220
望远镜 243
　发明 37
危海（月球）89，101
威尔·海 193
威廉·赫歇尔 20，131，196，200，212，213，231
威妮夏·伯尼 212
微波望远镜 243
微孔板 76
微生物 83
韦尔斯 130
维多利亚撞击坑（火星）134
伪本影 35
卫星 240
　矮行星 220
　尺寸大小 18，19
　海王星 204，207，208，211
　行星 11，149
　火星 128，129，131
　冥王星 221
　木星 148，150，156—168
　气态巨星的形成 17
　天王星 196，199，200，203，212，213
　土星 174，175，182—195
魏格纳 86
温室效应
　地球 62
　金星 43，58，62
沃拉斯顿 37
无人绕月探测器 101，105
无线电波 30
无线电天文望远镜 243

X
X行星 213，220
X射线 228
X射线望远镜 243
西昌（中国）242
吸收线 37
希腊平原（火星）110
喜马拉雅山脉 76，79，84
系外行星 233
细菌 83
阋神星 213，218，220
阋卫一 213
峡谷
　地球 84
　火星 110，111，118，119，126，130
　天卫五 203
　土卫三 185
夏威夷 67，120，123
先锋10号 166，168，194
先锋11号 168，193，194
先锋5号 38
小冰河期 33
小行星 11，12，16，128，138—145，240
　矮行星 220
　捕获 145
　尺寸 18，19，138
　发现 20
　进化 139
　近地小行星 140，142，143
　类型 138
　起源与碰撞 141
　熔化 139
　探测任务 144，145
　样本 145
　撞击 49，82，87，92，116，138，142，143，163，165
　族 141
小行星带 12，138，140，141，142
小行星任务 144，145
小红斑（木星）154
新视野号 168，220，221
新月形沙丘 124
信使号 44，46，48—50，54—57
行星 11
　与太阳的距离 12
　系外行星 233
　形成 16，17
　轨道 11，12
　尺寸 12，18，19
星尘号 226，227，231
星际云 14，16
星系 11，14

星子 16，17，46
玄武岩 47，61，75，101—103，124
悬崖 163
薛定谔坑（月球）101
雪
　　二氧化碳 126，127
　　彗星 222，230
　　矿物 66，67
雪人陨石坑（灶神星）139
巽他海沟 77

Y

压力 66
亚当斯 204，213
亚当斯环（海王星）207，208，209
亚当斯坑（金星）58
亚里士多德 86
亚历克西斯·克莱罗 104
亚马孙盆地 73
亚平宁山脉（月球）89，102，109
氩气 75，113
烟尘 14
岩基 120
岩浆 63，66，91，96，100，102，103，198
岩浆室 120，123
岩石圈 74
岩石圈 78
岩质行星 11，12，40—137，138
　　尺寸 19
　　大气 239
　　形成 16，17
盐田 84
掩星（金星掩水星）55
艳后星 139
洋流 80，198
洋中脊 76，77，86
氧气 47，74，75，83，110，113，198，206，236
耶洛奈夫湾（火星）134
耶稣 230
叶凯士天文台（美国威斯康星州）130
叶状悬崖 45，52
伊克西翁小行星 220
伊萨卡峡谷（土卫三）185
伊塞伍德头骨 104
伊莎贝尔飓风 81
伊什塔尔 69
依巴谷环形山 105

银河 10，11，14，24，232，233
引力
　　矮行星 220
　　地球 72，87，88，92
　　海王星 204，208
　　火星 110，128
　　金星 58
　　木星 138，140，141，156，150，164，165，169，224
　　水星 44，47
　　太阳 11，12，24，52，56
　　天王星 196
　　天王星的卫星 201
　　土星 172，174，177
　　月球 88，90—92，105
印度
　　古天文学家 55
　　火星任务 132，133
　　太阳任务 38，39
　　月球任务 105，107
印度洋中脊 77
勇气号 134，136
尤利西斯号 38，228
有机分子 82
有性繁殖 82
宇宙尘埃 14
宇宙射线 211
雨
　　金星 62
　　土卫六 187
雨海（月球）88，96，102
玉兔号 107
原行星 16，17，46
原恒星 14－15
原始细胞 82
远地点 92
月光 105
月亮女神号 98
月球2号 106
月球3号 20，104
月球 82，88—109，128，240
　　阿波罗计划 108，109
　　表面 88，90，104，105
　　冰 105
　　大气 105
　　地出 98，99
　　地月系统 92，93
　　对地球的影响 88，91—93
　　高地和平原 102，103
　　轨道 34，35，88，92，93，104，

105
　　哈德利沟纹 96，97
　　结构 90—92
　　年龄 90，101
　　任务和着陆 20，89，90，96，97，104，106—109
　　日食 34，35
　　数据 88
　　图像 94，95，105
　　温度 88
　　形成 16，20，92，104
　　样本 101，104
　　引力 88，90—92，105，与地球的距离 92，105
　　月食 20，92，104
　　月相 92，93，104
　　陨石撞击 104
　　自转 88，92
　　质量 104
　　撞击坑 88，89，100，101
月球9号 104
月球背面 88，90，92，100，104
月球车 96，97，107
月球登陆舱 108，109
月球岩石 101，104
月球正面 9，89，90
月震 90
云层
　　地球 72
　　海王星 204，205
　　火星 117
　　金星 58—62，68，69，71
　　木星 150，151，154，155，166，167，168
　　天王星 196，197，198，199
　　土星 170，172，173，178，179
星际16，14
陨石 15，48，49，62，90，104，139，143
　　铅同位素 86
　　火星生物 131
陨石坑链 164，165
陨石流 231
"运河"（火星）131

Z

灾变论 87
灶神星 138，139，145
长征2F火箭 242
长周期彗星 224

赵孟頫坑（水星）44
着陆点（月球）107
珍妮·卢 219
蒸发 78
植物 72，82
指令舱 108
中国
　　古代天文学家 230
　　火星任务 132，133
　　太空探索 242
　　探月任务 105，107
中间层 75
周期彗星 241
宙斯 166
朱庇特 166
朱诺号 167，169
朱维特 219
蛛网火山 63
主带 220
转换边界 77
撞击坑
　　地球 143
　　伽利略卫星 160，161，164，165
　　火卫一和火卫二 128
　　火星 111，130，134，136，137
　　金星 59，62，63，71
　　冥王星 221
　　木卫二 159
　　木卫三 162，164，165
　　木卫四 163
　　水星 43—45，47，48，49，55，56
　　土卫九 192
　　土卫四 185
　　土卫五 184
　　土卫一 185
　　小行星带 141
　　形成 100
　　月球 88，89，91，94，96，100，101，102—104
　　灶神星 139
撞击坑（火星）111
子午线平原（火星）134
紫外线 171，30
自然选择 82，83
钻石海/液体 198，206
钻石环 35

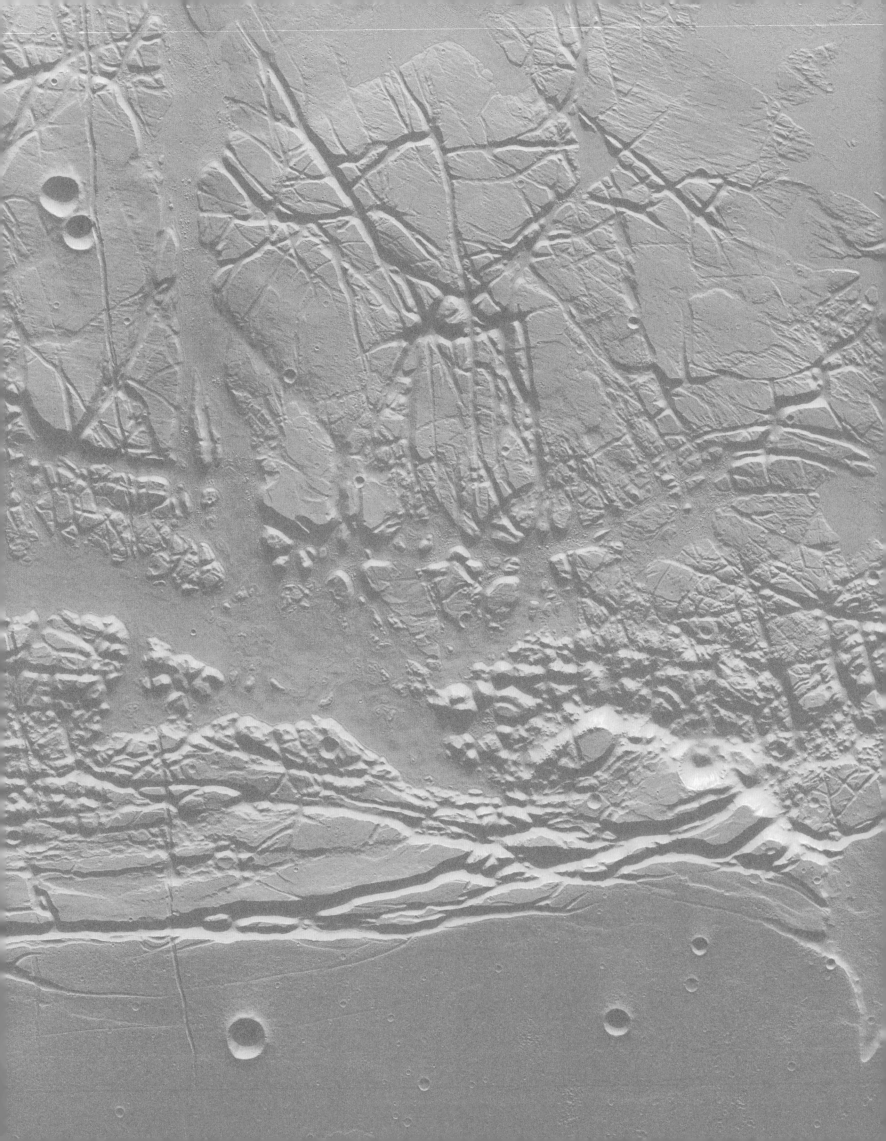